JN154792

Jacques Attali
Histoires de la mer

海の歴史

ジャック・アタリ

林昌宏 訳

プレジデント社

Jacques ATTALI:
"HISTOIRES DE LA MER"

© LIBRAIRIE ARTHÈME FAYARD 2017
This book is published in Japan by
arrangement with
LIBRAIRIE ARTHÈME FAYARD,
through le Bureau des Copyrights Français, Tokyo.

アーロンとシモンに捧ぐ

〔巻頭言〕

海は、あの世と並んで顧みられてこなかった。

歴史を遡れば、海は天に代わる存在だとわかったはずだ。

カメル・ダーウード〔アルジェリアの作家〕

装幀　秦　浩司

目次

第四章 櫂(かい)と帆で海を制覇(一世紀から一八世紀まで)……85

第五章 石炭と石油をめぐる海の支配（一八〇〇年から一九四五年）

第六章

コンテナによる船舶のグローバリゼーション（一九四五年から二〇一七年）

第九章 近い将来：海の経済……283

◎本文内における〔　〕は、翻訳者における補足である。
◎読みやすさ、理解のしやすさを考慮し、原文にはない改行を適宜加えた。
◎本文内にふっている番号は原著に合わせた。

イントロダクション

海には、富と未来のすべてが凝縮されている。海を破壊し始めた人類は、海によって滅びるだろう。

われわれは海を熟考しなければならない。だが、海が真剣に顧みられることはほとんどない。

海にはさまざまな側面があり、それらに関する個別の研究はたくさんある。しかし、私の知る限り、海の誕生から将来までを網羅する海の歴史をまとめ上げた書物は存在しない。海は、宗教、文化、技術、企業、国家、帝国の推移にきわめて重要な役割を果たしてきた。それなのに人類史では、そうした海の役割は充分に扱われていない。海から眺める人類史は存在しないのだ。ところが、人類史上の重要な出来事の舞台は常に海なのである。

海は、われわれの日常生活から遠い存在のように感じられる。海上で暮らしている人はほとんどいないし、海が危機に瀕しているといわれても、うまくイメージできない。海はわれわれの未来だという表現も謎めいている。そして現代人は、海底より宇宙の探査に魅力を感じている。

われわれは海のことを知らないから大切にしないのだ。海の恵みを収奪し、海を汚染し、海を殺そうとしている。海を殺せばわれわれも死に絶える。

どうしてこのような状態になったのか。その原因の一つは、投票権をもたないクラゲ、カメ、サメなどがデモ行進することはなく、クーデターを起こすこともないからだ。

海をぞんざいに扱ってもよいのか。

今日、海の表面積は三億六一〇〇万平方キロメートルであり、地球の七一%は海である。海水の量は一三億三〇〇〇万立方キロメートルであり、これは一辺がおよそ一〇〇〇キロメートルの立方体に収まる分量である。海には多くの生物種が生息している。海はわれわれの暮らしに必要不可欠なのだ。

水はすべての生物体の主要な構成物質だ。とくに、人間は受胎後、九ヵ月にわたって羊水のなかで成長する。成人になっても身体の七〇%は水分である。人間の血漿（けっしょう）〔血液から血球を除去した残りの液体成分〕の元素組成は、海水にきわめて近い。海は、人間が必要とするすべての飲料水と酸素の半分、そして人間が摂取する動物性タンパク質の五分の一を供給する。

気候を制御するのも海だ。たとえば、海がなければ、気温は少なくとも三五度は上昇するだろう。

身近な話題としては、いつの時代においても、経済、政治、軍事、社会、文化の分野で活躍するのは、海と港を支配する者たちだ。ほとんどのイノベーションは、海上において、そして航海のためにつくられた。それらのイノベーションにより、われわれの暮らしは大きく変化した。

アイデアと商品が流通するのは、昔も今も海のおかげであり、競争と分業体制を司るのも海である。今日においても、商品、通信、電子データの九〇%以上は海を経由している。この割合は、今後も変わらないだろう。

権力にも海が欠かせない。帝国は制海権を確保することによって野望を達成する。逆に、制海権を失うと衰退する。戦争の勝ち負けが決まるのは、ほぼ例外なく海上である。地政学を読み解く際には、イデオロギーは海を経由して大きく変化することを心得ておく必要がある。

商売の世界と民主主義を築いた人々がいる一方で、商売の世界と民主主義を自分たちの富と自由の源泉にすることができなかった、あるいはそうしたくなかった人々がいる。その違いの境目になるのは、宗教というよりも船乗りと農民の違いではないだろうか。この説は、トクヴィル、ヴェーバー、マルクスの理論よりも説得力がある。

歴史の勝者には、フラマン人、ジェノヴァ人、ヴェネチア人のようにカトリック教徒もいれば、オランダ人、イギリス人、アメリカ人のようにプロテスタントもいる。だが、彼ら全員は沿岸部で暮らす人々である。反対に、歴史の敗者には、フランス人やロシア人のようにカトリック教徒もいれば、ドイツ人のようにプロテスタントもいる。だが、彼ら全員は内陸部で暮らす人々である。

未来においても、最強の勢力は海から、そして海の恩恵によって誕生するはずだ。よって、われわれは海の重要性を理解する必要があるのだ。人類のサバイバルに環境面で甚大な影響をおよぼすのは海であることがわかってきただけに、海の重要性はこれまでになく増している。われわれは海を保全するために、あらゆる策を講じなければならないのだ。ところが、なんの策も講じられていないのである。海の状態はますます悪くなっている。現代人の行動は、環境に配慮しなかった五万年前の狩猟採集民よりも劣悪である。漁業資源は破壊され、海にはゴミが急速なペースで堆積している。海水の温度と海面水位は上昇している。海中の酸素は減り、生物種は危機に瀕している。

沿岸部には世界人口の三分の二が暮らしているが、沿岸部のかなりの地域は居住不能になる。海洋生物種が減少するペースは加速するが、これを抑制するメカニズムは現れないだろう。

母親を殺せば自身も死んでしまうことがわかっていながらも、母親に少しずつ毒を盛る子を思い浮かべてほしい。こうした不条理な状況こそ、今日、人類が海に対して行っていることなのだ。その子は、母親のおかげで呼吸ができ、そして栄養を得ることができるのに母親を殺そうと夢中になっている。母親を殺そうとすれば、その子のほうが先に死んでしまう……。

何をなすべきか。すべきことはたくさんある。

第一に、宇宙ができたときから今日までの海の歴史を学ばなければならない。それは海が人類をはじめとする生物種にきわめて重要な役割を果たしてきたことを理解するためだ。海の歴史は驚きに満ちている。というのは、すべては海で起きたからだ。そして海の歴史は、海から眺める歴史に通じる。つまり、どちらかが終われば、双方とも終わるのだ。

本書は、大海に投げ込まれた瓶のようなものだ。この瓶のなかには、われわれを唯一救うことのできる自分たち自身に向けた救済のメッセージが入っている。

フランスはどうなのか。なぜなら、フランスは〔排他的経済水域（ＥＥＺ）と領海において」世界第二位の海洋国家であり、海の歴史において特別な役割を担う国だからだ。ところが、フランスには八回もチャンスがあったのに、地政学上の超大国になるための必要条件である、海洋大国になるための手段を講じることができなかった。フランスは、毎回失敗したのである。

フランスはすべてのチャンスを逃した。フランス人は世界の支配者の座を、ヴェネチア人、フラマン人、ジェノヴァ人、オランダ人、イギリス人、アメリカ人に譲ってきたのである。こうした事情は一般にはあまり知られていない。従来のフランス史では、自国の言語、文化、勝利と敗北に関する海の役割がまったく言及されていない。

フランスは、今日においても海洋超大国になる手段を持っている。地政学上、フランスの沿岸部はきわめて重要な場所にある。フランスには複数の水深の深い港があり、これらの港は現在も国際貿易の戦略拠点になっている。フランスには、国際貿易の分野に優秀な企業と研究者がいる。

海は陸の敵でなく、むしろ味方である。海とその価値を活用するには、消費者の近くで営む産業化されていない昔ながらの農業が必要である。こうした条件を考慮すると、フランスは現在も海洋超大国になる可能性の最も高い国であることがわかる。

一般的に、海は人間性を映し出す鏡である。海はきわめて重要な財産であり、われわれはこれを借り受けているにすぎない。海と直接関係のない発展モデルも含め、人類が自分たちのモデルを根本的に変化させない限り、海は救われないだろう。

私は本書で「包括的な歴史」を記そうと試みる。それは時空を超える壮大な世界観の歴史書である。私はすでに海以外のテーマでそうした書物を著してきた（音楽、医学、教育、時間、所有、ノマディズム、ユートピア、イデオロギー、ユダヤ、近代性、愛、予測などについてである）。

狭小な分野の専門家たちは「包括的な歴史」を蔑み、世間は長年にわたるこうした私の取り組みを非難してきた。だが今日、「包括的な歴史」はついに正当な評価を得るようになった。歴史の隠された原動力を見出すには、これまでとは別の角度から鳥瞰的に検証すべきだと、人々は考えるようになったのである。

私は昔から、海、経済活動を支配した港、国家の命運を決した海戦、航海、船舶、特殊なノマドである船乗り、航海の際に時を刻む砂時計に強い関心を抱いてきた。それは私の故郷が港街だったからかもしれない〔著者はアルジェリアの港街アルジェ出身〕。あの街の光、匂い、喧騒は、私の記憶に深くしみ込んでいる。

本書は、巻末に記した数多くの文献（「大洋の女神プロジェクト[28]」は近年の好例）、海に関するさまざまな側面について数十年前から研究を行ってきた優秀な専門家たち（彼らの一部は他界した）との意見交換に着想を得た。とくに、フランシス・アルバレード〔地質学者〕、クロード・アレグレ〔地球化学者／政治家〕、エリック・ベランジェ〔情報通信サービス企業のCEO〕、フェルナン・ブローデル〔歴史学者〕、マルク・ショシドン〔地球物理学者〕、ダニエル・コーエン〔経済学者〕、ヴァンサン・クーティロ〔地球物理学者〕、ジャック＝イヴ・クストー〔海洋学者〕、クストーの娘ディアンヌと息子ピエール＝イヴ、モード・フォントノア〔海洋探検家／政治家〕、ステファン・イスラエル〔人工衛星打ち上げ企業のCEO〕、オリビエ・ド・ケルサーソン〔海洋探検家／エッセイスト〕、エリック・オルセナ〔作家〕、フランシス・ヴァラ〔船主／慈善事業家〕、ポール・ワトソン〔環境運動の活動家〕、パスカル・ピク〔古人類学者〕、ミシェル・セール〔哲学者〕である。彼らのなかには、本書の記述に目を通し、詳細にコメントしてくれた者もいた。

この場を借りて彼ら全員に感謝申し上げる。ただし、本書の記述に関する責任は私にしかないことを申し添えておく。

第一章

宇宙、水、生命

（130億年前～7億年前）

「海は自然の宝庫だ。地球は海によって始まったと言えよう。ならば地球は、海によって終わりを迎えるのかもしれない」

『海底二万里』、ジュール・ヴェルヌ著

今日の海を理解するには、まず、その起源を知る必要がある。われわれは宇宙に漂う小さな地球に、非常に脆弱な海が存在し続けてきた奇跡に関心をもたなければならない。そのためには、宇宙誕生にまで遡り、水ができるにいたった偶然のめぐり合わせに驚嘆する必要がある。宇宙のいくつかの場所に、古代そして現代に水が存在するのは驚くべきことなのだ。地球に水ができ、海が形成されたからこそ、生命が誕生したのである。

水がなければ生命は存在しない。水は生命の乗り物なのだ。

第一章では、われわれとわれわれの未来を語る、想像を絶する進化に関する「歴史を超えた深遠な歴史」を紹介する。本章を少し専門的だと感じる読者もいるかもしれない。本章を飛ばして二章から読んでも差し支えない。

宇宙と水の誕生

今から一三七億年前に「ビッグバン」と呼ばれる現象が起きた。従来の理論によると、それは宇宙の始まりであり、宇宙の爆発的な膨張である。この爆発の一〇〇〇分の数秒後、一〇億度を超えた物質は最初の原子をつくり出すのに充分なエネルギーを放出した。このようにして、最も軽い元素である水素が誕生した（今日、存在するすべての水素原子）。次に、水素に続く原子が誕生した（重水素、ヘリウム）。

それらのガス状物質は膨張して、その後に冷えると、それらのガス状物質の元素よりも重い原子核が生み出された。これらの原子は組み合わさり、炭素、酸素、窒素になった。今日わかっている最も古い酸素原子は、一三一億年前に出現したものと記録されている。

それらのガス状物質は、ガスと塵からなる巨大な星（いわゆる「赤色巨星」）を形成した。これらの巨大な星が寄せ集まり、銀河が形成された（数十億個の銀河にはそれぞれ数十億個の星の集団がある）。

ビッグバンから五億年から一〇億年後、これらの巨大な星の一部は爆発し、そこに含まれていた酸素が星間空間に放出され、この酸素は水素と化学反応を起こし、酸素と水素からなる最初の水分子が形成された[45]。水には他の分子にはない特徴がある。水は、温度と圧力に応じて、個体、液体、気体になる。水は他の元素からなる分子よりも、ガスになるのは速いが、個体になるのは遅い。水は他の分子にくっつきやすい性質をもち、他の分子の原子間の結合を断ち切ることができる。他の分子との多様な結合を維持できる水は、酸と塩基の役割を担える。水はすべての溶剤になる。そのようなきわめて稀な特性をもつ水は、宇宙と生命の歴史においてきわめて重要な役割を担ったのである。

太陽系の誕生と惑星にできた水

今から四五億六七〇〇万年前、膨張するこの宇宙の片隅で、ガスと塵の雲がその内部から発せられる高熱によって自己崩壊し、太陽系が形成された。

このガス雲には水の分子が氷の状態で存在したことがわかっている。太陽系は宇宙において水の存在が明らかになっている唯一の場所だ。どうして太陽系に水があるのかは謎だ。いずれにせよ、われわれが今日存在するのは水のおかげである。

最も有力な仮説[45]を紹介する。このガス雲のなかに氷の状態で生じた水はすぐに気体に変化し、塵のなかに閉じ込められた。これらの塵が寄せ集められて小惑星になり、次第に原始惑星になった。そして原始惑星同士は衝突を重ね、太陽という中心星の周囲を公転するようになった。こうして四五億二〇〇〇万年前、太陽系最古の惑星である木星が形成されたという。

この仮説を裏づけるように、太陽系のいくつかの惑星には、水が蒸気あるいは氷の状態で存在する。たとえば、水星である。水星の表面にはわずかに氷が存在する。水星の大気組成のおよそ一％は水蒸気だ。次に火星だ。火星の表面には、地球と同じように液体の水があった。だが、その水がなぜ消えたのかはわからない。火星の両極には、今も大量の氷がある。そして木星のいくつかの衛星には、現在も氷の状態で水が存在する。木星の衛星であるエウロパには水深九〇キロメートルの海があり、ガニメデやカリストの表面にも海がある。[182]太陽系が形成される過程において、このガス雲のなかにあった水の一部がこの系から抜け出し、他の銀河に向かった可能性も考えられる。

もしそうなら、宇宙のどこかで地球と同じことが起きたとしても不思議ではない。

地球の水

地球は太陽系が形成されてから三〇〇〇万年後から五〇〇〇万年後に誕生した。つまり、今から四五億三〇〇〇万年前である。地球の軌道は誕生時から理想的だった。地球は、太陽光が強烈である惑星（水星と金星）と、太陽光が非常に弱い惑星（木星から海王星まで）との間に位置したのである（この段落は、おもにフランシス・アルバレード〔地質学者〕とマルク・ショシドン〔地球物理学者〕との度重なる会話に着想を得た）。

地球は誕生時、高熱のマグマの海で覆われていたが、地球の表面は次第に冷え、地殻が形成された。地球の表面は、ネオンとアルゴンで包まれ、そこに窒素、次にメタンとアンモニアが加わった。

地球という惑星に水ができたメカニズムは、いまだにはっきりと解明されていない。

一つの仮説によると、地球が形成された直後の、四五億三〇〇〇万年前から四四億六〇〇〇万年前の間に、地球は水を含む原始惑星と衝突し、その後、この原始惑星は地球から離れて月になったという。この衝突が地球を包む大気を安定させたのかもしれない。つまり、この仮説では、いわゆるカルマン線と呼ばれる地表から一〇〇キロメートルあたりまでの（水の分子などの）ガス分子が重力の影響を受けて、地球の大気が形成されたと考える。

別の仮説によると、四四億四〇〇〇万年前から四三億年前にかけて、木星と火星との間に、水を含んだ複数の小惑星があり、それらの一部が木星と地球に落ちたという。この仮説の根拠として、オーストラリア西部で、四四億五〇〇〇万年前の水の痕跡を示すジルコン（岩石のなかで変成しても、ほとんど変質しない鉱物）が見つかったことが挙げられる。

海の形成と生命によるプラスの循環の始まり

およそ四四億四〇〇〇万年前、地球の大気に含まれていた水蒸気は、濃縮して液体の水となって地表に降り注いだ。この水は蓄積して海になった。火山から噴き出した二酸化炭素ガス、硫酸、塩化物がこの水に溶け、さらには岩石の浸食により、ナトリウム、カルシウム、マグネシウムなどのイオンも加わり、塩ができた。同じような過程を経て、三九億年前のこの最初の海の底にたまった堆積物は砂になった。

この海には、大きな潮の満ち引きがあったと思われる。この現象は、地球の自転ならびに地球を取り巻く天体の引力によって説明がつく。

こうして、ついに生命が登場した。生命は水のなか、そしておそらく水によって誕生したに違いない。四一億年前から三八億年前の間に、単細胞生命体である（細胞内に核をもたない）原核生物が海に現れた。生命の登場に関しては、宇宙からやって来たという説と、地球で形成されたという説がある。

生命の起源は地球外だとする前者の説〔パンスペルミア説〕では、それらの原核生物は地球に衝突した隕石や彗星に含まれるアミノ酸から生じたとされる（探査機「ロゼッタ」は、チュリュモフ・ゲラシメンコ彗星にアミノ酸を見つけた）。そうは言っても、大海に拡散したそれらのアミノ酸が化学反応を起こして生命を生み出したとは考えにくい[25]。

信憑性が高いのは、地球の海底で生命が誕生したとする後者の説だ。この説によると、深海の高圧力下での加熱によってアミノ酸分子が生み出され、水がこれらの一部の分子のつながりを破壊し、完全に謎に包まれた化学反応が加速した結果、ＤＮＡをもつ生命が誕生したという。ユーリー・ミラーの実験（一九五三年に、メタン、アンモニア、水素を水に混ぜ合わせ、地球における生命誕生時の状況を再現した）には説得力がある。しかし、現在の科学では、水が決定的な役割を担うこと以外、アミノ酸の合成が生命体になる過程は説明できない。

およそ三八億年前、まだ海に生息していた原核生物の一部は、太陽光が供給するエネルギーを利用して進化した。それらの生物は相変わらず単細胞だったが、より複雑な生命体になった。単細胞の原核生物である「青い海藻」、すなわち、藍藻（シアノバクテリア）になったのである[25]。藍藻は光合成によって自身の栄養分となるグルコースを製造すると同時に、酸素とオゾンを生み出した。水中から放出される酸素とオゾンは、大気を保護した。このように、生命は水中においてプラスの循環を始動させ、自分たちの生存条件を改善したのである。

プラスの循環はこれだけではない。後ほど紹介するように、単細胞生命体から人類にいたるまでの生命が複雑化する過程では、いくつものプラスの循環が作用した。この循環に決定的な役割を担ったのは、常に水と海である。

ケベック州北部のハドソン湾東岸のヌブアギトゥク緑色岩体で見つかった藍藻は、少なくとも三七億七〇〇〇万年前のものと推定されている。この最古の生命体は、いくつかの生命体の細胞を寄せ集めたと思われる糸および管の状態で見つかった[219]。グリーンランドでも層状の堆積構造をもつ岩石である三七億年前のストロマトライトが見つかった。生命の痕跡と思われるこのストロマトライトは、藍藻などの代謝活動によって形成されたと考えられる。オーストラリア西部でも、三四億六〇〇〇万年前の生命体と思われるものが見つかった。ちなみに、これらの単細胞の微生物の一部（線形動物と緩歩動物）は、現在も存在する。それらの生物は、水分なしで長期間にわたって生きながらえることができ、水を与えると蘇生する。水がなければ生命は存在できないのだ。

多細胞生物と超大陸

二七億年前になると、藍藻などでつくられた層状の堆積構造をもつ岩石（ストロマトライト）は、二酸化炭素を固定した。海には栄養物がもたらされ、藍藻は光合成によって大量の酸素を生み出し、これが大気中に放出された。

二五億年前、太陽の紫外線の影響を受け、この酸素の一部はオゾンに変化した。地球を紫外線から保護するのがこのオゾンである。このようにして生命の生存条件は、常にプラスの循環によって改善され続けた。

二四億年前、大気中の酸素とメタンが反応し、氷河作用が起きた。これにより大気中の炭素の量は減り、大気中の酸素の比率はさらに高まり、二二億年前にはその比率は四％に達した。こうして好気性生物が登場した。つまり、海中の酸素だけでなく大気中の酸素を利用する生物が誕生したのである。またしてもプラスの循環が始動したのだ。

二二億年前、一部の原核生物は、またしても海底において真核生物（単細胞生命体だが細胞核とミトコンドリアをもつ生物）へと進化した。グリパニア・スピラリスと名づけられたこれらの最古の真核生物の痕跡は、中国、インド、北アメリカで見つかっている。

特記すべきは、二一億年前に一つの海で覆われていた現在のガボン〔中部アフリカ〕に多細胞生物が存在したことだ。ガボニオンタと呼ばれるこの生物は、まだ原核生物だった[180]。

一八億年前になると、地球のマントルと地殻が発する熱により、「超大陸」は形成と破壊を繰り返した。そのとき、地球の大陸以外の表面は一つの海で覆われていた。つまり、超大陸は、下層部に蓄積する熱によって分裂しては再結合し、新たな超大陸になったのである。

一八億年前に現われた最初の超大陸はヌーナと呼ばれている。次がその八億年後のロディニア大陸である。

一〇億年前、水中では植物プランクトンの光合成のおかげで、二酸化炭素の吸収量が水素と酸素の発生量と均衡した一方で、二酸化炭素は石灰石のなかに固定された。こうして地球の大気組成比率は、窒素が七八％、酸素が二一％で安定した。この比率は現在にいたるまで変わらない。

生命が多様化し、人類が登場する準備が整ったのである。

第二章

水と大陸：海綿動物から人類へ

（七億年前から八万五〇〇〇年前まで）

「壮大で息を飲むほど美しい海では、波が絶えることなく歌う。その歌は高圧的で恐ろしく、われわれ人間にその意味はわからない」

〔フランスの一九世紀ロマン主義を代表する画家〕

海中における生命の複合化

この時代、生命は、多様化、複雑化したが、相変わらず海で生息していた。海の生命は藍藻だけではなく、多細胞生物がさらに複雑に進化した。一二億年前になると多細胞の真核生物である「紅藻」が現れた。

七億年前、まだ一つだったこの海に、かなり複雑な多細胞生物が誕生した。海綿動物である。海綿動物に続き、サンゴ、そして六億四〇〇〇万年前には、体の九五%が水のクラゲが登場した。

六億三五〇〇万年前から五億四一〇〇万年前のエディアカラ紀になると、より複雑な海洋動物相が登場した。藻類、地衣類〔菌類と藻類との共生体〕、菌類、軟体動物門である。藍藻はこれらの真核生物のなかに移り住み、真核生物の栄養分をつくった。これが「細胞共生」である。

およそ五億四〇〇〇万年前、一四〇種類以上の動植物がまたしても海に現れた。これがカンブリア爆発と呼ばれる現象だ[179]。それらの生物の出現によって酸素濃度が上昇したため、植

地球と生命の年譜

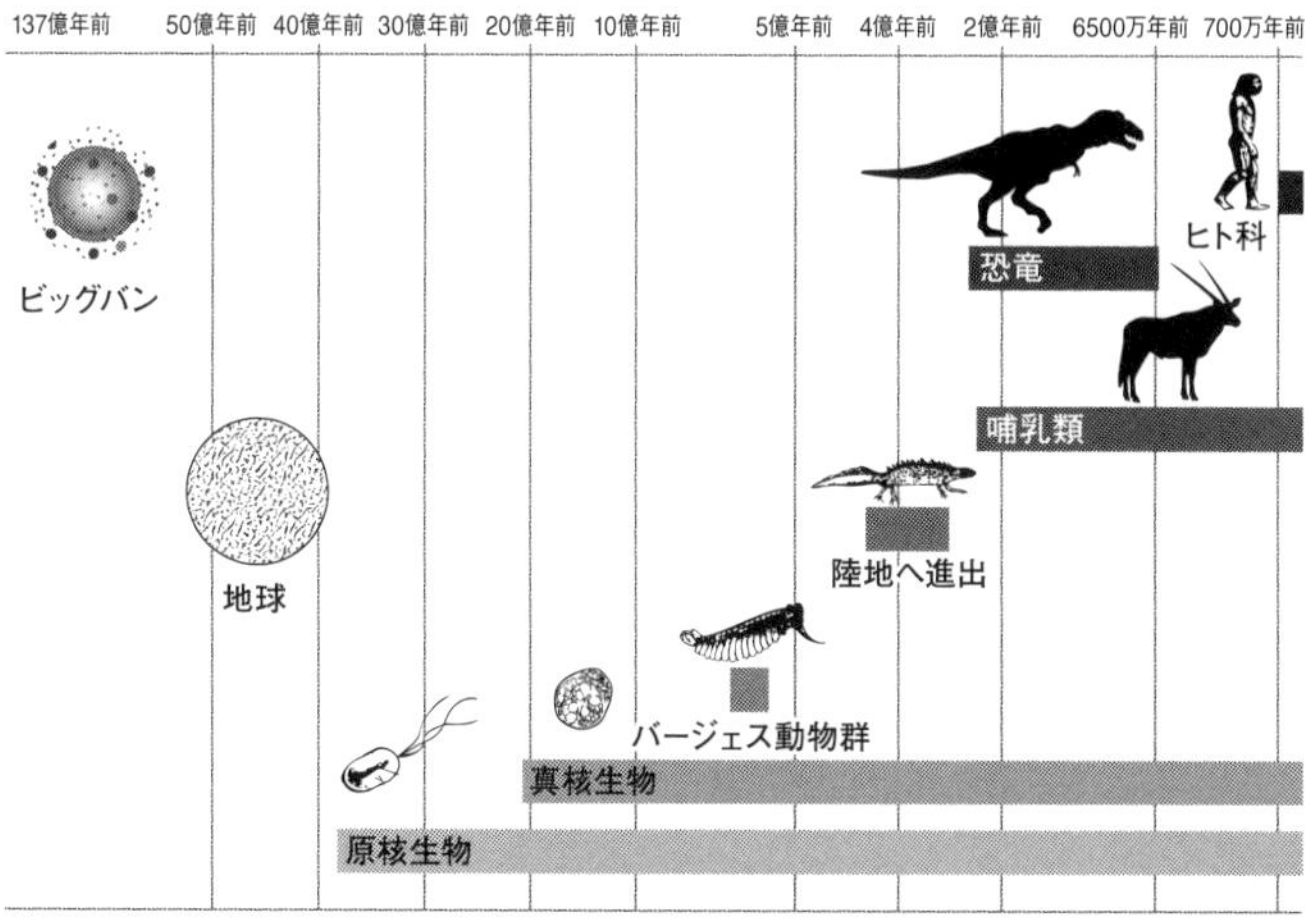

137億年前　50億年前　40億年前　30億年前　20億年前　10億年前　5億年前　4億年前　2億年前　6500万年前　700万年前

ビッグバン
地球
原核生物
真核生物
バージェス動物群
陸地へ進出
哺乳類
恐竜
ヒト科

物性、菌性、動物性の多細胞生物種に関する現存するほとんどの門〔生物分類学上の分類群の一階級〕と、その後に消滅する三葉虫や腕足動物などの大半の門が発展した。

　およそ四億四五〇〇万年前には大きな変化があった。地球全体が氷河期に入ったのである。その原因はわからない。当時、すべての生物種は海に生息していたが、それらの半分は死滅した。これが一回目の大量絶滅だ。地球ではあと四回の大量絶滅が起きた。

生命は陸地に進出する

　この大氷河期の直後である四億四〇〇〇万年前、生命はさらに高度になって再び登場した。その場所は相変わらず海だった。そのとき、大気にも酸素が充分にあったため、生命が陸地へ進出できるようになった。そして生命を太陽光線から保護するオゾン層もできあがった。蘚類や地衣類などの植物は海から抜け出し、海岸で繁殖するようになった。だが、陸地に進出したのは植物であって、まだ動物ではなかった。[82]

四億二〇〇〇万年前、海に脊椎動物と魚類が現れた。それらは甲殻類や骨のある生物であり、顎のある生物も顎のない生物もいた。海が雄の精液を雌に運ぶ場として機能したため、それらの生物は直接交接することなく生殖できた。つまり、魚類は植物のように生息した後、陸地に進出したのである。とくに、この時代に登場したサメは、その後のすべての大量絶滅をくぐり抜けた。

三億八〇〇〇万年前、気温と海面水位が大きく変化したため、海の酸素含有量が著しく減り（酸素欠乏）、海と陸地に生息する生物種のおよそ四分の三が絶滅した。絶滅したのは、海よりも陸地で生息する生物種のほうが多かった。

これが二回目の大量絶滅である。

この大惨事の後、またしても生命はすぐに復活した。それはあたかも多くの生物種が絶滅することが、より高度な生物種が誕生するための必要条件であり、生命を保護する聖域は海だったかのようである。

三億七五〇〇万年前、原始的な構造だったヒレが骨格のようになった魚類は、沿岸部のぬかるみを移動しやすくなり、海から陸地へと進出する動物へと進化した。

三億五〇〇〇万年前は大きな転機だった。動物がはじめて陸地に進出したのである。それは爬虫類だった。それらの爬虫類は徐々に、有鱗目（トカゲやヘビ）、無弓類（カメ）、ワニ目、恐竜、獣弓類へと進化した。陸地に現れたこれらの動物は、次第に妊娠のための総排出腔〔原始的な動物に見られる、直腸、排尿口、生殖口を兼ねる器官〕をもつようになった。魚類は生殖と懐胎の場として海を利用するが、陸地に生息する動物の湿った総排出腔は、雌の携帯用の海として機能した。

三億年前、パンゲア大陸という新たな超大陸が形成された。この超大陸も一つの海に囲まれていた。二億五二〇〇万年前、石炭紀からペルム紀にかけての時代、またしても氷河期が訪れた。その原因としては、海面水位の変化、巨大隕石の落下、火山の噴火などが考えられるが、はっきりしたことはわからない。この氷河期によって、海洋生物種の九五％以上と陸地生物種の七〇％以上が絶滅した。これが三回目の大量絶滅である。またしてもこの直後、海洋と陸地の生命はさらに高度な形態になって再び現れた。

最初の哺乳類と海との別離

二億三〇〇〇万年前、キノグナトゥスやトリナクソドンなどの陸地に生息する単弓類（哺乳類型爬虫類）が哺乳類へと進化した。つまり、子孫に授乳することによって栄養分を与える動物へと進化したのである。

確認されている最古の哺乳類は、二億二〇〇〇万年前のものである。これらの動物の総排出腔は子宮と外陰を結ぶ膣になった。

二億年前、原因不明の海面水位の変化と気候変動が一連の火山の噴火と重なり、地球温暖化が進行し、四回目の大量絶滅が起きた。

そして生命はまたしても復活して複合化した。一億八〇〇〇万年前（三畳紀末）になると、生物多様性は四回目の大量絶滅直前と同じレベルにまで回復した。

同時期、地質学的な大変化があった。北アメリカ大陸とインド亜大陸のプレートが超大陸から分離したのだ。それまで一つだった海は、パンサラッサ大洋とテチス海の二つの閉じた海になった。

大陸プレート

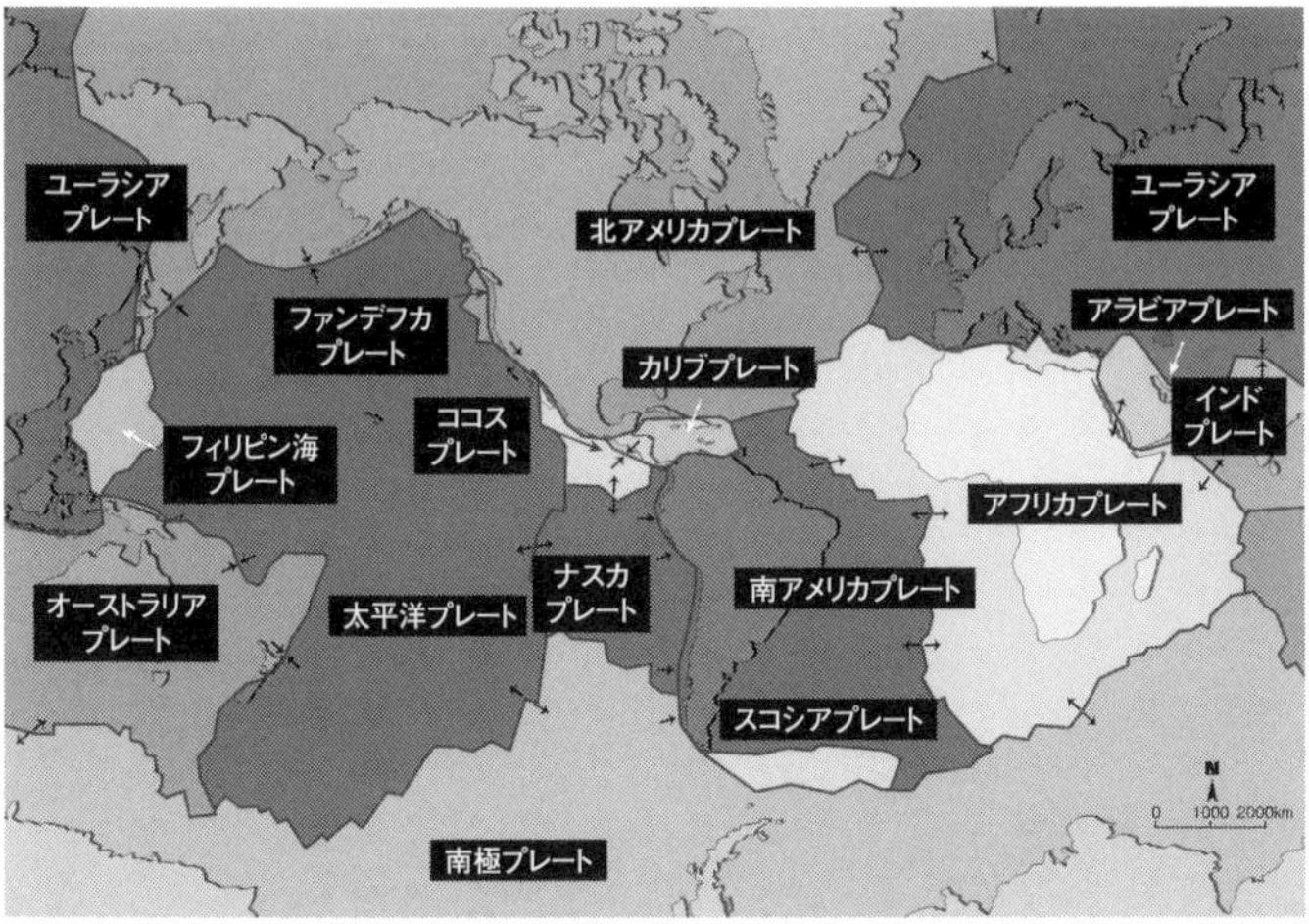

一億年前、ヨーロッパ大陸とアジア大陸は、超大陸から分離した。アフリカ大陸と南アメリカ大陸からなるこの超大陸も、アフリカ大陸と南アメリカ大陸に分離した。七〇〇〇万年前、インド亜大陸はアジア大陸のプレートと衝突した。パンサラッサ大洋は太平洋になった。

六五〇〇万年前、（メキシコでの巨大隕石の衝突とデカン高原での火山噴火という複合的要因によって）恐竜が絶滅し、またしても大量絶滅が起きた。これが五回目の大量絶滅だ。

暁新世と始新世と呼ばれる期間の地球は、地球の歴史において高温の時代だった。森林は北極から南極まで地球全土に広がった。

海の安定化と霊長類の登場

およそ五五〇〇万年前、陸地の森林に現れた哺乳類は、有胎盤類と有袋類の二つの動物種になって急速に多様化した。

霊長類の最古の化石は、五五〇〇万年前のものである（ドンルセッツリア属とカンティウス属）。それらの霊長類は、自分たちの主食を確保するために樹上で生息した。

五〇〇〇万年前になると北極海ができ、海は、大西洋、太平洋、インド洋に分割され、安定化した。四〇〇〇万年前、アフリカに猿が誕生し、同時期に地中海が形成された。

三〇〇〇万年以上前、地球は寒冷化した。海流と大気循環により、極冠が形成された。海面水位は一〇〇メートル以上も低下し、地球の平均気温は一五度下がった。この急激な寒冷化により、南極大陸は新大陸から切り離された。南極大陸は、オーストラリア大陸と南アメリカ大陸から分裂したのである。寒冷化の結果として、ユーラシア大陸とアフリカ大陸の北部と南部からは森林が消失し、森林があるのは二つの熱帯の間の地域だけになった。霊長類と猿もこの地域において寒さから逃れた。

この時代から地球は、地質学的な観点において平和になったと思われる。地球は脆いバランスに達したのである。だが今日、このバランスは脅かされている。

地球に到達する前に陸地の大気を通過する隕石はきわめて稀であり、それらの隕石はごくわずかな水分子しかもたない。したがって、地球で利用できる水の量は安定的である。水の総量は一三億八六〇〇万立方キロメートルであり、海に一三億三八〇〇万立方キロメートルの海水と、湖と河川に四八〇〇万立方キロメートルの淡水がある。この総量に加えて、地球内部の鉱物にしみ込んだ水が海水量の二倍から五倍存在する。この水量は今も変わらない。

後に太平洋と呼ばれることになる海は、今日と同様に、面積が一億七九〇〇万平方キロメートル、水量が七億七〇〇〇万立方キロメートル、平均深度が四二八二メートル、最深部が一万一〇三五メートル（マリアナ海溝）である。

大西洋は、面積が一億六〇〇〇万平方キロメートル、水量が三億二三〇〇万立方キロメートル、平均深度が三九二六メートル、最深部が八六〇五メートル（プエルトリコ海溝のミルウオーキー海淵）である。

インド洋は、面積が七三〇〇万平方キロメートル、水量が二億九一〇〇万立方キロメートル、平均深度が三九六三メートル、最深部が七四五〇メートル（オーストラリア沖のディアマンティーナ海溝）である。

南極海は、面積が二〇〇〇万平方キロメートル、水量が一億三〇〇〇万立方キロメートル、平均深度が四二〇〇メートル、最深部が七二三六メートル（サウスサンドウィッチ海溝）である。

北極海は、面積が一四〇〇万平方キロメートル、水量が一六〇〇万立方キロメートル、平均深度が一二〇五メートル、最深部が四〇〇〇メートル（グリーンランドの北東）であり、おもに氷島と凍った海で構成されている。冬には海氷の集合体が形成され、夏になってもその一部は氷の状態だ。

天体の引力と地球の自転の遠心力によって潮の満ち引きが起きる。この潮の満ち引きは各地の海を安定させる。

潮の満ち引きによって海水の組成もある程度安定する。さまざまな物質（ナトリウム、カルシウム、マグネシウム、カリウム、臭素、フッ素など、陸地の浸食から生じる塩化物各種）が常に（沈殿や蒸発による）塩分の消失を補う。カリウムは粘土鉱物に吸収される一方で、カルシウムは一部の海洋生物が利用する。大気中の二酸化炭素の一〇分の九は海水に溶け込み、この海水は海流によって海底へと運ばれる。

今日の一リットルの海水にも平均三五グラムのさまざまな塩分が含まれている。よって、海全体にこれらの塩分は、48×10^{15}トンある。海水には塩分が含まれているため、北極海はマ

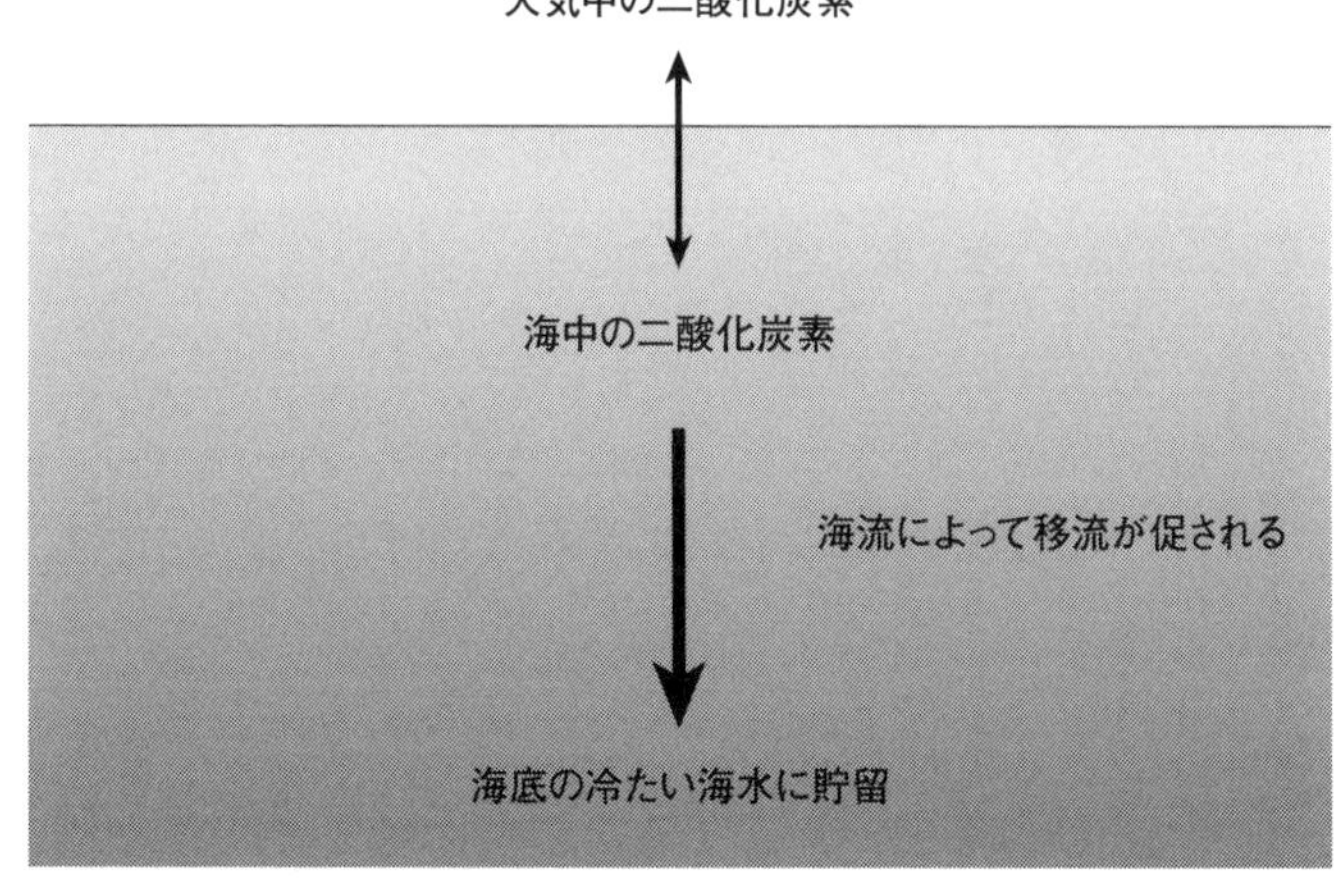

イナス二・六度にならないと凍らない。ちなみに、塩分濃度の低い海は、もう少し高い温度で凍結する。

最初期の霊長類はすでに塩分を利用していたと思われる。

海を渡り始めた霊長類

同時代の三〇〇〇万年前、最初期の霊長類の一部はアフリカ大陸を離れ、常識では考えられない海洋の旅を経て南アフリカ大陸に到達した。それらの旅は偶発的なものだったに違いない。

最も広く受け入れられている仮説によると、これらの霊長類は、アフリカ大陸の大河川の河口部から自然にできた大きな筏に乗って海を渡ったという。現在でも偶然氷山にいた野生動物が南大西洋を横断するケースがあり、これはまったく考えられない話ではない。そして三〇〇〇万年前のアフリカ大陸から南アメリカ大陸までの距離は、今日よりはるかに短かった。[25] そのうえ、アゾレス諸島からカリブ海地域を経由する、あるいは南アフリカ、南極大陸西部、パタゴニアと経由すれば、海流をうまく利用できる。

この仮説には異論がある。[25] ほとんどの猿は水を怖がり、猿が生命を維持するには日々大量の栄養と飲料水が必要だからだ。そうは言っても、現在の南アメリカ大陸の南部に、その時代の猿が存在した痕跡が残っていることに関するもっともらしい説明は、この仮説以外に見当たらない。したがって、霊長類は偶発的な旅によって南アメリカ大陸にたどり着いたに違いない。

二〇〇〇万年前、これらの霊長類は、ヒト、チンパンジー、ボノボ、ゴリラ、オランウータンなどの祖先であるヒト上科に進化した。これらの動物は樹木の上で生息しなくなり、サバンナの大地を少し直立した姿勢で歩き始めた。一六〇〇万年前から一二〇〇万年前にかけて地中海が形成された。これらのヒト上科の動物はノマドであり、ユーラシア大陸を放浪した後、アジア大陸をさまようか、アフリカ大陸に戻ってきた。アジア大陸をさまよった系統は絶滅した一方で、アフリカ大陸の系統は多様化して現代人になった。

直立歩行とメキシコ湾流

七〇〇万年前から五〇〇〇万年前にかけて、チャドのトゥーマイ、ケニアのオロリン、エチオピアのアルディピテクスなど、われわれ人類に近い猿人は、アフリカの森林地帯やサバンナに生息した。

以前にもまして直立歩行するようになると、猿人は大きく進化した。遠くにいる敵を認識できるようになり、身体が頭部を支えるので頭脳が肥大化した。さらには、雄と雌の関係は性行動の激変にともない変化した。

五〇〇〇万年前、北アメリカ大陸と南アメリカ大陸が結合し、大西洋と太平洋の海路が遮断されたため、メキシコ湾流が生じた。

この海流の形成は、重要な役割を担うことになった。

今日においても海水は、水温と塩分濃度の違いから循環し続けている。海面付近は水分が蒸発するため、深海よりも温度と塩分濃度が高い。表層の海水は赤道から両極に向けて移動する。この海水は両極で急激に冷却されて氷になり、塩分は海底に放出され、北極には極冠

熱塩循環

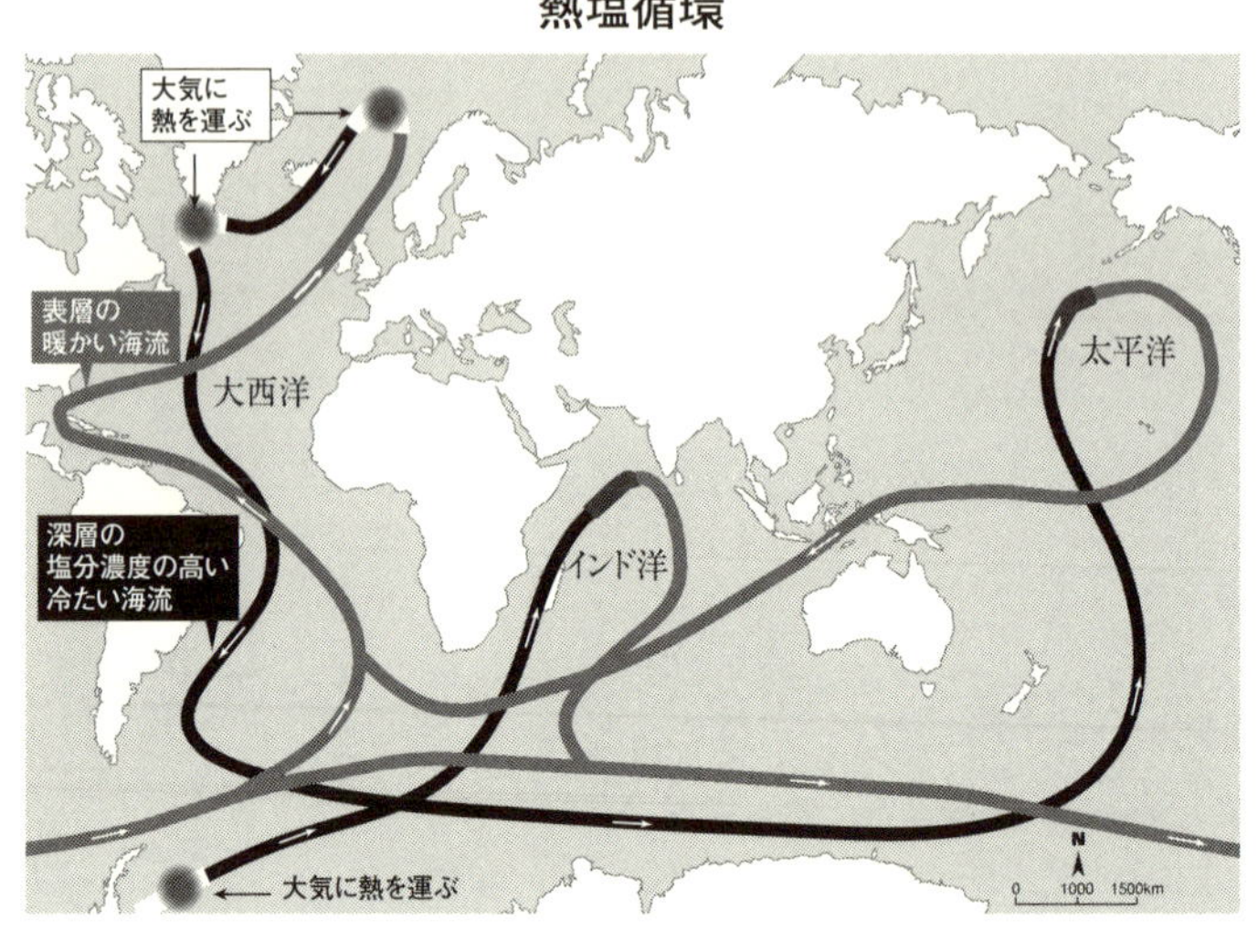

が形成される。このようにして密度の高まった深海水は、今度は赤道に向けて還流し、再び暖まると表層に再び浮上する。この現象は熱塩循環と呼ばれる。

この循環により、大西洋ではメキシコ湾流が大西洋南東部の表層にある暖かい海水を北極の冷たい海水に運び、その途中でヨーロッパ大陸西側の沿岸部を暖める。同様に太平洋でも、黒潮が東・南シナ海の表層にある暖かい海水を日本の北東部に運び、その途中で日本の沿岸部を暖める。

同時期、霊長類のアウストラロピテクスという猿人が、アフリカ大陸の東部と南部を闊歩し始めた。四〇〇万年前から二〇〇万年前にかけて、季節が形成されると、アウストラロピテクスは分化し、菜食でない者も現れた。

最も肉食の者たちは「最初のヒト」になり、アフリカ国内をさまよった。その一人があの有名なルーシーである〔エチオピア北東部で発見された三一八万年前の化石人骨[92]〕。

二八〇万年前、アウストラロピテクスの子孫である、ホモ・ガウテンゲンシス、ホモ・ハビリス、ホモ・ルドルフエンシス、ホモ・ゲオルギクスは、アフリカ大陸を相変わらず徒歩でさまよった。彼らはさまざまな石器をつくり、しっかりと歩行し、以前よりも大きな頭脳をもっていた。だが、彼らはまだ樹木に依存していた[92]。移動はいつも陸路であり、徒歩だった。

二〇〇万年前、このヒト集団はアフリカを脱出し、海を越えなくても到達できる最果ての地まで歩いた。彼らは中国にも痕跡を残している。彼らの摂取した塩が、海のものなのか鉱山のものなのか、そして釣りは、川岸あるいは海岸から行ったのかはわからない。だが、彼らの道具、とくに銛を観察すると、海岸で釣りをしていたと思われる[25]。

このヒトの身体構造は、すでにわれわれとほぼ同じだった。われわれの身体の七〇％は水でできている。血漿はほとんど水分であり、腎臓は八一％、脳は七六％が水分である。ヒトは代謝老廃物を排泄し、体温を維持するために、水を飲む必要がある。

最初のヒト：ホモ・エレクトス〜海を渡る

（パスカル・ピク〔古人類学者〕は、この小見出しの前後の文章に加筆してくれた）

二〇〇万年前、アフリカに肉体的に頑強で革新的なホモ・エレクトスが現れた。彼らは、死者を埋葬し、愛情を表現し、高度な組織をつくるようになった[92]。体熱を逃がす能力のおかげで、彼らは他の動物よりも長時間走ることができた。火を利用し始め、避難小屋をつくり、化粧品を発明した。同じ場所に数週間滞在することさえあったが、ノマドであり続けた。一八〇万年前には、ジョージア（グルジア）のドマニシにまで足を延ばした。

彼らは海上の旅という偉業を成し遂げた。およそ八〇万年前、マレーシアまで徒歩でたどり着いたホモ・エレクトスの一部は、火山の大噴火に脅かされ、避難を余儀なくされた。そのとき、解決策は一つしかなかった。インドネシアのバリ島とロンボク島との海峡を渡ったのである。こうして彼らはスンダ列島にあるフローレス島にたどり着いた。この海峡は生物地理学的な障壁になった。この海峡を境界にして動物種の生息地域が分かれたのである。境界の西側は有胎盤哺乳類、東側は有袋類（雌の腹部の袋で子供を育てる動物）が生息することになったのだ。

この海峡は二〇キロメートルあり、深い海には強い海流があるため、泳いで横断することは不可能である。したがって、これらの霊長類はこの海峡をステゴドンの背中に乗って横断したのではないか。ステゴドンとは、一二〇〇万年前に登場した泳ぎの上手な象の一種であり、この象は一万一〇〇〇年前までフローレス島に生息していた。

彼らは火山噴火の恐怖から逃れるために、水平線の彼方に何があるのかもわからないのに、泳ぐのではなく象に乗って海を渡ったのである……。

その時代、バリ島とロンボク島との間の海峡を渡った以外、ホモ・エレクトスの航海に関する証拠は残っていない。現在のイギリスの海岸には、およそ八〇万年前のホモ・エレクトスの足跡化石があるが、彼らは海面水位が低かったために徒歩でそこまでたどり着けたのである。海峡を渡ったホモ・エレクトスは釣りをし、塩を集めていたと思われる。

八〇万年前から五〇万年前にかけて、ホモ・エレクトスの人口は多様化し、いくつかのヒト属に分化した。たとえば、ヨーロッパと西アジアのネアンデルタール人、中央および東アジアのデニソワ人、アフリカのホモ・サピエンスである。

ネアンデルタール人とデニソワ人はさらに旅をした。スペインではデニソワ人、そしてシベリアの果てではネアンデルタール人の遺伝的な痕跡が見つかっている。それらの集団は交流していた。

われわれの種であるホモ・サピエンス・サピエンス（発達した脳をもつホモ・サピエンスの呼び名であり、遺伝学的に現代人ときわめて近い）の最も古い痕跡は、三一万五〇〇〇年前のモロッコで見つかったものだ。次に古いのは二五万年前のエチオピアで見つかったものだ。

二五万年前、ホモ・サピエンス・サピエンスは干ばつのためアフリカ大陸の沿岸部へと移動した。彼らは河川を筏で下ったと思われる。いずれにしても、簡素な橋をつくった。およそ二〇万年前、彼らはまだ、マグレブ〔モロッコ、アルジェリア、チュニジア〕、アフリカ東部、アフリカ南部、中東にしかいなかった。すぐに、石工術を学び、宝石をつくり、彫刻を施し、道具を生み出し、葬儀を行うようになった。一五万年前、彼らは集団を形成し、アフリカを脱出してヨーロッパやアジアに向かった。

キプロス島にも一三万年前のホモ・エレクトスの痕跡が残っている。それらの痕跡がネアンデルタール人のものなのか、あるいはホモ・サピエンスのものなのかはわからない。彼らは海を渡ったのだろうか。一部の考古学者は、クレタ島でも一二万年前の道具を発見したと主張する。それらの道具が内陸でつくられたのなら、当時のクレタ人は海上を移動できたと考えられる。

ヨーロッパ最古のホモ・サピエンスの遺跡はこの時代のものであり、イタリアとスペインで見つかっている。それらは彼らが海上を移動できた証拠だ。

一〇万年以上前、ホモ・サピエンス・サピエンスはアフリカ中央部を離れた。その理由として、サハラ砂漠の拡大、人口増による生活資源の不足、他の動物や類人猿との紛争などが考えられる。

アフリカ中央部を離れたホモ・サピエンスたちは、道中、大河にたどり着き、大河に沿って海まで歩いた。南アフリカのケープタウンから東に三〇〇キロメートルの海岸にあるブロンボスとピナクルポイントの洞窟では、彼らが海洋資源を利用し、色とりどりの顔料を用いて「芸術品」をつくっていたことを証明する最古の遺跡が見つかっている。他にもこの時代のホモ・サピエンス・サピエンスの痕跡は、アフリカの海岸のいたるところ（西岸、モロッコ、中東、東岸）にある。

それらの遺跡では、黄土で着色された穴の開いた貝殻の耳飾り、ブレスレット、首飾り、壁画の原型などが発見されている。彼らはそれらの場所で見つけた塩を使い、魚を保存する術をすでに学んでいたと思われる。

彼らが海岸線に沿ってだけ歩いたのか、海も旅したのかはわからない。というのは、航海の拠点になったと思われる彼らの痕跡は海に覆われてしまったからだ。いずれにせよ、彼らは徒歩でアフリカを脱出し、中東経由で黒海まで歩き、ネアンデルタール人に行く手を遮られた。

こうして現代人の、海とは切っても切れない冒険が始まったのである。

第三章

人類は海へと旅立つ

（六万年前から紀元前一年）

「人間には、生者、死者、海に向かう者の三種類が存在する」

アリストテレス

六万年前、まだ複数のヒト属が存在したが、その時代のヒトはみな（人口はまだ一〇〇万人に満たなかった）は、相変わらずノマドだった。彼らが同じ場所に数ヵ月以上継続的に滞在することはなかった。そして海岸線に沿って海を旅することもあった。

それらの初期のヒトにとって、海は栄養の宝庫であり、多くの危険が待ち受ける場所だった。海は神が怒りを爆発させる場でもあったのだ。海は、暖かいときは生命の揺りかごであり、寒いときは恐怖である。海は陸地と同様に、果てしなく平らだと考える者たちがいた一方で、最果ては断崖絶壁だと信じる者たちがいた。いずれにせよ、彼らは後世の旅人の誰よりも勇敢に、大海へと乗り出したのである。

彼らの海洋の知識は、気象学、占星術、予測術と深いつながりのある天体の知識とともに向上した。空の知識がなければ、海はわからない。星、風、雲、海流、魚群、鳥の飛翔に関する深い知識がなければ、海を旅することはできない。その時代のヒトはかなり高度な知恵を世代間で受け継いでいた。こうした叡智の伝達は、後の地図などに見出せる。贖罪や祈祷などの儀式、迷宮でのヴァーチャルな旅[7]、動物やヒトの生贄、占いなどがなければ、航海はできない。船員と船長や乗組員と乗客を区別するように、社会的な序列がなければ、出航することもできない。陸地を歩く遊牧民にも同じような序列がある[10]。

当時、ヒトは南・東シナ海、ペルシア湾、地中海などの穏やかな海岸線付近を航海していた。大西洋は潮の満ち引きが激しく嵐に遭遇しやすいため、沿岸部を除けば大西洋を航海することはまだ稀だった。

太平洋

霊長類がはじめて大西洋上を旅したのは、およそ三〇〇〇万年前のことだ。前章で述べたように、ヒトがはじめて太平洋上を旅したのは八〇万年前のことだ。ホモ・サピエンスの初旅は六万年前まで遡る。それはインド洋と大西洋の沿岸部に生息する人々だった。

彼らはアラビア半島、次にイランとインドを徒歩で横断し、さらに歩き続け、中国に到達する前に南下した。海面水位が非常に低かった六万年前に、外洋航海によってスンダ列島にたどり着いたのである。

それからしばらくして彼らはオセアニアに向けて旅立った。オセアニアでは、その時代の舟の絵が見つかっている。それらは石器で丸太をくりぬいた全長二メートルから八メートルほどの丸木舟だ。彼らはオセアニアからフィリピン、インドネシア、次にタイ、マレーシアへと向かった。

スンダ列島、インドネシア、中国南部からオーストラリアに向かうその時代の移動も確認されている。移動した者たちの子孫が今日のオーストラリア先住民とニューギニア島のパプア人である。実際に、最近になってこの不可能と思われた旅が再現された。現代の船乗りたちは、石器を使って植物のつるで丸太を組んで大きな筏をつくり、これに乗ってティモール島から出発したのである。わずか三回の挑戦で、潮の流れに乗ったこの筏は、二週間後にオーストラリアのダーウィン〔港街〕に到達した[25]。

およそ四万年前の（海面水位を六〇メートル近く低下させた）ヴュルム氷期と呼ばれる時期に、南・東シナ海では、ヒトは徒歩で現在の中国とシベリアから日本列島まで移動した。日本の神話では、人間の姿をした海の神様である龍神は、天皇家の祖先だとされている。

カスピ海の岩壁には、同じ四万年前のものと思われる船を彫刻した跡が見つかった。これが世界最古の船の彫刻である。この時期、サピエンス・サピエンス以外のヒト属の種はほぼ絶滅した。氷河期にヒトはアフリカから南アメリカまでの二万キロメートルを徒歩で移動し、再び北アメリカへと北上した。北アメリカの岩壁に描かれた絵はそのときのものだ。一万五〇〇〇年前、彼らはカムチャツカ半島からアラスカまで徒歩でやって来た者たちと合流し、次に海岸線に沿って南下した。およそ一万年前にカリフォルニアにたどりつき、チリ南部のモンテヴェルデ遺跡が示すように、南アメリカの東岸に沿ってパタゴニアにまで足を延ばしたと思われる。

　およそ六〇〇〇年前（人口はおよそ五〇〇万人だった）、大きな技術革命があった。オーストロネシア人〔東南アジアのモンゴロイド〕と中国の南東部の人々が帆船を発明したのだ。彼らは帆船を使って長江と黄河に浮かぶ島々の間を往来した[46]。最初に集落を形成したのは彼らに違いない。

　中国の神話伝説時代（およそ紀元前二六五〇年）より少し前の紀元前三〇〇〇年ごろになると、中国の南東部の農民は、南・東シナ海を再び横断し、今度は台湾に住み着き、オセアニア地域に入植した。彼らは魚を釣り、塩などの貿易に従事した（釣った魚類を保存するために塩を利用する方法が確立された[25]）。

　当時の中国人は、地球は正方形であり、中国は四方点にある四つの海に囲まれていると思っていた。それらの海では四海竜王（敖廣、敖欽、敖閏、敖順）が、それぞれ東、南、西、北の海を見張っているため、中国は保護されていると信じていたのである[46]。同時期、インド人は、地球は須弥山〔世界の中心にあるという想像上の山〕の周りに四つの大陸が集まった円盤状の形態であり、この円盤状の地球は無限の海に囲まれていると考えていた。海の神ヴァルナは、インドラがその地位を受け継ぐまで天空神だった[74]。

紀元前二〇〇〇年、またしてもオーストロネシア人が航海に関する大イノベーションを起こした。彼らは、フィリピン、マレーシア南部、インドネシア、オーストラリアに向けての航海に、船体の両サイドに浮子を取りつけた丸木舟を開発したのだ。この舟は六〇人乗りであり、動物や植物などの大きな荷物を積むことができた。オーストラリアにたどり着いた彼らは、五万年前にこの地で暮らし始めた人々と遭遇した。

紀元前一〇〇〇年、フィジー諸島が彼らの遠征拠点になったと思われる。彼らはフィジー諸島からきわめて頼りないそれらの丸木舟に乗って、サモア諸島、フツナ島、ソロモン諸島を訪れ、現在のフランス領ポリネシアまで航海した。彼らは南アメリカ西岸にまでたどり着いたのではないか。もしそうなら、両地域の言語の類似性に説明がつき、ペルーにはポリネシアから来た旅人に関する民話が複数あることにも納得がいく。

紀元前一〇〇〇年、中国からインドまでの地域では、商船がマラッカ海峡を経由して定期運航していた。おもな商品はモルッカ諸島(インドネシア東部)のクローブであり、このクローブは次第にエジプトにまで輸出された。

貿易で築いた富を基盤にして王国が各地に誕生した。海洋貿易を支配したのはそれらの王国である。とくに、スマトラ島のシュリーヴィジャヤ王国の港は、その後一五〇〇年間にわたり、中国と他の地域を結ぶ重要な中継地点になった。メコン川下流域周辺のインドシナ半島南部に位置した扶南国(ふなんこく)〔七世紀まで栄えた古代国家〕も、この貿易から大きな富を得た。

中国商人たちには、商品を複数の船に振り分けて輸送する習慣があった。彼らは、リスクを分散するために自分たちの船に他の商人の荷物を載せることを引き受けた。これが保険の原型である。商人たちは海賊の攻撃から自分たちの商品を守るために武装した警備員も乗船させた。

紀元前二二一年（人口はおよそ三〇〇〇万人だった）、実在の人物である秦の始皇帝は、はじめて中国統一を成し遂げた。およそ紀元前二二〇年、始皇帝は西側の境界を防衛するための巨大な壁を建設する決断を下したが、海運事業や海軍の編成には着手しなかった。この王朝は短命に終わった。というのは、蛮族の長である劉邦が秦を陥落させて漢を打ち立てたからだ。四世紀続いたこの王朝からは、二八人の皇帝が登場した[51]。

漢は現在の中国の中央東部に位置する長安に首都を置き、南と北の王国に分裂した帝国を支配した。紀元前二〇〇年、この王朝は、万里の長城に小さな通路をつくり、「シルクロード」を開通させ、当時、ペルシアを支配していたパルティア〔遊牧民国家〕、そしてヨーロッパ諸国と交易し始めた[46]。

紀元前一世紀、中国では商人は船乗りであり、彼らは自分たちの貴重な商品を、陸路での輸送が可能であっても海上輸送した[46]。というのは、この地域では、船は陸路のキャラバンよりも安全性が高く、大量の商品を輸送できたからだ。

現代では、ラピスラズリ〔宝石〕、サイの角、象牙、希少な木材、銅、金、銀、鉄などのアフリカ製品が、インドと中国に海上輸送されている。

ペルシア湾と地中海

そのころ、中国以外の世界はどうなっていたのか。六万年前、ヨーロッパにたどり着いた近代的なヒトは、ネアンデルタール人と遭遇し、共存し、敵対し、おそらく交配したと思われる。五万年前、彼らは徒歩あるいは沿岸航海によって、北ヨーロッパ、コルシカ島、シチリア島へと移動した。

数千年もの間、彼らは居を構えることなく、漁獲、狩猟、採集に勤しんだ。彼らも大河や沿岸部を航海できる小舟や筏を利用していたと思われる。

紀元前九五〇〇年、中東では他の地域に先立ち、ヒトがノマドな暮らしをやめるという革命的な出来事があった。一般的に語られているのとは反対に、ヒトは海辺で暮らし始めたのである。ヨルダン渓谷に定住した彼らは、世界最古の集落エリコをつくった。当時、この集落は死海のほとりに位置する港町だった。彼らは死海に舟を浮かべ、釣りくらいはしていたはずだ。海洋資源を最大限に利用するために、定住する必要があったのだろう。エリコでは世界最古の砦が発掘されている。彼らはそこで農業を発明し、家畜を飼い始め、銅冶金術を習得した。エリコの例からわかるように、定住化と農業を発展させたのは海なのである。

次に彼らは、エリコの近くのメソポタミアに町をつくった。この町は、ペルシア湾に流れ出るチグリス川とユーフラテス川の近くにあった[143]。この町からは、紀元前六〇〇〇年につくられた帆船と櫓櫂（ろかい）船の図柄が見つかっている。チグリス川とユーフラテス川を運航するそれらの船は、建築資材や食糧を運搬した。ちょうどこの時期に、太平洋で帆船が登場したのは奇妙な偶然である。

こうして人類は、海辺か大河のほとりに定住するようになった。陸地のノマディズムは、私が「海洋型定住」と呼ぶ生活様式へと移行したのである。

紀元前五〇〇〇年、またしてもメソポタミアの地において、チグリス川とユーフラテス川の間に位置し、ペルシア湾まで広がるシュメール文明の開始期であるウルク文明[143]は、海を脅威と見なしていた。ギルガメシュは大洪水をもたらした。そこで、クッフェ（布や皮で補強された船体が丸い船）とケレックス（皮を張った平船）という船がつくられた。大勢の人々を乗せたそれらの船は、川の流れに任せて下ることはできたが、川を上ることはできなかったため、海へ流れ着いた。人々は狼狽した。ウルク文明では、海は死を意味したのである。[97]

同時代、ナイル川流域でも人類は定住化した。彼らも海洋と河川沿いの港周辺に居を構えた。当時、エジプトはいくつもの原始的な王国によって分割支配されていたが、それらの王国の名前はよくわからない。その時代の骨壺の絵に帆船が登場した。この壺絵からは、ナイル川を航海する船は、家畜や石材を運搬していたことがわかる。[25] 紀元前四〇〇〇年、帆船の先端は細くなり、エジプトの船乗りたちは、オーストロネシア人たちよりもかなり遅れて風力を利用する術を学び始めた。

エジプト神話のヌンは、原初の大洋であり、他の神々と人類の創造神である。ヌンが仕事を成し遂げた後に残したのがナイル川だ。太陽神ラーはこの大洋を航海し、古代エジプト文明を発展させた。

紀元前四〇〇〇年、メンフィスという古代エジプト帝国の首都が誕生した。メンフィスも港町だった。

紀元前三五〇〇年、エジプト王国の各地の港は、巨大化すると同時に安全性が高まった。エジプトの帆船と櫓櫂船は、(彼らが「白い海」と呼んだ)地中海の沿岸部を航海し、木材を調達するために現在のイスラエルやレバノンなどに向かい、また紅海を航海し、彼らが「橋の国」と呼ぶ場所に向かった。「橋の国」はアフリカの角(ソマリア全域とエチオピアなどの地域〕に位置したと思われる。こうして紅海に面する三つの港が大きな影響力をもった。それらの港は、現在のメルサ・ガワシス、アイン・スクナ、ワジ・アル・ジャルフに位置した。

紀元前三一五〇年、エジプト最初の王朝時代、船に大きな進化があった。骨組みをする前に外板を取り付けることにより、船内が広くなり、防水性が増したのである。そして船尾に取り付けた大きな櫂が舵の役割を果たし、操縦性が高まった。

紀元前三〇〇〇年から少し経過すると、シュメールには多くの都市国家が登場した。これらの都市は、王を頂点とする序列のきわめて明確な社会構造をもち、全員が豊穣の女神を崇拝した。ウルクの後、キシュ、ニップル、エリドゥ、ラガシュ、ウンマ、ウルなどの都市国家が誕生した。これらすべての国家は、チグリス川とユーフラテス川からペルシア湾にいたるまでの河川によって結びついていた[97]。自分たちの地域の天然資源が枯渇すると、メソポタミアの船乗りたちは、河口から抜け出し、ペルシア湾を沿岸航海し、次にオマーン湾の港に立ち寄り、木材、銅などの金属、象牙などを調達する一方で、壺、羊毛、穀物、ナツメヤシの実を売った。木材と葦でできた彼らの船の最大積載量は二〇トンだった[97]。

アジア人がかなり以前に気づいたように、メソポタミア人とエジプト人も、船は陸路のキャラバンよりも大量の商品を迅速かつ安全に輸送できると悟った。

エジプト人はこうしてワインと杉（おもに造船材料として利用された）を輸入し、パピルスを輸出した。彼らも輸送中の商品を保存し、皮をなめし、最初のミイラをつくるために塩を利用した。

近年、ギーザにあるクフ王のピラミッドの近くから紀元前二五〇〇年ごろに杉の木でつくられた大きな船が見つかった。この船は、全長が四三・五メートルあり、二〇名まで乗船でき、外海を航海できたと思われる。

紀元前二三〇〇年ごろ、メソポタミアのサルゴン（アッカド王）は、ディルムン（現在のバーレーン）とマガン（オマーン）という交易拠点のおかげで、インド亜大陸の北岸（パキスタン）やアラビア半島南部と交易できた。紀元前一七五〇年ごろ、交易活動は規制され始めた。その証拠に、ハンムラビ法典には、荷主と船頭との関係が詳細に記載されている[97]。

紀元前一五〇〇年、エジプトのルクソールにあるデル・エル・バハリ（ハトシェプスト女王葬祭殿）で見つかった浮き彫りには、ファラオのハトシェプストが出資した紅海への遠征隊の様子が描かれている。遠征隊の目的は外交と交易（おもに香）だった。

海は神話にも登場するようになった。シュメール人の創造神話を起源とする紀元前一二〇〇年のバビロニア神話によると、原初の海の女神ティマトと淡水の神アプスーが交わり、神々が生み出されたという。人間に対して怒った最高神エンリルは、海のすべての水を陸地にぶちまけた。人間のジウスドゥラ（シュメール語の名前）、あるいはアトラハシス（バビロニア語）は、海の守護神エア（エンキ）の助言を受けて巨大な船をつくり、そこにすべての生き物を乗せ、生き延びることができた。これが今日知られている最古の大洪水神話である。この神話は、冬期の多雨とアナトリア半島の雪解けによるチグリス川とユーフラテス川の急激な増水からのイメージに違いない。

「海の民」：フェニキア人と小アジアのギリシア人

同時期、地中海の沿岸部から二つの海洋勢力が誕生した。エジプト人はこれら二つの勢力を脅威と見なし、彼らを「海の民」[14]と呼んだ。

最初に、エジプト北部に出自と言語の異なる人々が集結した。彼らは、ティルス、ビブロス、サイダ〔三つとも現在のレバノンの港町〕などの小さな入り江に定住し、港をつくって交易を開始した。それらの港からおもに輸出されたのは、古代人が珍重した緋色染料だ。これは地中海沿岸部で採れるアクキガイ科の貝から抽出される染料である[30]。彼らフェニキア人たちは、数多くの地中海の港に交易拠点を築き、まもなく海の支配者になった。アルファベットの元になったフェニキア文字を用い、これを普及させた。

同時期、小アジアの沿岸部からほんの少し北に、ペロポネソス半島から追われたアカイア人が定住した。彼らは後に「ギリシア人」と呼ばれた。それらのアカイア人は世界に目を向ける類い稀なる船乗りだった。

アカイア人の神話では、ウラノス（天と生命の神）とガイア（大地の女神）との間に生まれた息子の海の神オケアノスは、地上のざわめきを遠くから眺める心穏やかな神だった。オケアノスはテテュス〔ウラノスとガイアの娘〕とともに数千人の息子と娘をもうけた。息子たちは河神であり、娘たちはオケアニス〔水神〕と呼ばれた。オケアノスの甥の一人であるゼウス（クロノスの息子であり、ウラノスの孫）はすべての神々の長になり、オケアノスの代わりにポセイドンを海の神にした。ポセイドンは、一部の船乗り（彼の息子テセウスなど）を保護する一方で、他の船乗りの邪魔をした（オデュッセウスはポセイドンの息子ポリュペモスを盲目にしたため、海上を放浪する羽目になった）[136]。ポセイドンは、地震、嵐、馬も操った。ホメロスは、それらのギリシア人が消費する塩を「神の物質」[60]と呼んだ。彼らは自分たちのことを人間と神の中間に位置する秀でた存在と見なした。

彼らは監視塔をつくって港の安全性を高め、最古の海軍を編成した。この海軍には、衝角（しょうかく）〔舳先に付けた突起〕で敵船を突き破り、投石できる帆船が配備された。アテナイの水兵は自由人であり、奴隷は水兵になれなかった。

メソポタミア人やエジプト人と異なり、「海の民」は海を支配しなければ生き残れなかった。というのは、メソポタミア人やエジプト人は自分たちでは賄えない品だけを輸入した一方で、彼らは生活必需品さえも輸入しなければならなかったからだ。

海賊行為、海軍、海戦が始まったのもこの時期である。ラムセス三世〔エジプト第二〇王朝のファラオ〕の統治期間のはじめのころ、ナイル川のデルタでエジプト人と「海の民」が一戦を交えた。これが記録に残っている最古の海戦である。この戦いではエジプト人が勝利を収めた。というのも、ナイル川のデルタでは、エジプト人の櫓櫂船のほうが「海の民」の帆船よりも操縦性がはるかに高かったからだ。

同時期、ヘブライ人はエジプトから脱出して紅海へ向かい[65]、ギリシア人はイリオスを来襲したという[60]。

紀元前七〇〇年ごろ、小アジアのギリシア人はミレトス〔アナトリア半島西海岸〕に港をつくり、そこで三段オールの帆船という恐るべき船を開発した。全長三五メートル、幅六メートル、漕ぎ手一七〇名を上下三段に配置したこのガレー船には、接近戦に備えて士官と水兵も乗船した。彼ら全員は自由市民だった[30]。これらの船の舳先には、敵の船を破壊するための銅製の衝角が喫水線〔船体が水に浮かんだときの水面ぎわの線〕に取り付けてあった[135]。これらの船が沿岸部と商船を警備することにより、護送船団が可能になった。ディエクプロウス（敵の戦列に割って入り、背後から攻撃する作戦）やペリプロス（敵船の横腹および後部を衝角で破壊する作戦）と呼ばれる戦術が編み出された[135]。

こうしてミレトスは地中海を支配し、黒海からアゾフ海にかけて、およそ八〇ヵ所に植民地をつくった。ミレトスには次々と賢人が現れた。その最初の人物がタレス（紀元前六二五年から紀元前五五〇年）である。タレスは、地球は無限の大海に浮かぶ円盤状の物体だと考えた。

次に、アナクシマンドロス（紀元前六一〇年から紀元前五四六年）は、地球は一部が陸に覆われた水でできた円柱のようなものだと説いた。彼の弟子のアナクシメネス（紀元前五八五年から紀元前五二五年）は、大海に囲まれた円盤状の物体である地球は空間を漂っていると解説した。

球形の地球はおもに水でできているという見解を最初に唱えたのはピュタゴラスらであり、それは紀元前六〇〇年のことだった。タレスにとって、水は物質のおもな成分であり、生命の源だった。水はきわめて重要な要素だと説いたのだ。他の賢者が万物の根源を空気や火に求めた一方で、タレスは、万物の根源は水だと断言した[14]。

エジプト人は「海の民」を傭兵として利用し始めた。紀元前六〇〇年にファラオのネコ二世が、ジブラルタル海峡の外側〔大西洋〕にフェニキア人の傭兵を派遣したという言い伝えがある。ジブラルタル海峡は、後にギリシア人によって「ヘラクレスの柱」と呼ばれるようになった。その目的は、アフリカ大陸を周航してエジプトに戻ってこられるかを確かめるためだったという。後日、ヘロドトス〔古代ギリシアの歴史家〕は、この計画はおよそ二〇年の歳月を経て成功したようだと記している。

ネコ二世は実際に遠征隊を編成したが、その行き先は紅海であり〔大西洋とは逆方向〕、遠征隊はソマリアの沿岸部の近くに到着した。同時代のミレトス出身の船乗りたちがジブラルタル海峡を越えて現在のセネガルに交易拠点を築いたという言い伝えもある。しばらく後のプラトンの著作には、当時の船乗りたちは、エッサウィラ〔大西洋に面するモロッコの街〕からスカンジナビアまで、大西洋についてもすでに豊富な知識をもっていたという記述がある。[142]

同時期、フェニキア人とギリシア人という「海の民」が暮らす地域からほんの少し内陸に、エジプトとカナンから来た元ノマドがユダヤ〔イスラエル王国部の地方〕に定住した。彼らは海にまったく関心を示さなかったが、フェニキア人やギリシア人と交易することによって暮らしていた。彼らがユダヤ人である。

しかしながら、ユダヤ人の創造神話と彼らの歴史では、海はきわめて重要な役割を担っていた。たとえば、ユダヤの聖典「トーラー」（モーセ五書）には、第一章で述べた最新の地球科学の知見と驚くほど似通った天地創造の様子が記されている。「トーラー」によると、水は、地球が誕生する以前の宇宙創造時から存在したという（「地は混沌であって、闇が深淵の面にあり、神の霊が水の面を動いていた」〔創世記、第一章二節、日本聖書協会訳〕）。次に神は、二日目に地球、三日目に海、五日目に海のなかに生命、そして六日目に人間をつくった[11]。これは今日の科学が語る地球史とほぼ同じだ。

ユダヤ人にとって、水は生命の源であると同時に死という脅威だった。神は海に働きかけることによってその全能性を示す。たとえば、大洪水（ノアは、ギリシア神話における大水害から逃れた夫婦のように「方舟」に避難した）や、人間の解放を暗喩する割れた紅海の逸話である。そしてヨナ書には、船乗りたちは嵐を鎮めようと祈るが、嵐は一向に収まらないため、ヨナは海に投げ込まれて大魚に飲み込まれるが助かるというエピソードがある[11]。いずれにせよ、海は神が課す試練の場であり、人間が自由人という条件を手に入れるには、この試練を乗り越えなくてはならないのである。海はあらゆる危険が起きる場でもある。旧約聖書には、海にはレヴィアタンという恐ろしい怪獣が潜んでいるという記述がある[11]。

ヘブライ人は、船乗りではなかったので大きな港をつくらなかった。彼らにとって、海は他の者たちの王国だった。だからこそ、地中海は、「西の海」（申命記、一一章二四節）、「ペリシテ人の海」（出エジプト記、二三章三一節）、大海（ヨシュア記、第一章四節）、あるいは単に「海辺」（列王記上、五章九節）と呼ばれていたのである。[65]

そうは言っても当時、ユダヤ人とギリシア人との間には、地中海を通して密接な交流があった。ラビ〔ユダヤ教の指導者〕や哲学者は、ミレトスとティルスを船で往来して普遍性に関する共通の教義を生み出した。この教義は、西洋、そして全人類にとって不可欠な価値観になった。

その後、ユダヤ人にとって、生き延びる、交易に従事する、そして信仰を維持するために旅立たなければならないときに、海は主要な手段になった。

カルタゴ人、ギリシア人、ペルシア人は、地中海をめぐっていがみ合う

同時期、地中海の西部と東部にカルタゴという新たな勢力が現れた。地中海の支配をめぐり、カルタゴはペルシアとギリシアといがみ合った。

ティルスを離れたフェニキア人が紀元前八一〇年ごろにつくった港町カルタゴは、現在の

チュニス沿岸部という戦略的な場所に位置し、紀元前五〇〇年ごろに最盛期を迎えた。

カルタゴには大規模な船団があった。すぐに地中海随一になったカルタゴの船団は、沿岸航海によって軍隊を迅速に輸送できた。難破する恐れはほとんどなかった。こうしてカルタゴは、シチリア島、コルシカ島、サルデーニャ島を支配し、エジプト、エトルリア〔イタリア半島中部にあった都市国家群〕と交易した。

カルタゴは、チュニジアの小麦とワイン、カルタゴがアフリカのキャラバンを使って輸入した金と象牙、イベリア半島から取り寄せた銀と鉄、そしてフランスのブリュターニュ地方の錫を輸出した。[25] カルタゴの探検家たちは、カナリア諸島やカーボベルデ〔ともに大西洋のアフリカ西沖合〕まで航海した。

カルタゴの台頭により、小アジアのギリシア都市国家とフェニキア人の港町は衰退期を迎えた。こうしてアケメネス朝ペルシアは、これらの沿岸都市を難なく支配下に収めた。たとえば、紀元前五一七年にヒュスタスペスの息子ダレイオス一世〔アケメネス朝ペルシアの第三代王〕は、バビロンにおいて権力を武力で奪取すると、地中海を支配しなければならなくなった。[30] ダレイオス一世は、ダーダネルス海峡とボスポラス海峡という二つの戦略拠点と、エーゲ海と黒海の海洋交通の要になるビュザンティオン〔ギリシアの「新たな港」〕〔現在のイスタンブールの旧市街地区〕を支配した。さらにダレイオス一世は、サモス島〔トルコ沿岸にあるギリシアの島〕とキプロス島を占領した。

紀元前五世紀になると、ギリシア人はペルシア人の攻撃を受けたために小アジアを離れ、ペロポネソス半島に重心を移した。ギリシア人は、主要都市をアテナイ、ピレウスを第一の港にした。独立した状態にあった、アテナイ、スパルタ、デルポイ、コリントスなどの都市国家の商船団と海軍には高性能の船が配備された。[135] それらの帆付きの三段櫂船は、テミストクレス〔アテナイの政治家・軍人〕の采配により、ラブリオ鉱山〔ギリシアのアッティカ地方南東部〕で発掘された銀を元手にして紀元前四八三年ごろに建造されたものである。[32]

こうしてアテナイはギリシア世界を手中に収めた。食糧を輸入することが死活問題のアテナイは、地中海東部における航行の安全を確保しなければならなかった。[32] アテナイは、トラキア〔バルカン半島南東部〕、シチリア島、エジプトから小麦を輸入するために、数百隻の三段櫂船による艦隊を編成して自国の商船を警備した。[146]

紀元前四八六年にダレイオス一世が死去すると、彼の息子であり、アケメネス朝ペルシアの創始者キュロス二世の孫であるクセルクセス一世は、エジプトを鎮圧した後、父ダレイオス一世の野望だったギリシア征服を試みた。[32]

クセルクセス一世は、アテナイおよびギリシアの都市同盟を攻撃し、まずは紀元前四八〇年四月一〇日のテルモピュライ〔ギリシア中東部〕の戦いで勝利を収めた。この戦いでは、スパルタ王のレオニダス一世が戦死した。アテナイはペルシア軍によって破壊されたため、アテナイの住民は疎開した。ペルシア軍はギリシアとの戦いに決着をつけるために、六〇〇隻の艦隊をペロポネソス半島沖に送り込み、海を包囲した。これに対し、ギリシアの都市同盟の艦隊は、三五〇隻しかなかった。紀元前四八〇年九月一一日、両軍はサラミス島付近〔アテネの沖合〕で激突した。テミストクレス率いるアテナイ軍は風向きに恵まれ、敵の艦隊を正面から攻撃した。ギリシア艦隊は規模では劣ったが、ペルシア艦隊は狭小な海峡では小回りが利かなかった[32]。機動力と狭い水域での操縦性に優れるギリシアの三段櫂船は、敵船の横腹を衝角で破壊した。ギリシアが勝利したのである[32]。開戦前はギリシア軍の敗北が濃厚だったが、この戦い〔サラミスの海戦〕の勝利により、ギリシア世界は助かった。この海戦術は、後世に多大な影響をおよぼした[25]。

この敗北を受け、クセルクセス一世はペロポネソス半島から撤退し、地中海東部の支配をアテナイに明け渡した。小アジアのギリシア都市国家は解放されたのである。

ペルシア軍による破壊の後に復興したアテナイは、地中海東部の巨大勢力になった。ギリシアのピレウスやカンタロスの港に拠点を構える交易商人は、商品購入や航海の資金をファイナンスする仕組みを発明した。難破した際には、借り手が加入する保険によって出資金は保証された。これは中国でリスク分散化の仕組みが開発されてから数世紀後のことである。

ギリシア人の海洋に関する知識は急増した[43]。紀元前四世紀に地中海の島々で暮らしたアリストテレスは、後のアレクサンドロス大王の家庭教師になる以前の時期に、出航した船が水平線の彼方に徐々に消えるのを眺め、地球は丸いと結論づけた。アリストテレスは、地球一周をおよそ七万四〇〇〇キロメートルと推定した（実際の数値のほぼ二倍）。ギリシア人は、「ヘラクレスの柱」（ジブラルタル海峡）の向こう側〔大西洋〕には天空を支える巨人アトラースが暮らしていると信じていた。よって、彼らはその大海を大西洋〔アトラースの海：Atlantic Ocean〕と呼んだのである。

地中海では、紀元前六六七年にビュザンティオン、そして紀元前六〇〇年ごろにヴェネチアに港がつくられた。紀元前七五三年に誕生したローマは、当初はギリシア人とフェニキア人が支配していた。紀元前三三五年、ローマの港オスティアが建設された。

ギリシアは紀元前三三〇年に最盛期を迎えた。そのころ、インドに向けてほぼ陸路で遠征したマケドニアの征服者アレクサンドロスが死んだ。アレクサンドロスは海の重要性を無視したのではない。その証拠に、アレクサンドロスは死ぬ前年に、エジプトの地中海沿岸（アレクサンドリア）に堤防と大きな灯台〔アレクサンドリアの大灯台〕をもつ港を建設するように命じた[14]。アレクサンドロスは、自己の遠征に航海を加えなかったことを悔いていたのかもしれない。

アレクサンドリアは、すぐに地中海東部最大の商港になった。紀元前三二三年以降、この地域をアレクサンドロスより受け継いだプトレマイオス朝の王たちは、この港町を自分たちの王朝の商業および知識の中心地にした。彼らはそこに巨大な図書館を建設し、停泊中の船内からすべての文書を押収した。文書の持ち主に原本は返却せず、コピーだけ渡した。[14]アレクサンドリアでは、他のどの地域よりも科学が発展した。[14]紀元前二八〇年、アレクサンドリアではギリシア出身の天文学者「サモスのアリスタルコス」が、地球の属する系の中心は太陽だと説いた〔太陽中心説〕。ヒッパルコスが天体観測器の原理を発明したのもアレクサンドリアにおいてである。後にこの原理を改良したクラウディオス・プトレマイオスも、アレクサンドリアの高台から船が水平線の彼方に遠ざかるのを眺め、海が丸いことに関する科学的な証明を進展させた。[43]

地中海をめぐり、ローマとカルタゴが対立する

次に、歴史の中央舞台から消え去るのがギリシアの番になると、新たな海洋二大勢力が地中海の勢力図をめぐって対立した。これらの二大勢力も、自分たちの後背地から調達できな

いモノを輸入するために海を支配する必要があった。豊かな農業資源をもたない国にとって、海は必要不可欠な存在だったのである。

新興勢力のローマの人口はすぐに一〇〇万人になった。紀元前三世紀初頭、ローマは海上交易の重要性を悟った。自国民と遠征先の軍隊を養うには、海上交易が欠かせないと理解したのである。そして塩も重要だった。遠征中に食糧を保存するには塩が必要だったのである。ローマが多くの地域を征服できたのは、遠征先で塩鉱山や塩田を探し出し、そこで製塩したからでもある[19]。

海の重要性を悟ったからこそ、ローマは一世紀の間に五〇〇隻以上の軍艦（三段そして四段の櫂船）と一二万人の海兵を動員し、自分たちが名づけ親である「地中海」（大地の真ん中）を掌握したのである。オスティアは地中海で最も斬新な港になった。コンクリート製の埠頭が登場したのである。コンクリートをつくるときに用いる砂は、採石場と海底から調達した。埠頭の建設に利用されたコンクリートは、あらゆる建造物に利用されるようになった。

ローマは自国の安全保障のために、弱体化したギリシア都市国家に同盟条約を締結するように強要した。それらの条約には、都市国家ごとに保有できる軍艦の数とその航海領域を制限する「航海に関する条項」が含まれていた。艦隊を失ったギリシアは、食糧の確保さえローマに従うしかなかった。

地中海を挟んでローマの対岸に位置するカルタゴが勢力を伸ばし、北アフリカのフェニキア人の都市を支配した。戦略的な場所に位置する整備の行き届いたカルタゴの港には、二二〇隻の船が同時に停泊できた。カルタゴの艦隊はこの恵まれた環境を活かしてさまざまな種類の軍艦を保有した。たとえば、イコソーレ（二〇人の漕ぎ手）、トリアコントーレ（三〇人の漕ぎ手）、ペンテコントーレ（五〇人の漕ぎ手）、ブリガンティーン（二本マストの帆船）、レンボ（古代の駆逐艦）、そしてローマと同じく、漕ぎ手を三段、四段、五段に配列する櫂船などである[30]。

カルタゴは各地でローマと競合し、ローマから生活物資の調達先を奪い取った。ついにローマはカルタゴを叩く決断を下した。ローマは一部の艦隊をイベリア半島経由で、残りの艦隊を最短経路でカルタゴに派遣した。

緒戦、いわゆる第一次ポエニ戦争（紀元前二六四年から紀元前二四一年）は、ローマが勝利した。この戦いでは、シチリア島、次にコルシカ島とサルデーニャ島の沖合で数多くの戦闘が繰り広げられた。海の王者になったローマの将軍スキピオはアフリカに上陸し、紀元前二〇二年に現在のチュニスの北西にあるザマでカルタゴのハンニバル軍を撃破した。

紀元前一九六年、ローマ軍はマケドニア王フィリッポス五世に勝利した後、地中海の支配を確実にするために、ギリシアで勢力を拡大したマケドニア王国に対し、保有するすべての軍艦をローマに引き渡すように命じた。そして紀元前一八八年、アパメイアの和約（ローマ・シリア戦争の講和条約）が締結され、ローマはセレウコス朝の王アンティオコス三世に対しても、一〇隻の艦隊を除き、すべての軍艦を引き渡すように命じた。

紀元前一四九年、ローマの元老院は、カルタゴを徹底的に叩くためにスペイン経由で歩兵隊を派遣した。この作戦はカルタゴの壊滅をもって紀元前一四六年に完了した。同年、ローマ軍はコリントスも完全に破壊した。

ライバルたちを武装解除させ、海に対する関心を失ったローマは、自国の艦隊を大幅に縮小させた。

紀元前七五年、ローマ軍の艦隊が不在だったため、北アフリカに拠点を置く海賊は活動を活発化させた。彼らの略奪行為により、人口の多いイタリア半島への農産物の輸入が滞った[25]。そこで紀元前七〇年、艦隊を再編したローマはポンペイウスに対して、軍艦五〇〇隻、兵士一二万人、馬五〇〇〇頭という強大な軍事力を提供し、海賊征討の任務を負わせた。ポンペイウスは地中海を一三の水域に分割し、各水域に銅製の衝角を装備したガレー船部隊を派遣した。ポンペイウスに追い詰められた海賊は、トルコ南部の水域に逃げ込み、アランヤの港に立てこもったが、紀元前六七年に降伏した。

紀元前四六年、ローマで凱旋式を挙行した新たな権力者カエサルは、初の模擬海戦を実施した。これが最初のナウマキアと呼ばれる興行である。テヴェレ川の近くの巨大な人工池において、本物の四〇〇〇隻の二段、三段、四段の櫂船に乗った二〇〇〇人の戦士が海戦を再現する壮大なショーが催されたのである。

その二年後の紀元前四四年、カエサルが暗殺された。カエサルの後継者とローマの将来を決める舞台は、またしても海上だった。カエサルの暗殺者を排除した三人の将軍（オクタウィアヌス、レピドゥス、マルクス・アントニウス）は、ローマ帝国の指導者の座をめぐって対立した。レピドゥスはローマから追放された。マルクス・アントニウスはプトレマイオス朝の女王クレオパトラとともにエジプトに亡命し、ローマへの復帰を準備した。ローマでは、オクタウィアヌスは、マルクス・アントニウスが東方の軍隊と結託して反乱を起こすのではないかと懸念し、紀元前三一年にアントニウス軍を撃退するために艦隊を派遣した。アクティウムの海戦では、ケルキラ島沖〔ギリシア北西岸〕で九〇〇隻の軍艦が激突した。クレオパトラは自軍の船団の一部しか派遣しなかった。オクタウィアヌスの船団の戦闘能力とローマ艦隊の最高司令官アグリッパ〔オクタウィアヌスの腹心〕の戦術が優っていたため、勝敗はすぐについた。マルクス・アントニウスの艦隊を指揮した将軍たちは形勢不利とみて退却した。マルクス・アントニウスとクレオパトラはエジプトへ逃亡し、翌年、二人とも自殺した。

この海戦により、ローマの絶対的な地中海支配（海の帝国：imperium maris）は三世紀以上にわたって確約された。この例からも、海を支配する者が陸地をも支配することがわかる。

その二年後にアウグストゥスの称号を得たオクタウィアヌスは、紀元前二七年にローマの初代皇帝に就任し、破壊されたカルタゴを「コロニア・ユリア・カルタゴ」と名づけて復興させた。こうして今度は、地中海、大西洋、インド洋と、ローマが海の名づけ親になったのである。

紀元前二年、アウグストゥスが皇帝になって二五年後、すなわち、彼の死ぬ一六年前のことだ。アウグストゥスは、テヴェレ川右岸に人工池をつくり、そこで軍神マルスを祀る神殿の除幕式に、三〇隻の衝角を装備した軍艦の上で三〇〇〇人の兵士に闘いを演じさせた。ローマとその指導者たちは、まだ海に魅了されていたのである。

第四章

櫂（かい）と帆で海を制覇

（一世紀から一八世紀まで）

「海を支配する者が貿易を牛耳る。
貿易を支配する者が世界を牛耳る」

ウォルター・ローリー〔一五九五年〕

西暦一年から一八世紀までの期間も、六万年前と同様に、人類は櫂と帆だけで、つまり、人力と風力によって海上を駆けめぐった。

この時代を語るとき、フランスなどでは往々にして定住民の権力が引き合いに出されるが、これは見せかけにすぎない。実際には、経済、政治、社会、文化の支配権は、海と港を支配する術を心得た者たちが握っていたのである。そして巨大帝国は海の支配権を失うと、必ず凋落した。戦争と地政学についても、定住型の帝国同士の対立や、平原での歩兵隊や騎兵隊の動向という月並みな研究ではなく、海の支配という観点から検証しなければならない。

人間社会を急変させるイノベーションのほとんども、海上において、すなわち、航海するために起きた。農業に関するイノベーションでさえそうなのだ。おもなアイデアや商品が流通し、競争や分業体制が確立したのも海上である。商船の安全を守ったのは艦隊である。

西暦一年から一八世紀までの期間、世界の支配権を握ったのは、南・東シナ海、地中海、ペルシア湾の周辺に位置する国だった。その後、風力を上手に利用する安全性の高い大型船が登場すると、世界の支配権は大西洋岸地域へと移行した。

海から遠ざかった中国

西暦一年の時点では、中国にはまだ世界支配のための素地があった。人口最大の中国（世界人口の四分の一に相当する七〇〇〇万人）は、長い沿岸部と広大な後背地をもち、農業、手工業、航海の分野において、世界で最先端の位置にいた。海とともに暮らす原始社会でもあった中国は、数千年来、海洋と周辺の島々の探査も行ってきた。海に強い関心があったからこそ、中国は自国の文化と権力を（彼らの信じる、四つの無限の海に囲まれた四角形の）世界に押しつけることができたのだろう。

ところが、中国はこの関心を維持しようとしなかった。なぜなら、陸路であろうが海路であろうが、外国から来るモノに興味をもたなかったからだ。こうして、中国は自国内陸部の西の国境警備に傾注する一方で、海を〔自国を保護する〕盾と見なして無視したのである。中華帝国には外国からの訪問者はきわめて少なく、イノベーションがもち込まれることもほとんどなかった。中国は閉じた状態で暮らすことになったのだ。外国とはほとんど交易せず、交易は外国の商人が行った。彼らは、おもに真珠や宝石などの贅沢品を中国にもち込んだ。

中国は外国との交易がなくても国を維持できたのである。地中海の大国と異なり、中国には自国領土に充分な農地と農業資源があったため、輸入に頼る必要がなかったのだ。少なくとも一〇〇〇年までの中国の生活水準はヨーロッパよりも高かったので、中国の鎖国戦略は成功していたと言える。

漢は、西暦二五年から洛陽に都を置いたが、西暦二〇〇年に漢の献帝は南の王国の支配を取り戻そうとした。献帝は、武将の曹操に三〇万人以上の兵士を輸送できる河川艦隊をつくるように命じた。二〇八年に曹操は、長江の支配を取り戻すために軍を派遣した。当時、長江は中国南部への連絡路として機能していたのだ。曹操は、長江の水流によって軍艦が転覆するのを防ぐために、軍艦同士を紐でしばって連結させた。しかし、南軍〔孫権と劉備の連合軍〕は燃えた舟を接近させて団子状態の曹操の艦隊に火を放ったため、北軍〔曹操の軍〕の艦隊はほぼ壊滅した。この河川での戦い〔赤壁の戦い〕により、二二〇年に漢最後の皇帝〔献帝〕は退位した。こうして中国は分裂し、北部は魏、西部は蜀漢、東部は呉という三つの独立した王国になった〔三国時代〕。

分裂した中国が統一され始めたのは、晋の始まる二六五年である。二八〇年、晋の皇帝司馬炎が中国統一を成し遂げた〔呉の滅亡〕。

三〇〇年になると、西晋の皇帝〔恵帝〕が派遣した中国の艦隊は、交易目的ではなく中国の沿岸部水域の探査を再開した。外国および中国のジャンク船〔中国の帆船〕の艦隊は、探検家や中国の外交官を乗せ、櫂と帆を使ってインド洋を駆けめぐった。彼らは、三五〇年ごろにはマレーシア、四〇〇年ごろにはスリランカ、もう少し後にはユーフラテス川流域にまで到達した。そして一世紀後には、台湾、スマトラ島、ベトナムの沿岸部の水域を探査した[25]。

こうして広州、南京、欽州などの中国の港は、一部の外国商人を受け入れたが、中国は相変わらず本格的な艦隊を編成しなかった。中国の商人と外交官の船旅では、扶南国の船が利用されることが多かった[25]。扶南国は、現在のベトナム、カンボジア、タイの南部からなる東南アジア最大の王国だった。商人である扶南国の住民は、メコンデルタを肥沃な農地に変え、メコン川に近いアンコール・ボレイ〔カンボジア南部〕に都をつくった。彼らは運河ネットワークによってこの地域をタイランド湾と連結させた。運河に面したオケオ港〔ベトナムのメコンデルタにある扶南国の遺跡群〕は、中国、インドネシア、ペルシア、ローマと交易した[129]。

海を目指す中国

六一八年に、五八一年から中華帝国を支配してきた隋が滅亡すると、唐が始まった。この王朝は海に大きな関心をもった。唐の皇帝は、外国の船との折衝役に貴族を任命し、この折衝役を広州に配属した。広州の外国人の人口は、まもなく二〇万人になった。彼らはおもにアラブ、ペルシア、南アジア、東南アジアの商人だった。こうして彼らは、中国南部のさまざまな地域、日本、スマトラ島、ジャワ島、フィリピンとの貿易を発展させた。中国の船乗りは、広州で建造された巨大なジャンク船を中国の商人のために操縦した。七〇〇年ごろ、中国の天文学者で僧の一行〔大恵禅師〕は、中国北部からベトナムまで旅をして、地球は丸いことを確認した。

九〇七年に唐が滅亡すると、中華帝国はまたしても混乱に陥り、分裂した〔五代十国時代〕。中国の人口増加は、疫病、戦争、飢餓のため停滞し、九五〇年の人口はおよそ六〇〇〇万人だった。中国統一は、初代皇帝を趙匡胤（ちょうきょういん）とする宋が誕生する九六〇年まで待たなければならなかった。中国はまだ海に開かれていた。海では多くのイノベーションが誕生した。

たとえば、一一世紀には船尾舵が発明された。（船底に位置する）船尾骨材にちょうつがいを使って固定された船尾舵により、船の操縦性は格段に向上した。複数の文書には、磁石を使って北の方角を示す新たな道具が発明されたという記述もある。これが羅針盤である。

一一一五年、中華帝国は、北部の金、南部の宋に、またしても分裂した。ステップ〔広大な草原〕からやって来るノマド〔モンゴル民族〕は、これら二つの王朝を攻撃し続けた。

宋の人々は海に関心をもち続けた。外洋を航海できる彼らのジャンク船は、五〇〇人乗りで最大積載量は一二五〇トンだった。宋の最大の港は、上海の南にある明州だった（現在の寧波市）。この港を拠点にして、韓国、インド洋、広州（広東省）との貿易が栄えた。ちなみに、広州はインドネシアの王国などと貿易した。一一三二年に宋は、中国東部と東南アジアの水域、インド洋、紅海などのさまざまな航路の安全を守るために、中国初の本格的な海軍を組織し、その司令部を広州に設置した。海軍司令部は費用を賄うために貴族の土地を没収した。

一二世紀には、中国以外の海洋国が南・東シナ海に現れた。その筆頭格がスマトラ島南東部のシュリーヴィジャヤ王国という都市国家である。七世紀に設立されたこの王国が、中国からインドとアラビア半島までを結ぶ航路のきわめて重要な中継地になったのである。[25] スマトラ島全土、そしてマレーシア半島南部に覇権を拡大したシュリーヴィジャヤ王国は、マラッカ海峡という最も重要な戦略拠点を手中にした。スマトラ島の港町でシュリーヴィジャヤ王国の首都パレンバンが、インドと中国を結ぶ航路の中継地になったのである。パレンバンの巨大な倉庫には輸出品（小麦、木材、鉄）が保管され、保管料の値決めはパレンバンで行われた。一〇〇〇年ごろになると、この王国は、ボルネオ島やジャワ島の北部にまで勢力を拡大し、五〇〇年にわたって南アジアの海洋貿易を支配した。海事、商業、金融の面において、この王国は、ブリュージュ、ジェノヴァ、ヴェネチアなど、当時のヨーロッパ最強の都市よりも繁栄していた。

首都パレンバンは数百年間にわたって世界経済の中心都市だったが、西洋人が書いた歴史書にそうした指摘は一切ない。[24]

砂漠から登場したこれまでにない海洋型の王朝

中国人が二〇〇〇年前から心配していたことが現実になった。現在のモンゴルのカラコルムから来たノマド部族が、度重なる失敗の後、ついに中華帝国を支配したのである。一二〇六年にチンギス・カンが統一したモンゴル族は、二〇万頭の馬とその数を上回るラクダによって編成された騎兵隊を保有し、黒海から太平洋までの地域に宿駅を確保した。一二三四年にモンゴル族は中国北部を征服し、現在の北京である大都に元を打ち立てた。

一二六〇年に中国の皇帝になったチンギス・カンの孫フビライは、彼の兄弟とは異なり、海に魅了された。砂漠を制覇したように海洋を支配しようとしたフビライは、一二七九年に中国南部を掌握し〔崖山の戦い〕、宋の皇帝たちの艦隊と中国沿岸部の造船所を収用した。こうして、九九〇〇隻以上の軍艦を保有したフビライの艦隊は、世界最大規模になった。

一二八一年五月、フビライは四二〇〇隻以上の軍艦と一四万人の兵士を、日本襲撃のために日本の沿岸部に派遣した〔弘安の役〕。一二八一年六月、フビライ軍は、九州の先端に位置する博多に上陸しようとしたが、日本軍が激しく抵抗したために撤退した。八月一二日、フビライの艦隊は伊万里湾に浮かぶ鷹島に接近したが、またしても日本軍の果敢な応戦に押し返された。八月一三日の夜、モンゴル艦隊は、九州地方に上陸した台風（これが「神風」の語源である）によって壊滅した。またしても中国の海洋に対する野望は失われたのである。その後、中華帝国は日本征服という野望を捨て去った。

一二九四年、フビライが死去すると、白蓮教などの仏教集団による反体制運動〔紅巾の乱〕が激化し、統治能力を失ったモンゴル帝国はまたしても崩壊し、四つの王国に分裂した。

明も海を拒絶する

およそ一世紀後の一三六八年、明は中国北部の元を転覆させた。首都を南京に移転させた明は、中国南部を再び支配し、中国沿岸部の島々に拠点をもつ中国や日本の海賊〔倭寇〕を退治しようとした[140]。

一三七一年、明の皇帝である朱元璋(しゅげんしょう)は、(一〇〇〇年以上前の漢の皇帝たちと同じく)海賊から身を守る最善の方法は航海しないことだと考えた。朱元璋は、民間の船舶に海禁令を発布した。貿易を禁じるこの海禁令により、元の時代に寧波や広州(広東)の港に設立された大手貿易会社は倒産した。これにより、中国沿岸部の住民は貧しくなり、政府の財政は破綻し、汚職と不正取引が蔓延した。ハイパーインフレになり、中国南部では暴動が頻発した[140]。

海上貿易を禁止するこの法令にもかかわらず、皇帝の海洋探査は継続した。皇帝の海洋探査は、一四〇五年の永楽帝の時代に最盛期を迎えた。永楽帝は鄭和に、乗組員総数三万人、九本マストの全長四〇メートルの船七〇隻からなる船団の指揮を命じた。ちなみに、鄭和は、去勢されたイスラーム教徒であり、捕虜になった王子の息子である。

鄭和の船団は現在の南京から出航し、現在のスリランカ、インドネシア、ケニア、オーストラリアへと向かった。特記すべきは、鄭和は紅海に入った中国で最初の船乗りだったことだ。

一四一四年、鄭和は興味本位から、マリンディ（現在のケニアにある港町）のキリン、そしてシマウマ、ダチョウ、ヒトコブラクダ、象牙を中国にもち帰った。この大航海に商業目的はなかった。鄭和は一四〇五年から死ぬ一四三三年までの間、七回の探査航海を指揮した。

一四三五年以降、明の皇帝たちは、モンゴル最後の勢力たちとの地上戦を強いられた。よって、歩兵隊を増強しなければならず、探査航海を断念せざるをえなかった。彼らはまたしても南・東シナ海の支配をあきらめたのである。ところが、海賊だけでなく新たな勢力が南・東シナ海に興味を示すようになった。ヨーロッパ諸国である。中国人が海から撤退した間隙を縫って、当時、準備期間中だったヨーロッパ諸国がアジアに介入し始めたのである。

ヨーロッパの時代が訪れたのだ。

ローマの地中海支配の崩壊

紀元一世紀初頭、過去二〇〇〇年間と同様、地中海沿岸部のすべての住民は、（フランス人を除き）海を必要とした。なぜなら、彼らは中国沿岸部の住民とは異なり、すべての生活必需品を自分たちの後背地から賄うことができなかったからだ。

七〇年にエルサレムが陥落すると、海は離散したユダヤ教徒のサバイバルに不可欠な存在になった。離散したユダヤ人共同体は、各ユダヤ人共同体が置かれた新たな状況にどうユダヤ教の戒律を適応させるかについての議論を重ねることによってしか、ユダヤ人としての統一性とアイデンティティを維持することができなかった。[8] 第二神殿の破壊〔七〇年のエルサレム攻囲戦〕の後、ユダヤ教がサバイバルできたのは、海、船舶、そして商人がいたからこそである。商人たちは、イベリア半島、モロッコ、エジプト、メソポタミア、コーカサス、クリミア半島、ペルシア湾などの港を行き交い、商品とともにメッセージを伝達したに違いない。ユダヤ人は、織物、染料、香水、銅、金、銀などを貿易すると同時に、タルムード〔ユダヤ教の聖典〕の判例を熱心に議論した。ユダヤ人のサバイバルにバビロンやバグダードなどの河川都市が大きな役割を果たしたのは間違いないが、ユダヤ教が存続したのは、おもに地中海のおかげである。[8]

キリスト教が誕生したのも、おもに地中海のおかげである。後にパウロになったサウロは、エジプトやローマなどのさまざまな船に乗って何度も航海し、ミュラ（トルコ）とクレタ島の間を往来し、アンティオキア〔シリア〕、キプロス島、アテナイ、コリントス、エフェソス〔トルコ西部〕、カイサリア〔イスラエル〕、そしてローマの人々をキリスト教に改宗させるために海上を旅した。ペトロをはじめとする伝道者も布教のために航海した。キリスト教がイル・ド・フランス〔パリ盆地〕やドイツに伝来するはるか以前にブルターニュ地方とアイルランドに伝わったのも海路だった。

水と海は、キリスト教のシンボルのなかで重要な位置を占めている。黙示録によると、「海は、夜、死、涙、悲嘆とともに消え去る。しかしながら、海に関する何かが姿を変え、それが昇華されて最高のものとして残る」という。初期のキリスト教徒は、彼らより以前の時代に生きたギリシア人やエジプト人と同じく、地球は丸いと確信していた。

ローマ帝国は海に魅了され続けた。皇帝ネロは五七年、皇帝ティトゥスは八〇年、皇帝ドミティアヌスは八五年と八九年に、巨大なナウマキア〔模擬海戦〕を企画した。これらの催しには、コロッセオの中央に水を張って行われたものもあった。

三世紀中ごろ、新たな勢力が地中海に到達した。二四二年、黒海沿岸で誕生したゴート王国〔クリミアゴート族〕がシルクロードの要衝であるクリミア半島を征服したため、ローマはペルシアと中国への陸路を失った。二五三年、サーサーン朝ペルシアの皇帝シャープール一世が、ローマからアンティオキアの港を奪取した〔バルバリッソスの戦い〕ため、ローマは東方との海洋貿易も失った。こうして海路と陸路をほぼ同時に失ったローマは、絹、亜麻、綿、香辛料、貴石と半貴石〔ダイヤモンド、トルコ石、サファイア、オニキス〕、食用油、カルダモンやシナモンといった香味料など、数多くの製品を輸入できなくなった。

二八五年、皇帝ディオクレティアヌスは、ローマ帝国の領土は拡大しすぎたため統治を単独で行うのは困難になったと判断し、帝国を東西に二分割し、それぞれに領事を置いた〔四分統治〕。三〇八年に西、そして三一一年に東のアウグストゥス〔正帝〕になったコンスタンティヌス[66]は、フェニキア〔地中海東岸〕に海軍を再編し、三二四年九月一八日にクリュソポリス〔イスタンブールに隣接する現在のユスキュダル地区〕において皇帝の座をめぐって争ったリキニウスとの内戦に勝利した後、ローマ帝国を再統合した。三三〇年、ローマ皇帝の座を確保するとキリスト教に改宗したコンスタンティヌスは、ビュザンティオン〔現在のイスタンブール〕を自分の名を冠してコンスタンティノープルと命名した。重要な軍事拠点になったコンスタンティノープルの港からは、ペルシア軍や黒海沿岸部で活動するノマド部族との戦いのために、ローマ帝国の軍隊が派遣された。

三六一年、コンスタンティヌスの後継者の一人であり、キリスト教を否定したユリアヌスは、艦隊をつかってシルクロードの支配を奪還しようとした。三六二年、ユリアヌスはサーサーン朝ペルシアのシャープール二世の侵攻に備えるために、アンティオキアに滞在した。三六三年、わずかな期間とはいえキリスト教は皇帝ユリアヌスによって否定されたが〔ユリアヌスの在位期間は二年だった〕、皇帝ユリアヌスが殺害されると、ローマ帝国はキリスト教に戻った[14]。

三九五年、テオドシウス大帝の死後、ローマ帝国はまたしても分裂した。今回の分裂によって、ローマ帝国の東西分裂は決定的になった。テオドシウス大帝の二人の息子である、ホノリウスが西ローマ帝国、アルカディウスが東ローマ帝国の皇帝に即位した。

四二八年、ヴァンダル族（アンダルシア地方に拠点を置く海洋民族）の王ガイセリックは、北アフリカを征服しようとした[81]。「野蛮（ヴァンダリズム）」の語源になったヴァンダル族は、造船技術を大幅に改良した。たとえば、当時は船を外板から（船の外側の板から）つくっていたが、現在も行っているように骨組みからつくる工程に変えた（船内の仕切り壁を組み合わせてから外板を張る）[25]。四三五年、ガイセリックは現在のモロッコで西ローマ帝国の軍隊を負かし、モーリタニアとヌミディア〔現在のアルジェリア北東部〕を征服した。四三九年にはカルタゴを占領し、カルタゴに駐留していたローマ艦隊を武装解除させた。コルシカ島、サルデーニャ島、シチリア島を併合し、イタリア南部まで侵攻し、ローマ最後の食糧源を奪った。[81] 四五五年、ガイセリックの艦隊は、〔ローマを流れる〕テヴェレ川を自由に航行し、ローマを支配した。ガイセリックは自身を「陸と海の王」と呼んだ。ローマの活力は失われ、残るは東ローマ帝国だけになった。[81]

四七六年、東ローマ皇帝ゼノンとガイセリックの間で平和協定が締結され、ガイセリックは西ローマ帝国の支配権を手中に収めた。

ローマ帝国がつくられたのも、そして崩壊したのも海上においてだった。

イスラームによる地中海東部の復活

同時期、砂漠の真ん中では、イスラーム勢力が出現した。ムハンマドにとって、海は、美、叡智、パワーだけでなく、警戒心の源だった。「海は清めの水だ[70]」。「彼の証拠の一つは海をわたる船であり、船は山のようである。彼なら風を鎮められる。風がなければ船は進まない。

これこそ、よく耐え感謝する者たちへの証拠だ」（スーラ四二：三二―三三）。さらには、「人間が鮮魚を食べられ、海から服飾品を採れるように、彼は海に命じる。あなたが彼の恩恵を求めて旅立つ際、彼に感謝するために、波を切り裂いて進む船を見るがよい」[70]（スーラ一六：一四）。

イスラームの拡大では、海は重要な役割を果たした。六三四年までは、預言者ムハンマドの教友アブー・バクルがアラビアを統一した。六四一年、武将アムル・イブン・アル＝アースはアレクサンドリアを攻囲し、駐留していた東ローマ帝国の艦隊を降伏させた。第二代カリフであるウマル・イブン・ハッターブは海を恐れた。「私はイスラーム教徒が地中海で危険を冒すことを容認しない……。わが兵士が不実で残忍なこの海を航海することなど、私には許可できない」

六五五年、彼の後継者である第三代カリフのウスマーンは、海に活路を見出した。東ローマ帝国の皇帝コンスタンス二世の五〇〇隻以上からなる艦隊を、現在のトルコ南部沖合で攻撃したのである（「リュキア沖海戦」あるいは「マストの戦い」）。イスラームの海軍大将アブドゥッラー・イブン・サアド・イブン・サルフは、戦線を維持するために自軍の軍艦を連結させて東ローマ帝国の艦隊を壊滅した[26]。

六七四年からイスラームは、この勝利を利用してコンスタンティノープルを包囲した。しかし、キリスト教徒の皇帝たちは自軍の艦隊を再編し、まもなく「デュロモイ」という巨大なガレー船（全長三〇メートルから五〇メートル）を配備した[97]。この船は三〇〇人乗りだが、漕ぎ手をあまり必要とせず（三〇人から四〇人）、投石機と、敵船を燃やせる「ギリシア火薬〔火炎放射器の一種〕（原料は、石灰、硫黄、石油、松脂）」を装備した。

六七八年、キリスト教徒の皇帝コンスタンティノス四世は、四年前からコンスタンティノープルを包囲していたイスラーム艦隊を「ギリシア火薬」を用いて撃退した。撤退したイスラーム艦隊は、アレクサンドリアに戻る途中のシリア沖合で嵐に遭って沈没した[96]。

こうして、東ローマ帝国は地中海東部の制海権を取り戻した一方、イスラームのウマイヤ朝のカリフたちは地中海西部を支配することになった。六九五年、カリフの艦隊は、五世紀にヴァンダル族に支配されていたカルタゴを奪取した。カルタゴをキリスト教徒のコンスタンティノープルに対抗できるイスラームの港にしようとしたカリフは、カルタゴに一〇〇〇人以上の船大工をアレクサンドリアから呼び寄せ、巨大な海軍工廠をつくった。すぐに一〇〇〇隻以上の軍艦を配備したウマイヤ朝の艦隊は、シチリア島、サルデーニャ島、コルシカ島を支配した。

七一〇年、西ゴート族のいるイベリア半島の支配をカリフ〔ワリード一世〕から命じられたウマイヤ朝の軍人ターリク〔イブン・ズィヤード〕は、一万八〇〇〇人の軍隊を船に乗せてジブラルタル海峡を通過した。言い伝えによると、ジブラルタルに上陸するとターリクは船団を焼き払い、戦士たちに次のように宣言したという。「諸君、君たちの退路は断たれた。後ろは海、前には敵が待ち構えている。神は君たちに真剣さと忍耐だけを授けたのだ」

七一一年、ターリクはセビリアとカディス〔スペイン南西部の港町〕を征服した。カディスには、スペイン各地の港で略奪行為を働くアンダルシアの海賊がいた。これが原因で西ゴート王国は弱体化し、七一六年、現在のスペインとポルトガルのほとんどの領土はアラブ人に支配されたのである。さらには、アラブ人とベルベル人からなるイスラーム軍はフランスに足を踏み入れた。七三二年一〇月二三日にはポワティエに到達したが、反撃された〔トゥール・ポワティエ間の戦い〕。

七五五年、アッバース朝がバグダードにおいてウマイヤ朝を滅ぼした。ウマイヤ朝最後の生き残りであるアブド・アッラフマーン一世はモロッコへと逃げ、その後、アンダルシアで権力を握った。ちなみに、アッバース朝は、艦隊を常時保有しようとは思わなかったようだ。

八四四年、セビリアでは、アミール〔後ウマイヤ朝の総督〕のアブド・アッラフマーン二世は、北〔ノルマン人〕の急襲に対処するために大艦隊を配備しなければならなくなった。

八六〇年、後ウマイヤ朝は、イタリア西部とプロヴァンス〔フランス南東部の地中海沿岸部〕まで襲撃し、テネスとオラン〔ともにアルジェリアの地中海沿岸部〕に港をつくった。

九〇九年、現在のカビリア地方〔アルジェリアの地中海沿岸の山岳地帯〕にベルベル人を集結させたウバイドゥッラー（アブドゥッラー・マフディー）という人物は、スース、チュニス〔ともにチュニジアの地中海沿岸の町〕、トリポリを征服し、ファーティマ朝を設立した。

九六九年、ファーティマ朝はエジプトを支配し、カイロを建設した。カイロはアレクサンドリアとともにイスラーム世界の主要な海洋拠点になり、香辛料、藍染め染料、胡椒、霊猫香〔ジャコウネコの分泌物からつくる香料〕などの貿易の中心地になった。こうしてファーティマ朝の貿易は、おもにギリシアの島々から現れる海賊から保護された。

このようにして一〇〇〇年ごろ、地中海東部は東ローマ帝国とファーティマ朝、地中海西部は後ウマイヤ朝が支配したのである。

東方正教教会とイスラームが地中海を支配したことによって、ゲルマン人やフランク人をはじめとするヨーロッパのカトリック勢力は、北部ならびに内陸部への移動を強いられた。著名な歴史家アンリ・ピレンヌは、著書『ヨーロッパ世界の誕生―マホメットとシャルルマーニュ』（中村宏他訳、創文社、一九六〇年）において「イスラームがなければフランク王国は存在しなかっただろう。ムハンマドがいなければ、シャルルマーニュ〔カール大帝〕は登場しなかったに違いない」と記している。このことはフランスとドイツが海にほとんど関心を示さなかったことを物語る。今日においても、フランスとドイツは海をおろそかにして国益を損なっている。

　キリスト教徒の管理下にある海は、ティレニア海〔イタリア半島の西側の水域〕だけになった……。

イスラームと東ローマ帝国に対抗する二つの海洋勢力の出現：ヴェネチアとジェノヴァ

　紀元前五世紀につくられたヴェネチアでは、一〇世紀になると、商人たちは貧しい潟での暮らしから抜け出すために、ダルマチア〔クロアチアのアドリア海沿岸地域〕の沿岸部など、地中海東部のさまざまな港に貿易拠点をつくった。この貿易ネットワークを築くには二世紀以上の歳月を要した[24]。

　一二世紀になると、ヴェネチアの総督たちは造船所をつくった。また、ヴェネチアには、金融機関、証券取引所、貿易会社、銀行、保険会社なども登場した。

ヴェネチアは、次第に地中海東部の貿易を支配するようになり、ヨーロッパ内陸（フランスと神聖ローマ帝国）からの商品と、東ローマ帝国、カリフ、アジア地域の商品を交換する場になった[122]。

同時期、トスカーナ州（フィレンツェとその商人たち）という豊かな後背地に支えられた地中海西部の港町ジェノヴァは、金、貴石、香辛料などの製品を東方から輸入するために、コンスタンティノープルとアレッポ〔シリア北部〕と直接取引した。ジェノヴァ商人は、まもなくスペイン、北アフリカ、フランス、イングランド、神聖ローマ帝国とも商取引するようになり、アイスランドまで商圏を広げた。しかし、海賊から自分たちの商船を守る艦隊をもたないジェノヴァは、民間のガレー船団を雇わなければならなかった。彼らの力を借りてジェノヴァは、リヴォルノ〔イタリア半島リグリア海の港町〕、コルシカ島、サルデーニャ島を支配したが、真の海洋王国ではなかった[9]。

バルセロナなどの地中海の港も、ジェノヴァとヴェネチアに対抗し、マグレブ〔北西アフリカ諸国〕、レヴァント〔地中海東部沿岸地域〕、エジプト、アジアと貿易した。それらの港も、砂糖、香辛料、木材、象牙、真珠などを輸入する一方で、フランドルの毛織物やフランスの金物を輸出した。フランスは、それらの港に競合する港をもたなかった。

十字軍と海洋勢力：ヴェネチアの勝利

内陸の支配者たち（神聖ローマ帝国の皇帝やフランスの王）は、自分たちに従わない反逆的な領主を遠ざけるために、教皇の命令に従い、聖地奪還のために精鋭部隊を派遣した。十字軍に参加した者たちの動機は、信仰、貪欲、野望を混ぜ合わせたものだった。第一回十字軍が出発した一〇九六年、人間、馬、食糧は、フランスから中東までを陸路で移動した。一〇九九年、この十字軍はエルサレム王国を樹立し、ファーティマ朝と戦った。

十字軍を商機とみたジェノヴァとヴェネチアは、兵士と武器を輸送するガレー船と帆船、そして戸口が側面にある馬輸送用の「扉付きの船」を建造するため、巨大な工廠をつくり、建造したそれらの船舶を十字軍に貸し付けた。海上の移動は陸上よりも安全だったのだ。[24]

イングランドならびにフランドルの艦隊と、ノルウェー王の兄弟の艦隊が十字軍の移動を手伝い、そしてテンプル騎士団などの修道会が船をチャーターした。一一一〇年夏、シグルス一世率いるノルウェー船団（ノルウェー十字軍）がシリアに到着した。エルサレムの十字軍王ボードゥアン一世は、シグルス一世に対し、ファーティマ朝の支配下にあったシドン

〔レバノンの港町〕の港を征服する手助けをしてほしいと依頼した。このシドン包囲は一〇月一九日に始まり、十字軍とノルウェー軍の勝利で終結した。

第二回十字軍では一一四六年に、ヨーロッパ勢力から十字軍の輸送を任せられたジェノヴァとヴェネチアは、自国の銀行家から資金を借り入れた。このようにしてジェノヴァとヴェネチアの銀行家が地中海貿易を支配したのである。

一一八四年、イラク出身のアイユーブ朝の始祖サラディンは、一一六四年にエジプト、一一七四年にシリアを統治した。すべては海上で決すると悟ったサラディンは、エルサレム国の新たな王ギー・ド・リュジニャンの応援部隊であるキリスト教徒の軍隊を撃退するために、マグレブの船乗りや海賊を雇った。

一一八七年、サラディンは戦意を喪失した十字軍からエルサレムを奪還した〔ヒッティーンの戦い〕。

一一九三年にサラディンが死去して、地位や権力をめぐる内紛の後、アル＝アーディルがアイユーブ朝の唯一の支配者になった。アレクサンドリアにいたアル＝アーディルは異教徒との戦い（ジハード）はやめるべきだと考え、一二〇八年ごろにヴェネチア共和国と平和協定ならびに通商条約を結んだ。

ヴェネチア総督は、自国の商船の安全性を高めるために、教会の使節団というよりも傭兵軍団になった十字軍の指導者たちに、ザダル（クロアチアの港町）の貿易拠点の奪還を依頼し、その対価として、アイユーブ朝が治めるエジプトの征服とエルサレム解放のための船を十字軍に提供すると申し出た。ヴェネチアの支援を受けて一二〇二年にザダルを攻略した十字軍は、コンスタンティノープルに戻ると、一二〇四年四月一三日にこの町で略奪行為を働いた。彼らは、エルサレム王国の奪還という当初の目的を忘れ、キリスト教徒の王国を荒し回ったのである。

ジェノヴァやヴェネチアをはじめとする地中海の大きな港では、独自の法律が施行され、それぞれの港の裁判官が海での紛争に判決を下した。とくに、一二六六年、（地中海で重要な港になった）バルセロナのハイメ一世〔アラゴン王〕は、地中海のおもな海洋都市にいるバルセロナの船乗りのために、在留カタラン人を「統治する、補償する、処罰する、裁判にかける」領事機関を設立した。

それらの領事機関は判例を明文化した。明文化された判例はバルセロナにおいて『海事の自由』という文書になった。地中海各国の言語に翻訳されたこの「バルセロナ法令集」は地中海全域に適用され、一二世紀末までキリスト教徒の地中海において、すべての船舶に適用される海事法になった。

ヴェネチアの強力なライバルになったジェノヴァ

ヴェネチアとジェノヴァの競合関係は最高潮に達した。

一二八四年、ジェノヴァは、地中海のライバルであるピサを駆逐した。これは中世最大の海戦の一つとして知られている。両者はサルデーニャ島とコルシカ島の支配をめぐり、リヴォルノ沖合のメロリア島海域において、二〇〇隻以上の軍艦を激突させた。〔メロリア海戦〕。ジェノヴァ軍は、戦闘前に自軍の艦隊を前後二列に配置した。五八隻のガレー船と八隻のパンフィーリ船（地中海東部で開発された小型ガレー船）による先頭船団と、二〇隻のガレー船による後方船団である。両者の間隔がかなり離れていたため、ピサ軍は後方の船団を見逃した。ジェノヴァ軍の後方船団は、ピサ軍がジェノヴァ軍の先頭船団に接舷して攻撃するところを奇襲したのである。ジェノヴァ軍はこの海戦で勝利した。[26]

一二九六年、ジェノヴァは、ピサの港「ポルト・ピサーノ」とピサの水域を征服し、ピサの商業と政治力を完全に葬り去った。

一三〇〇年ごろ、ジェノヴァはガレー船を大幅に改良した。櫂の漕ぎ手を上下三段に配置する三段櫂船は、一人の漕ぎ手が一本の櫂を漕ぐ形式だったが、ジェノヴァは三人の漕ぎ手（おもに戦争捕虜）が一本の櫂を漕ぐセンシール式のガレー船を開発した。この改良により、ジェノヴァ式ガレー船の推進力は大幅に向上した[24]。

一方、ヴェネチアは船の戦闘能力を高めた。ヴェネチアの船には、大砲、そして射手の射程を長くするための塔が設置された。だが、それらの塔では船の安定性が損なわれるため、塔は船尾からはみ出る「城」に形を変えた。

軍備を増強したヴェネチアは、チュニジア北部一帯を征服し、キプロス島沖合でのサラディンのアイユーブ朝との戦いをはじめ、いくつかの海戦で勝利した。

内陸帝国ではペストが大流行

十字軍に参加するフランスの領主や君主は、海に興味をもち始めたが、一三四六年に起きた悲劇により、内陸勢力の海に対する恐怖は強固になった。

その年、フビライの死後、中国で衰退の一途にあったモンゴル軍がクリミア半島にあるジェノヴァの拠点カッファを攻撃した。モンゴル軍はこの戦いに敗れたが、ジェノヴァ艦隊にペスト菌を感染させた。ジェノヴァ艦隊はジェノヴァに戻ったが、地中海のあらゆる港でペストが急速に蔓延した。ペストは、一三四七年にコンスタンティノープル、さらには、ジェノヴァ、ピサ、ヴェネチア、マルセイユで発生した[40]。ペストはフィレンツェ、そしてキリスト教界の首都だったアヴィニョンでも発生した。こうしてアヴィニョンに滞在する巡礼者を介して、ペストはヨーロッパ大陸全土に急速に伝播し[40]、一三四八年一二月にはカイロでも流行した。最終的に、六年間で二四〇〇万人から四五〇〇万人が死亡したと推定される。死亡者の数は、当時のヨーロッパ人口の三分の一以上に相当した。一三五〇年にフィレンツェで執筆されたボッカッチョの『デカメロン』などの文学作品には、そのときのトラウマが描写されている。

一三五三年、このペストの大流行はどういうわけか一時的に終息し、一三六〇年に散発的に発生した。

神聖ローマ帝国やフランスなどの内陸の領主や王は、ペストに感染するのを恐れ、感染の震源地から遠ざかるために自分たちの中枢機関を北部へと移動させた。この大災難の間接的な影響として、農村部で労働力が不足したため、技術進歩と農業の近代化が促された[9]。

内陸の領主や王とは反対に、海路によってしか商品を輸入できない地中海の港では、接岸して積み荷を降ろす前に、船舶を海上で待機させ、感染していないかを確認する期間が設けられた。一三七七年、当時、ヴェネチアの支配下にあったドゥブロヴニク〔アドリア海沿岸のクロアチアの港〕では、初の検疫が実施された。一四二三年には、ヴェネチアに初の検疫所が設立された。一四六七年にはジェノヴァ、そして一五二六年にはマルセイユにも検疫所が設立された。それらの港は、このようにして伝染病を管理し、海上貿易を再開し、そして権力を維持したのである。

フランドルの権力の源泉：バルト海と大西洋

この間、バルト海と大西洋は、未開の海だった。というのは、潮の流れがきつく、激しい嵐があり、潜在力のある後背地と港がなかったからだ。そして櫂船にカノン砲を設置するのには無理があった。大西洋が船舶の往来する海になるには、帆船の進化を待つほかなかった。しかしながら八世紀になると、ヴァイキングのクナール船やヴァイキング船が外洋航海を始めた。帆と櫓を動力にするヴァイキング船は兵士を輸送した。船の推進力は非常に高かった。スカンディナヴィア人は、潮の流れ、星座、漁場をよく知っていた。八四五年、ヴァイキングは二回の遠征で一二〇隻の船団を率いてセーヌ川を遡り、パリにまで来た。パリの住民は彼らの蛮行に怯えた。シャルル二世（禿頭王）は、彼らにお金を払い、撤退してもらった。これに味を占めた彼らは、八八七年までの間にパリに四回も現れて荒稼ぎした。九八五年、ヴァイキングの首領の一人「赤毛のエイリーク」がグリーンランドに入植した。一〇〇〇年ごろ、彼の息子のレイフ・エリクソンは、アメリカ大陸に足を踏み入れた最初のヨーロッパ人だと思われる。レイフ・エリクソンは、グリーンランドの船乗りが二〇年前に行った冒険譚（ぼうけんだん）の影響を受けたという。彼が到達した場所は、ヴィンランド島（カナダのニューファンドランド島）のランス・オ・メドー〔考古遺跡〕である。[6]

一二世紀、魚の豊富なバルト海は、その沿岸都市と人口の密集した豊かな後背地を結ぶ貿易拠点になったが、神聖ローマ帝国は、相変わらず海に関心をもたなかった。

この地域では、塩が重要な役割を果たした。バルト海沿岸部近郊に塩鉱山があったおかげで、漁獲した魚を輸出する前に塩漬けにすることができたのだ。とくに、リューベック〔バルト海に面するドイツの町〕は、バルト海とエルベ川との間に位置する塩鉱山に近いという地理的な好条件を活かし、ロシアの木材と毛皮、ノルウェーのタラ、フランドルの織物を輸入した。[19] リューベックの商人は、バルト海からスペインにいたる沿岸貿易に従事し、ブルゴーニュやボルドーのワインさえもイングランドに輸出した。[24]

大西洋沿岸部では、港が発展し、海賊が跋扈し、海難事故が増えた。オレロン島などのアキテーヌ〔大西洋に面するフランス南西部〕の沿岸部では、漂流物を略奪する者が増えた。そこで一一五二年、フランス王妃のアリエノール・ダキテーヌは、イングランド王妃になる二年前に、海事法を作成させた（先ほど述べた地中海の海事法より古い）。この海事法は、ローマ法を参考にしながら数世紀間に定められた規則をまとめ上げたものだった[26]。その内容を紹介する。船長の義務は、船員に出航を告げること（第二条）、怪我をした船員を介護せよという命令を発すること、船具を点検すること（第一〇条）、海難事故の際に、積荷を海に破棄してでも船員を見捨てないこと（第三条）、船内の平和を維持し、指揮を執ること（第一二条）だった。そして船長の権利は、許可なく持ち場を離れた船員を罰すること（第五条）、停泊中に衝突があった場合、費用を折半できること（第一五条）、海難事故の際に、船長は荷主と被害を折半できること（第二五条）だった。船員の労働条件に関する言及は一切なかった。船乗りは奴隷に近い存在だったのである。

ヨーロッパ最初の中心都市、ブリュージュ

当時の大西洋は、外洋航海もあった地中海と異なり、沿岸航海だけだった。

大西洋には、ヴァイキングとウィリアム一世にゆかりのあるルーアンをはじめ、いくつかの港が誕生した。パリとロンドンの貿易は、ウィリアム一世、次に、イングランド人になったアリエノール・ダキテーヌとともに強化された。というのは、メーヌ伯、アンジュー伯、ノルマンディー公のヘンリー・プランタジネットは、アキテーヌ女公のアリエノールと結婚し、一一五四年にイングランド王国の王になったからだ。

それらの港のなかでも、フランドルにあるブリュージュの港はとくに重要だった。[24] 一二〇〇年以降、北海へのアクセスのよいブリュージュの港は、中世ヨーロッパにおいてきわめて重要な戦略拠点になった。広大な後背地、増加する農産物、分業の推進、技術進歩（例：水車や圧縮機）などの恩恵を受けたブリュージュの港には、商人、脱走奴隷、解雇された農奴などが集まってきた。商人はブリュージュの港の魅力を高めるために莫大な投資をした。運河を張りめぐらせたのである。港に着いた荷物は小舟に移し替えられ、運河を使って後背地へと効率よく輸送された。ブリュージュは、起重機が配備された最初の港でもある。[9]

中国で発明された（船尾骨材にちょうつがいを使って固定される）船尾舵が、ペルシアとバルト海の港を通じてブリュージュにも登場し、フラマン地方の船は向かい風でも効率よく航海できるようになり、スコットランド、ドイツ、イタリア、インド、ペルシアを往復するようになった。

こうしてブリュージュはフラマン地方の市〔大勢の人が集まって売買する場〕のなかでも最も利便性の高い中継点の一つになり、一二二七年からはジェノヴァの船舶、次にヴェネチアの船舶も寄港するようになった。

一二四一年、リューベックとハンブルクは、ハンザ同盟〔「ハンザ」は商人の団結を意味する〕を設立し、リューベックに議会を置いた。ブリュージュが利益を独占していると感じた両都市は、通商を自分たちの管理下に置こうとしたのだ。また、海賊を撃退し、ドイツの他の都市を自分たちに従わせようという狙いもあった。ハンザ同盟のメンバーは漁師ではない。ハンザ同盟は、スカンディナヴィア人の獲った魚を売ったのだ。

一四世紀初頭、ハンザ同盟には、七〇以上の都市が加盟した。なかでも、ロストック〔バルト海に面する旧東ドイツの町〕は造船、リューネブルク〔ハンブルクの南東五〇キロメートルに位置する町〕は塩の貿易を独占した。ハンザ同盟は、ベルゲン〔ノルウェー西岸の町〕、ロンドン、ブリュージュ、ノヴゴロド〔ロシアの北西連邦管区の州都〕に貿易拠点をもち、一〇〇〇隻の船舶を保有した[24]。

一三九八年、ハンザ同盟は、ライバルになったデンマーク王国が自分たちの船舶の運航を妨害するのを恐れ、エルベ川を利用して北海とバルト海を結ぶシュテックニッツ運河を建設した。

ハンザ同盟は、デンマークとの戦い、ロシアの領土拡大、ブリュージュ以外のフラマン地方の商人の台頭、そしてヴェネチアの圧倒的な勢力に直面し、徐々に疲弊した。

ヴェネチアが商業の中心地になる

一四世紀中ごろ、ブリュージュの港は停滞した。というのは、北海の商品は、ニュルンベルク〔ドイツ南部〕やトロワ〔フランス北部〕などの大きな市を通じてヨーロッパ南部に流通するようになったからだ。貿易の中心は地中海へと回帰したのである。当時の西側経済圏において、ヴェネチアはブリュージュに次ぐ第二位の中心都市だった[24]。

代々のヴェネチア総督は船主と同盟関係を築いた。彼らは敵の攻撃に耐えられる新たな商船を開発した。帆と櫓の両方を利用するこのガレー商船の安全性は向上した。弓矢や投石による攻撃を防御できるようになったのである。ガレー商船の大きさは、一三五〇年では一〇〇トンだったが、一四〇〇年には三〇〇トンになった。それらの船はヴェネチアの巨大な工廠で建造された[24]。

ガレー商船は、ヨーロッパ、中東、キプロス、シリア、アレクサンドリア、ブリュージュ、バルセロナ、チュニジア、ギリシア西部などを航海した。ヴェネチアはそれらの地域から、香辛料、絹織物、香水を輸入した。[9]

一四二三年、ヴェネチアは三〇〇〇隻のガレー船を保有し、そのうちの三〇〇隻は軍艦だった。人口一五万人のヴェネチアには一万七〇〇〇人の船乗りがいた。

一五世紀末、ヴェネチア艦隊は、商船と軍艦をあわせて六〇〇〇隻近くを保有する世界最大の勢力になり、各地の海と西側の海上貿易を支配した。ヴェネチアは、おもな商品の価格を決め、為替相場を操作し、富を蓄積した。ヴェネチアの株式市場リアルトは世界最大になった。

フランス初の挑戦：海が舞台の百年戦争

ジェノヴァ、ヴェネチア、ブリュージュ、ハンザ同盟が、真の権力と本当の富をめぐって争っている間、フランスとイングランドという二つの潜在勢力は百年戦争で疲弊し、海事力という切り札を失った。

そうは言っても、一般的な歴史書の記述とは異なり、百年戦争は、ほとんどの戦いと同様に、海がおもな舞台だったのだ。イングランドが北海の制海権を握ればフランスを征服でき、フランスが北海を支配すれば、イングランドを追い出せたのである。

したがって、百年戦争という物語を、海という観点から読み返してみるべきだろう[26]。海の重要さを理解した最初のフランス王は、一三世紀末のフィリップ四世に違いない。フィリップ四世は、クロ＝デ＝ガレという海軍工廠をルーアンに建設し、そこで五〇〇隻以上の船をつくった。これはフランスが海洋勢力になろうとする最初の挑戦だった。フランスとイングランドの漁師が諍いを起こした後、このフランス初の艦隊はイングランドの沿岸部を攻撃した。一二九九年にモントルイユで調印された休戦条約は、一三〇三年のパリ条約で確認され、イングランド王エドワード一世は、一二九四年より占領していたフランドルから撤退することになった。

一三三七年、ヴァロア朝のフィリップ六世（フランス王）は、一一五四年のアリエノール・ダキテーヌの結婚以来、イングランド人になっていたアキテーヌ公のイングランド王エドワード三世を非難し、エドワード三世もフィリップ六世を容認しなかった。こうして一〇〇年以上続く戦争が始まったのである。

百年戦争の第一期（一三四〇年から一三六〇年）では、イングランドが制海権を握った。エドワード三世はイングランド艦隊をフランスに派遣した。フランスとジェノヴァの連合艦隊は、エクリューズ（現在のオランダ南西部）の港において、イングランド艦隊と対戦した〔スロイスの海戦〕[72]。ジェノヴァ艦隊はガレー船団だった。ガレー船は、地中海ではまだ主流だったが、北海での航海には不向きだった。一方、フランス艦隊は、城〔船尾に設置された射場〕を装備した帆走商船（コグ船）だった。さらに、フランス艦隊の乗組員はおもに傭兵だった。正面に現れたイングランド艦隊は、プロのイングランド乗組員による本格的な帆走軍艦で構成され、大西洋の環境にすでに順応していた。

最終的に、四〇〇隻以上の船と四万人の兵士が激突したこの海戦〔スロイスの海戦〕では、二万人以上の戦死者が出た。フランスとジェノヴァの艦隊はほぼ全壊だった。この勝利により、イングランドの船舶はフランドルとフランスの領土に自軍の兵士と軍需品を自由に輸送できるようになった。だからこそ、イングランドは一三五六年にポワティエの戦いでフランスを破り、ジャン二世〔フィリップ六世の息子でフランス・ヴァロワ朝の第二代国王〕を捕虜にすることができたのである。

百年戦争の第二期（一三六〇年から一三八二年）も海で勝敗が決まった。今回はフランスが勝った。一三六四年、新たなフランス王シャルル五世は、ルーアンの造船所を復活させた。一三七七年、シャルル五世は、十字軍に参加したフランスの軍人ジャン・ド・ヴィエンヌを軍の最高司令官と同じ地位に相当する海軍大将に任命した。ジャン・ド・ヴィエンヌはイングランド南岸のすべての港を攻撃し、フランス北部でイングランド軍が占領する土地を包囲し、イングランドの兵站を断ち切った。彼は一八〇隻の艦隊を指揮してスコットランドにも上陸したが、スコットランド人の充分な支援を受けられず、敗退した。

一三八一年、イングランドは、自国の領主の反乱〔ワット＝タイラーの乱〕に対処しなければならなかった。領主たちはフランスとの戦争の費用を賄おうとしたイングランド王の増税策に反発したのである。イングランドはフランス駐留軍を維持できなくなり、自軍をフランスから撤退させた。

百年戦争の第三期〔一三八二年から一四二三年〕も海が舞台だった。今回はイングランドが勝った。一三八六年、フランスの新たな王シャルル六世は、精神疾患を起こす二年前に、イングランド征服の計画を破棄した。そこで、オルレアン公と彼の叔父ブルゴーニュ公が摂政政治を行ったが、ブルゴーニュ派はイングランドと和睦した〔フランス王家の内乱〕。一四一三年にヘンリー五世がイングランド王に即位すると、機動力のある艦隊を編成し、一四一四年から一四一七年にかけて、フランス艦隊を破壊した。こうして英仏海峡はイングランドの海になったのである。

百年戦争の第四期〔一四二三年から一四五三年〕も海が舞台であり、ついにフランスが勝利した。一四二三年、ヘンリー五世の死から一年後、ベッドフォード公爵〔ヘンリー五世の弟ジョン・オブ・ランカスター」は、経費節減のためイングランド艦隊を売却した。海をおろそかにしたからこそ、イングランドはジャンヌ・ダルクとシャルル七世が率いるフランス軍と戦うための充分な兵力をフランスに派遣できなかったのだ。ジャンヌ・ダルクとシャルル七世は、フランス北東部の一部を奪回した。

ジャンヌ・ダルクは一四三一年に（イングランドが支配していたフランス最大の港町ルーアンにおいて）処刑されたが、シャルル七世は彼女が巻き起こした勢いを利用して、一四五〇年にフォルミニーの戦いに勝利するとノルマンディーとその港を取り戻し、一四五三年にカスティヨンの戦いにも勝利するとアキテーヌとその港も取り戻した。

先ほど述べたように、双方の戦いでフランスが勝利したのは、イングランド海軍がフランス本土に充分な兵力を投入できなかったからである。

百年戦争は終わった。しかしながら、フランスは自国の海軍ならびに港を発展させようとしなかった。海洋大国になる最初の絶好の機会を逃したのである。その後もフランスには海洋大国になる機会があと六回はあったが、すべて逃してしまった。

この戦争から教訓を得たイングランドは、海軍を増強し、チェシャーの塩鉱山に近いリバプールやロンドンの港を急ピッチで整備した。

アントワープ〈アントウェルペン〉：第三の中心都市と北海の支配

一四五三年、百年戦争が終結して、イングランドとフランスは疲弊した。ちょうどそのとき、オスマン帝国は東ローマ帝国最後の砦コンスタンティノープルをついに攻略した。コンスタンティノープルの陥落により、ヴェネチアはアジア市場へのアクセスを完全に失った。こうしてヴェネチア共和国は、大西洋のアントワープという新たな勢力を前に、歴史の表舞台から消え去った[9]。

アントワープの豊かな後背地では、羊毛、毛織物、ガラス、各種金属が生産され、牧羊が行われた。アントワープの株式市場は、保険の分野でヨーロッパ最大の金融センターになった。アントワープでは、新たな銀貨を利用する洗練された銀行ネットワークが確立された[24]。

ヨーロッパのほとんどの豪商は、アントワープの港に店を構えた。彼らはこの港で、地中海に輸出されるヨーロッパ北部の製品（木材、魚、金属、武器、塩）を取り扱った。アントワープの港が整備されたことにより、インドの胡椒やインドネシアの香辛料を本格的に輸入する体制が整ったのである。

同時期、活版印刷の発明にともない、アントワープでは初のノマド・グッズが民主化された。書物である。アントワープのクリストフ・プランタン〔フランス出身の出版業者〕の工房では書物が印刷され、おもに海上輸送によってヨーロッパ全土に配本された。一五〇〇年の時点では、二〇〇〇万冊がすでに流通していた。[9]

この時期、ポルトガルはキャラベル船を開発した。キャラベル船は、一つの三角帆、二つの四角帆、一つの大三角帆が装備された小型軽量船である。よって、機動力に優れ、探査航海には好都合だった。[6] お隣のイベリア人は、自分たちの資産管理をジェノヴァの商人に任せていたが、ポルトガル人の野心は、商業的なものでなく宗教的なものだった。すなわち、先住民の改宗を目的とする探査である。ポルトガル王国は自国の貿易にアントワープを利用した。この港に、ヨーロッパ北部向けのポルトガルの貿易を円滑に機能させる「ファンテレ・ド・フランドル」という倉庫をつくったのである。[22] また、ポルトガルはヨーロッパ圏外の未開の土地を探査するためにキリスト騎士団を支援し、彼らを使ってアフリカの沿岸部を探査した。この時代、極秘資料だった海図には鉛の重りが付けてあった。海難事故の際に、流出するのを防ぐためである。[22]

一四八八年から一四九八年：世界の勢力図が決まる一〇年

一四八一年、教皇の勅令（エテルニ・レギス）により、ポルトガルは、アフリカですでに見つけたすべての領土と、今後、見つかるだろう領土の統治権を、先住民をキリスト教に改宗させることを条件に取得した。

一四八八年、バルトロメウ・ディアス〔ポルトガルの航海者〕は、二隻の五〇トンのキャラベル船と一隻の補給船でアフリカ大陸を回航した。キャラバン船の運航は分業体制になり、マストを登る水兵、帆を操作する甲板員、指令を出す兵長と、乗組員の役割分担が明確になった。さらには、医師と海図製作者も乗船した[6]。乗組員の当直の時間や、船の速度と位置を知るために、砂時計が登場した[5]。船上での生活は、船乗りにとって相変わらずきわめて過酷だった。

海図製作は戦略的にきわめて重要な科学になった。なぜなら、海図を作成すると大きな利得があったからだ。したがって、海図は極秘書類だった。当時、ヨーロッパの優秀な海図製作者は、ほとんどがマヨルカ島で暮らすユダヤ人だった。

アラゴンとカスティーリャのカトリック王〔アラゴン王フェルナンド二世とカスティーリャ女王イザベル一世〕の援助を受けたクリストファー・コロンブスも、三隻のキャラベル船による三ヵ月の航海に出て、一四九二年一〇月一二日に、後にアメリカと呼ばれる大陸付近の島に到達した。コロンブスたちはそこをインドだと思っていた。[6]〔コロンブスに出資した〕スペインはポルトガルに対してそれらの新たな土地の統治権を要求した。

一四九三年五月四日、教皇アレクサンデル六世は、カーボベルデ諸島の西から一〇〇リーグ（およそ四八〇キロメートル）の地点を通過する子午線の西側と南側の未開の土地はスペインのものとし、この境界線の東側の未開の土地はポルトガルのものとするという教皇子午線勅令を発布した。[6]

スペイン人よりも海図に詳しかったポルトガル王のジョアン二世はこの分割に不満をもち、アラゴン王フェルナンド二世ならびにカスティーリャ女王イザベル一世を相手に、この協定を再交渉した。[22]

一四九四年、彼らは境界線をカーボベルデ諸島の西から三七〇リーグ（一七九〇キロメートル）の地点に移動させるトルデシリャス条約を締結した。この条約により、この境界線の西側はスペイン、東側はポルトガルの領土になると定められた。こうしてポルトガルは、アフリカ、インド洋とオセアニアの島々を手に入れた。六年後に発見されるブラジルもポルトガルの懐に転がり込んだ。一方、スペインはアメリカの金鉱山が見つかる地域を手に入れた。
一四九八年、キリスト騎士団の騎士だったヴァスコ・ダ・ガマ〔ポルトガルの航海者〕が率いるポルトガルの遠征隊は、アフリカ大陸を大きく一周して〔喜望峰経由〕、インド半島に到達し、中国にまで足を延ばした。明の皇帝たちの中国とヨーロッパは危険をともなうシルクロードによってつながっていたが、ヴァスコ・ダ・ガマの遠征により、ヨーロッパから中国までの航路が開通した。[6]
一五〇〇年、アメリゴ・ヴェスプッチ〔フィレンツェ生まれの地理学者〕はブラジルに接岸し、そこは当時言われていたインドでも日本でもなく、新大陸だと確信した。一五〇四年、イベリア半島の為政者たちが調印したトルデシリャス条約の定める未開の土地の分割条件は、教皇ユリウス二世の新たな勅令によって承認された。
一五〇七年、サン＝ディエ〔フランス北部〕の修道士ヴァルトゼーミュラーがヴォージュ山脈〔フランス北東部〕で球状の世界地図を作成した。はじめて「アメリカ」という名が用いられたのは、この地図においてである。アメリゴ・ヴェスプッチに敬意を表し、発見された大陸を「アメリカ」と表記したのである。ヴァルトゼーミュラーは、鄭和の中国船団が一世紀前に収集した情報や、ユダヤやヴェネチアの商人たちの知識を用いて、アジアのおおまかな地図も作成した。[6]

一五一九年、ポルトガルのフェルディナンド・マゼランは、史上初の世界周航に出発した。キャラック船〔大型武装商船〕に乗ったマゼランは、二三七人を引き連れてホーン岬〔南アメリカ南端〕を越えた後〔マゼラン海峡発見〕、寄港なしでフィリピンまで航海した。ホーン岬を抜けると海はとても穏やかだったので、マゼランはこの海を太平洋〔平和な海〕と名づけた。

一五二一年四月、彼はフィリピンのマクタン島で死んだ。マゼラン船団のうち「ビクトリア」号だけが一五二二年九月にスペインに戻り、世界周航を成し遂げた。生き残ったのは一八人のヨーロッパ人と三人のモルッカ人〔インドネシアのモルッカ諸島の人〕だけだった。[6]

一五二九年、サラゴサ条約により、ポルトガルとスペインの境界になる子午線がモルッカ諸島（インドネシア東部）に定められた。

つまり、トルデシリャス条約とサラゴサ条約により、形式的に、アメリカ、太平洋、モルッカ諸島はスペインのものになり、ブラジル、アフリカ、アジアの大部分はポルトガルのものになったのである。

フランスは海洋大国になる二度目の機会を逸する

この時期、フランスは海洋大国になろうと試みた。それは二度目の機会だった。一五一七年、フランス王フランソワ一世は、ルアーブル〔フランス北西部〕に港をつくった。その目的は、フランドルやヴェネチアの貿易に対抗するためでなく、アメリカ先住民をキリスト教によって征服しようというポルトガルとスペインとの競争に参入するためだった。一五二四年、フランソワ一世は、ルアーブルに海軍工廠を建設させた。最初につくられたキャラック船「グランド・フランソワーズ」は、大きすぎたため工廠から出られず、その場で解体された[79]。

フランソワ一世は、フランスの首都はパリに残し、自身はロワール渓谷に建てた城で暮らした。一五二八年、「パリは再びわれわれの首都になった」と宣言し、ルーヴル宮殿を中枢機関にするために改装した。フランソワ一世はイベリア半島の為政者たちのように海に関心があったが、それはキリスト教の栄光を称えるためだった。一五三三年、フランソワ一世は教皇クレメンス七世に対し、「太陽はすべての人に光り輝く。アダムの遺言書に、世界分割から私を締め出すと書かれているのか」と疑問を投げかけ、トルデシリャス条約の世界分割に異議を唱えた。この異議に対して、教皇クレメンス七世は、スペインとポルトガルがまだ占領していない土地については、スペインとポルトガル以外のキリスト教の君主であっても統治権を要求できると返答した。[6]

一五三四年、ルアーブルでなくサン・マロ〔フランス、ブルターニュ地方の港町〕から二隻の船で出航したジャック・カルティエは、わずか二〇日間でセントローレンス湾に到達した。一五四四年、ルアーブルからタラ漁船がはじめてニューファンドランド島に向けて出航した。これが〔フランスにとって〕初の「新たな土地」だった[79]〔「ニューファンドランド」のフランス語名は「新たな土地」〕。

フランスは、必要な商品を輸入するための港の整備や、各地の港と後背地との交通ネットワークの拡充など、自国の商業および軍事の海洋開発を相変わらず怠った。パリは内陸の市とフランドルやイタリアの港から物資を調達し続けた。このようにしてフランスは海洋大国になる二回目の機会を台無しにした。

スペインは、メキシコ湾とカリブ海に拠点を得たが、スペインも自国の港と海上貿易を発展させるための対策を打たなかった。一五一〇年、スペインは、マヤ、アステカ、インカなどの帝国の金、次に、アメリカ先住民に掘削させたアメリカ大陸の金や銀を、ガレオン船

〔スペインの大型帆船〕に積んで自国にもち帰った[6]。金は、スペイン人がつくったベラクルス〔メキシコ湾に面する港〕やカルタヘナ〔コロンビア〕などの大陸北部にある港まで陸路で輸送された。財宝を積んだガレオン船は、ハバナに寄港してからセビリアへと戻った。ガレオン船は、しばしばキューバ海域で海賊に襲われた[38]。海賊の一部はフランス人であり、彼らは「フリビュスティエ」と呼ばれた（語源は「自由奔放な略奪者」を意味するオランダ語）。

一六世紀、アメリカからスペインに三八〇万トン近くの金銀が運ばれた。だが、スペインはこの財宝の管理をジェノヴァやロンバルディアの商人に委託し、惰眠を貪った[24]。

一七世紀、海賊はジャマイカとハイチ（トルトゥーガ島）に拠点を構えた[50]。フランスのフリビュスティエ〔海賊〕であるロロネーは、七隻の船を所有し、四〇〇人の手下を操った。イギリスの海賊である「黒髭」は、一七〇八年から一七一八年にかけて暴れ回って荒稼ぎしたが、最後はイギリス艦隊に殺された[38]。

一七世紀、スペインのガレオン船の航海の回数が減った。というのは、カリブ海域では嵐が増え、また発見される貴金属の量が減少したからだ。そこで海賊はマダガスカルに拠点を移し、インド洋上でアフリカ大陸沖を周航する、香辛料を積んだ船を襲撃するようになった[38]。

ジェノヴァの脱落、レパントの海戦、ヴェネチアの終焉

一五〇〇年から一五五〇年にかけて、アントワープのカトリック的な影響力は次第に弱まった。一方、イベリア半島の為政者たちの金（ゴールド）を扱い、そして地中海で権力をもつジェノヴァの影響力が強まった。[23] 一六世紀初頭、ヴェネチアは世界規模の本格的な海洋戦略を打ち立て、競争相手のポルトガルをアジアから追い出そうと試みた。ヴェネチアの海軍工廠の技術者をアレクサンドリアに送り込み、レバノンの木材で船をつくっていたマムルーク朝〔スンニ派のイスラーム王朝〕に造船の技術指導をしたのである。マムルーク朝の艦隊は、出来上がった船を解体し、キャラバン隊を使って船の部材を紅海の入口であるスエズ港まで運び、そこで組み立てた。彼らはグジャラートのスルターン〔イスラーム界の権力者〕と同盟を結び、さらに四〇隻の軍艦を確保した。一五〇八年、マルムーク朝の艦隊は、南インドのチャウルにあるポルトガルの基地の沖で、ポルトガル艦隊を撃破した。

オスマン帝国のスルターンは、陸軍によってエジプトとシリアを征服した後、海軍を増強する必要性を痛感した。一五三三年以降、スレイマン一世、次に、セリム二世がオスマン帝

国の皇帝だった時代、バルバロス・ハイレッディン〔オスマン帝国の提督〕は、オスマン帝国の艦隊を再編した。一五三八年、ハイレッディンは、ヴェネチア、スペイン、ジェノヴァ、教皇の連合艦隊を相手に、ギリシアのプレヴェザ〔イオニア海沿岸の町〕沖での海戦に勝利した。

一五五〇年、スペインとジェノヴァで金融危機が発生したため、世界の中心は地中海から大西洋へと移った。すなわち、カトリック教徒の町ジェノヴァからプロテスタント教徒の町アムステルダムへと移行したのである。[9]

一五六〇年以降、オスマン帝国は地中海東部のヴェネチアの拠点を襲撃した。極東との貿易を支配しようとしたオスマン帝国は、一五七一年にキプロス島を征服した。これを受け、教皇〔ピウス五世〕の庇護の下、ジェノヴァ、ヴェネチア、ナポリ、スペインは、神聖同盟を結成した。

三一六隻の軍艦と八万人〔五万の水兵と三万人の兵士〕からなる神聖同盟の艦隊は、シチリアのメッシーナに集結した。艦隊の指揮は、神聖ローマ皇帝カール五世の末っ子ドン・フアン・デ・アウストリアがとった。対するオスマン帝国の艦隊は、二五二隻の軍艦と八万人からなり、アリ・パシャが指揮を執った。この海戦〔レパントの海戦〕は、一五七一年一〇月七日にギリシア西部のレパント沖〔コリントス湾〕で起きた。ヴェネチア艦隊は、オスマン帝国の艦隊を撃破した。この海戦では、アリ・パシャの艦隊の七〇〇〇人のキリスト教徒と二万人のトルコ人が戦死した。オスマン帝国の艦隊の半分近くが破壊された。キリスト教徒がキプロス島を奪還し、一万二〇〇〇人のキリスト教徒の奴隷が解放された。

オスマン帝国は復讐を誓った。大宰相ソコルル・メフメト・パシャは、「われわれは、キプロス島を奪取してお前たちの片腕を切り落とした。レパントではお前たちはわれわれの髭を焦がした。切り落とされた腕は生えてこないが、剃られた髭は剛毛となって生え変わる」と宣言した。

一五七二年にオスマン帝国の海軍大将になったウルジド・アリは、二五〇隻のガレー船を率いて一五七二年の夏にキプロス、そして一五七四年にチュニスを奪還した。完敗したヴェネチアとともに、地中海は歴史の表舞台から消え去ったのである[23]。

ペルシア湾も支配したオスマン帝国はペルシアのサファヴィー朝と戦い、インド洋貿易に参入した。一六三九年、ザブ条約〔ガスレ・シーリーン条約〕により、オスマン帝国は、イラク、アルメニア西部、グルジア〔ジョージア〕をペルシアのサファヴィー朝から奪った。

地中海が世界の中心地である時代は終わったのである。

オランダの飛躍と『自由海論』

一五八一年、ネーデルラント連邦共和国はスペインと袂を分かち、「共和連合」を結成した。これが現在のオランダ王国である。オランダには、カトリックの国を追われたプロテスタント教徒が集まった。彼らはオランダに、会計、貿易、数学、ならびに自由と批判の精神をもたらした。アムステルダムは次第に大きな港町になった。

一五八八年、権力をオランダから奪おうとしたスペインは、まず、競争相手のイングランドを突き放す戦略を取った。三万人の兵士を乗せた一三〇隻の軍艦からなる「無敵艦隊〔アルマダ〕」を投入してイングランドを討伐しようとしたのだ。一五八八年八月八日、イングランド艦隊は、グラヴリーヌ〔フランスの港町〕沖合の北海でスペイン艦隊を炎上させた。イングランド王に仕える海賊のフランシス・ドレークは、スペイン艦隊を壊滅させた。

イングランドとスペインという二大勢力の戦いも、紛争に関わらなかった第三の国、ネーデルラント連邦共和国に権力をもたらした。

オランダが飛躍した要因は、新たな船が開発され、一五九〇年以降、アムステルダムの専用の海軍工廠で、フリュート船〔輸送用の帆船〕が工業生産されるようになったからである。八〇〇人乗りで二〇〇〇トンの巨大なフリュート船が量産されたのである。[24] この船が開発されたおかげで、航海に必要な乗組員は従来の五分の一になった。三本のマストに横帆が張ってあるフリュート船には、大量の貨物を積むことができた。乗組員の地位は、船長が一人、士官が複数人、水夫長、大工、帆修理工がそれぞれ一人、手伝いが三人、見習が四人、水夫が数十人というように複雑になった。

フリュート船のおかげで、オランダは、自国を除くヨーロッパのすべての船で運べる量の六倍の貨物を輸送できるようになった。言い換えると、ヨーロッパ全体の穀物、塩、木材の四分の三、金属と繊維の半分をオランダ船が輸送したのである。オランダはアメリカ大陸の金属とアジアの香辛料ももち帰り、インド、東南アジア、中国まで航海した。オランダがつくったマニラの拠点は、アメリカ大陸とアジアとのオランダ貿易の中継地点として利用された。一六〇二年、オランダはアジアとの商取引を管理するためにオランダ東インド会社を設立した。アジアとの貿易は、一六〇九年に設立されたアムステルダム銀行が支援した。ちなみに、ヨーロッパの為替レートはこの銀行が決定した。[24]

同じ一六〇九年、オランダの法学者グローティウスは、『自由海論』という題名の文書を著した。オランダ東インド会社の顧問だったグローティウスは、「ポルトガルはインド洋における航海と貿易の独占権をもつ」というポルトガルの主張に異議を唱えた。

グローティウスは、大海に堅固な建造物をつくることなどできないのだから、いかなる国も海を占有することはできないと考えた。こうして、海は自由な領域であり続けるべきとなり、どの国家も海の統治権を行使できないことになった。ただし、カノン砲の射程である沿岸から三マイルの水域は沿岸国に属すると定められた。

海の完全自由化の原則は、その後、三世紀にわたり、ほとんど再考されることなく海事法の基盤になった。そうは言っても、イングランド王のチャールズ一世の要請を受け、一六三五年にイングランドの法律家ジョン・セルデンが『海閉鎖論』を出版したことを指摘しておかなければならない。セルデンには、ネーデルラント連邦共和国と紛争中の水域に関して、イングランドの統治を擁護する目的があった。

海路で中国にたどり着いたヨーロッパ人たち

その間、明は弱体化し、海に関心をもつことをかたくなに拒否した。ヨーロッパ人はそうした状況を見透かした。アジアは抵抗力をもたず、アジアには自分たちに対抗できる相手が存在しないと確信したのである。そしてシルクロードはペルシア地域の混乱と中東全域のイスラーム勢力のため危険だとわかっていたので、先ほど述べたように、ヨーロッパ人はインド洋の海上貿易によって希少な香辛料をもち帰った。まず、ポルトガルが一五〇一年にインド、次に一五二二年にインドネシアに拠点をつくり、さらには中国に上陸して中国貿易の大部分を手中に収めた。ポルトガルの後を追ってオランダも進出した。[24]

一五六七年、福建省（中国南部の沿岸地域）の首長は皇帝に対し、中国人が海上貿易に従事することを禁じる法律は、外国商人だけを儲けさせることになると抗議した。一五六七年、隆慶帝〔明の一三代皇帝〕は、中国人の貿易を認めた。こうして広州（広東省）に中国の貿易会社が設立されたのである。これらの民間企業は、米、茶、鉄、銅などの貿易に関して、アントワープやロンドンと取引し、一六〇〇年から台湾に拠点を構えたオランダと取引した。

一六〇二年、この貿易を管理するためにオランダ東インド会社が設立されると、フランスやイギリスも貿易会社をつくった。[24]一六一二年、イギリスはグジャラート州〔インド北西部〕のスワリーの戦いでポルトガルに勝利し、インド貿易を独占した。

中国では裕福な時代が続いたため、一二〇〇年に一億二四〇〇万人だった人口は、一六〇〇年には一億五〇〇〇万人にまで増加した。一六四四年、満州の清は、中国北部で明を転覆させたが、明は海賊とオランダの力を借りて中国南部および台湾で権力を維持した。

フランスは海洋大国になる三度目と四度目の機会を逸する

フランスには海洋大国になる三度目の機会があったが、フランスはこの機会を活かす手段を講じなかった。

一六二四年、リシュリュー〔ルイ一三世の宰相を務めた枢機卿〕は、「王は海で強くなければならない」と確信し、地中海に三〇隻のガレー船、そして大西洋に五〇隻の帆船を配備し、地中海のトゥーロンと大西洋のブレストの港を、戦艦の基地にするために改修した。リシュリューは海軍士官学校を設立し、また、オランダ東インド会社をモデルにして国営海運会社の設立を計画した。しかし、この計画は規模が小さく、そのうえリシュリューの存命中に実現しなかった。

一六四八年、三十年戦争の講和条約であるヴェストファーレン条約により、ヨーロッパは再分割された。たとえば、スウェーデンは、オーデル川付近のポメラニア地方を奪取したことにより、バルト海と北海の沿岸部を支配できるようになった。オランダとスイスの独立が承認された。フランスはロレーヌ地方とアルザス地方〔ともにドイツとの国境沿い〕の一部を得た。

リシュリューの後継者マザランは、海事予算を大幅に削減した。一六六一年、フランス海軍は二〇隻の帆船と数隻のガレー船しか保有していなかった。オランダとイギリスの海軍とは雲泥の差がついたのである。

一六八〇年、フランスに海洋大国になれる四度目の機会が訪れた。コルベール〔ルイ一四世の財務長官〕は、大型船を年間一〇隻建造させ、地中海のシンボルであるガレー船を廃船にしたのである。

一六八一年には、商船隊に関する規則を法制化するように命じた。それらの章のタイトルと章の順番からは、当時のフランスの優先順位が窺える。「海軍本部の将官たち」「海で働く人々と大型船」「海運契約」「船員の義務と賃金」「船舶抵当貸借、保険、担保」「港、沿岸、停泊地における犯罪」「海での漁業」である。この条例は、その後、三五〇年間にわたって効力をもった。

海軍では、乗組員の序列がさらに細分化された。フリゲート艦〔快速の帆走軍艦〕やコルベット艦〔小型の帆走軍艦〕の船長は将官であり、下級下士官は一等兵曹と二等兵曹、上級下士官は兵曹長と上等兵曹、尉官は、中尉、少尉、見習士官に分けられた。

コルベールが死去した一六八三年、フランス王立海軍は、一二〇隻の軍艦、三〇隻のフリゲート艦、二四隻のフリュート船を保有していた。しかし、ルイ一四世は海軍に関心がなかったため、海軍を縮小した。フランスを海洋大国にするというこの四回目の試みは、それまでと同様に失敗に帰した。

同じ年の一六八三年、中国では、清は中国南部の明の遺臣の息の根を止めるために商船活動を禁止し、住民を沿岸部から退去させ、台湾を包囲するために軍艦を建造した。明の遺臣に勝利した後、海上貿易は再開されたが、貿易が発展するにはいたらなかった。

アメリカ大陸への移動：移民と奴隷

一七世紀、大西洋を横断する人々がますます増えた。彼ら移民や奴隷は多かれ少なかれ自発的に海を渡り、アメリカ大陸に移住した。

第一陣は、スペインによるアメリカ大陸の支配を阻止するために、イギリス、フランス、オランダがアメリカ北部に送り込んだ移民たちだった。彼らは、ノバスコシア、ニューイングランド、ヌーベルフランス、ニューホーランドという植民地をつくった。

一六二〇年、八〇人のピューリタンを乗せた「メイフラワー」号は、マサチューセッツに植民地をつくるためにいち早く出航した。この貨物船は、全長九〇フィート（二七・四メートル）、大きさが一八〇トン（五〇四立方メートル）であり、航海に要する費用はプリマス〔イギリス南西部〕の信徒組合が出資した。

一六五〇年の時点では、イギリス人、フランス人（カルヴァン派）、オランダ人を中心とするおよそ五万人の入植者がすでに海を渡っていた。一七世紀末では、彼らの人口は北アメリカで一〇万人、南および中央アメリカで二五万人だった。

一八世紀初頭、おもに五つの移民集団が北アメリカに向けて出発した。イングランド人、スコットランド人、ウェールズ人の集団、アイルランド人の集団、ドイツ人の集団、フランス人の集団、そしてオランダ人の集団である。

一八世紀中ごろから、アメリカへ移住する人口は著しく増えた。ニューヨークに上陸する入植者の数だけで、一七一五年の三万一〇〇〇人、一七七五年の一九万人、一七九〇年の三四万人と急増したのである。

初期のころは、アメリカの入植者たちは人間を運ぶのには不向きな貨物船で海を渡ったが、一七五〇年になると入植者向けの船が登場した。当時の渡航費は、ヨーロッパでの平均年収と等しかった。渡航費を工面するには貧しすぎる移住者は、数年間、移民輸送船に乗って働かなければならなかった。輸送船には将校や貴族のための豪華な客室もあった。

一方、アメリカに強制的に送られる集団もいた。アフリカの奴隷である。

北アメリカ、アンティル諸島、ブラジルの綿花とサトウキビのプランテーションでの労働力を賄うには、スペイン人などの征服者の虐殺から逃れた先住民だけでは人手不足だったのだ。そこで、スペイン人をはじめとする入植者たちは、アフリカから奴隷を連れてくることを思いついた[116]。一五三七年のパウルス三世、一六三九年のウルバヌス八世など、歴代のローマ教皇たちは見て見ぬふりをした。彼らはインドの奴隷制だけを糾弾し、アフリカの奴隷については言及しなかったのである。

奴隷貿易は一五五〇年ごろ始まり、一六七二年から急増した。当初、ポルトガル船がアフリカから奴隷を輸送したが、一六七二年になると、イギリスの王立アフリカ会社とフランスのセネガル会社が奴隷貿易に参入した。

奴隷貿易は三角貿易だった。

船は、リスボン、リバプール、ロンドン、ボルドー、ラロシェル〔フランスの大西洋に面する西海岸の港〕、ナント、アムステルダム、ロッテルダムから西アフリカへ出航し、西アフリカでは、繊維製品、武器、宝石、粗悪な日用品、酒などのヨーロッパの品々が、戦争捕虜、誘拐された者、家族に売り払われた者など、アフリカやアラブの黒人と交換された。奴隷を乗せた後、船はカナリア諸島やマディラ諸島〔アフリカ大陸北西沿岸沖〕、あるいはブラジルやフロリダに向かった[116]。

奴隷貿易に利用される船は、アフリカ沿岸部に寄港するため、小型船だった。奴隷を監視しなければならないため、乗組員の人数は、通常の船より多い三〇名から四五名だった。大西洋横断にはおよそ二ヵ月かかり、船内はきわめて劣悪な環境だった。悪臭がただよう狭小な船倉で手足を縛られた奴隷は、裸で寝かせられた。奴隷が甲板で新鮮な空気を吸える機会は稀だった。一回の航海で奴隷の一〇％から二〇％が死亡し、一〇回の航海のうち一回は反乱が起こり、反乱は暴力によって抑え込まれた[116]。

目的地に到着すると、船長は奴隷を売るための「準備」をした。奴隷の「見栄え」をよくするため、整髪し、身体の傷跡を隠し、外気にさらしたのである。奴隷売買は市場あるいは船上で行われた[116]。

奴隷を降ろした船は、サトウキビ、コーヒー、貴金属を積んでヨーロッパへと戻った。最終的に、一二四〇万人以上の人々が奴隷として輸送され、一八〇万人が輸送中に命を落とした。

奴隷はバージニア〔アメリカの大西洋岸南部〕に集中した。一七九〇年、バージニアの人口は七四万人で、そのうち三五万人が奴隷だったが〔奴隷の人口比率は四七％〕、北アメリカの入植者全体の人口は三九〇万人で、奴隷の人口は八〇万人だった〔二一％〕。

イギリスの台頭

一八世紀初頭の世界の「中心都市」は、まだアムステルダムだった。[24] オランダは大西洋とインド洋の貿易を独占していたのである。オランダは、中国という競争相手がなかったので自分たちの貿易をアジアに押しつけた。

イギリスでは農業革命が起きた。この革命により、イギリスは少ない労働力で国民を養うことができるようになり、自国の工業と海上貿易を発展させることができた。

イギリスの港の重要性は増した。テムズ川沿いのおよそ一八キロメートルにおよぶロンドンの港には、年間六万隻の船の貨物の積み降ろしをする一五〇〇台の起重機があった。リバプールの近くで塩鉱山が発見されたため、リバプールは大きな港になった。この塩は、リバプールからブリストル〔イギリス西部の港〕を経由してフランスにまで輸出された。

同時期、イギリス東インド会社は、東インド方面の貿易に特化するために大西洋貿易の独占を断念し、高級品（綿織物、磁器、茶）を優先的に扱うようになった。また、イギリスはアメリカ大陸北東の沿岸部全域とカリブ海諸島を専有し、北アメリカに巨大な植民地帝国を築いた。

インドでは、イギリスは、ボンベイ〔ムンバイ〕、カルカッタ〔コルカタ〕、マドラス〔チェンナイ〕しか支配できなかったが、フランスは類いまれな征服者デュプレクス親子〔父親はフランス領インド総督〕の活躍によってインド亜大陸の沿岸部の半分を支配した。しかし、デュプレクスはラ・ブルドネ〔フランス海軍将校〕と敵対関係にあったため、一七四七年、イギリスとの戦いの際にフランス海軍の支援を得られず、イギリス艦隊を壊滅させることができなかった。一七五四年、デュプレクスは本国フランスに呼び戻された。

こうして、イギリスの覇権はインドをはじめとする地域で強固になった。そのときイギリスは、航海用クロノメーターを発明し、砂時計に代わってこの時計を航海中に用いるようになった。

一七六一年、イギリス政府は、船上で利用できるほとんど誤差のないクロノメーターを発明したヨークシャーの家具職人ジョン・ハリソンに、二万ポンドの賞金を授与した[5]。クロノメーターを装備したイギリスの船は、出航の際にテムズ川の岸辺にあるグリニッジ天文台の時計の時刻にこのクロノメーターを合わせるようになった。こうしてグリニッジ天文台の時刻が次第に世界の標準時になったのである。

イギリスは、中国（中国の人口は一八世紀に二倍になり、世界人口の三分の一に相当する三億三〇〇〇万人になった）に茶と米を探し求め、その対価を、インドで栽培して製造したアヘンで支払った。中国の皇帝は、国民にアヘンを吸引するようにけしかけるイギリスに対して強い不満をあらわにした。広東省の港はアヘン密輸の拠点になり、多くの中国人がアヘンの犠牲になった。

一七二九年、清の第五代皇帝である雍正帝は、アヘンの輸入を正式に禁止したが失敗に終わった。一七九六年、第七代皇帝の嘉慶帝もアヘンの輸入を禁じたが、またしても失敗した。アヘン貿易は、中国とイギリスの二度にわたる海戦の争点になった。

一七一二年、海の重要性を悟ったロシアのピョートル大帝は、広大な領土の近代化を推進するために、首都をバルト海フィンランド湾沿岸部の町、サンクトペテルブルクに移転させた。サンクトペテルブルクはロシアの貿易および海軍の主要な港になった。ロシアは近代化し始めた。そのころ、ロシアはまだイギリスと同等の国力だったのだ。

ペルシアのサファヴィー朝は、海への無関心を貫き、首都をタブリーズ（一五〇一年から一五九八年）、イスファハーン（一五九八年から一七二九年）、マシュハド（一七二九年から一七三六年）へと移動させた〔三つともイラン内陸部の町〕。

フランスの五回目の挑戦も失敗に終わる：一七六三年の大失策

フランスは海洋大国になろうと再び試みた。それは五回目の挑戦だった。一七五〇年、フランス軍元帥のカストリーは、七四台、八〇台、一一八台のカノン砲をもつ三種類の軍艦の設計をボルダ〔物理学者、航海士〕に命じた。なかでも八〇台のカノン砲をもつ軍艦は、二九隻も建造された。ブレストの港には、三三隻の大型軍艦、三三隻のフリゲート艦、一三隻のコルベット艦が配備された。また、ロシュフォール〔大西洋沿岸〕、トゥーロン〔地中海沿岸〕、シェルブール〔大西洋沿岸〕の港にも、艦隊が配備された。

このように海軍を強化したのにもかかわらず、フランスは海戦で勝利できなかった。フランスが同盟国を組んで参戦したオーストリア継承戦争中（一七四〇年から一七四八年）、イギリスは一七四七年のフィニステレ岬の海戦などでフランスを叩きのめし、七年戦争中（一七五六年から一七六三年）も、一七五九年のキブロン湾の海戦やラゴスの海戦でフランスを撃破した。さらには、フランスはアメリカにつくった複数の港を失った。たとえば、デュケーヌ砦はイギリスに奪われた。この港は当時のイギリスの首相〔ウィリアム・ピット〕にちなんでピッツバーグと呼ばれるようになった。フランスは北アメリカの植民地ヌーベルフランスを手放さざるをえなかった。そして先ほど述べたデュプレクスがフランス領インド総督を解任されると、彼がインドにつくった巨大な帝国はほとんど失われてしまった。

七年戦争終結後の一七六三年、この戦争はフランスの完敗ではなかったのにもかかわらず、パリ条約の交渉に当たったフランス政府高官が弱腰だったため、フランスの海事力はさらに後退した。以下、その内容を記す。イギリスは、ロワイヤル島〔カナダ東部大西洋岸にあるケープ・ブレトン島〕、カナダ、五大湖周辺の盆地、ミシシッピ川東岸、アンティル諸島の一部をフランスから奪った。フランスからミシシッピ川西岸を譲り受けたスペインは、フロリダをイギリスに譲渡した。フランスは、拠点を五ヵ所だけを残し、自身が築いた巨大なインド帝国をイギリスに引き渡した。一方、フランスは、サンピエール島およびミクロン島〔カナダのニューファンドランド島南部〕を得た。そしてサトウキビを栽培するほとんどの島を維持した〔マルティニーク、グアドループ、サン＝ドマング〔三つともカリブ海の島〕〕。アフリカに関しては、フランスがゴレ島〔セネガルのダカール沖合〕の奴隷貿易の拠点を維持することは認められたが、セネガルのサン＝ルイは譲渡した。ようするに、フランスは自国にとって壊滅的な内容のこの条約〔一七六三年のパリ条約〕に調印したため、海を支配する五度目の機会を失ったのである。

海戦で勝敗が決まったアメリカ独立戦争：フランスの六度目の機会

アメリカ独立戦争の大まかな勝敗は、それまでのすべての戦争と同様に、海事力が決め手になった。実際に、アメリカ独立戦争の勝利は、フランス王国海軍が少数の軍艦でイギリスの優秀な艦隊を包囲したことが決定打になったのである[120]。

一七七〇年ごろ、アメリカ入植者とイギリスとの間で緊張が高まった。とくに、ジョージ三世〔イギリス王〕が茶に対する関税を引き上げたことがきっかけになり、経済活動の中心地だったボストンの港では、緊張がピークに達した。一七七三年一二月一六日、ボストン茶会が抗議行動を起こし、茶の貨物〔東インド会社の貿易船の荷物〕をボストンの海に投げ捨てた。こうしてイギリスとアメリカの民兵隊の戦いが始まったのである。アメリカの民兵隊はニューヨークとフィラデルフィアの港を掌握し、そこに反乱を起こした者たちの独立を準備する会議の場を設営した。

一般の歴史書の記述とは異なり、アメリカ独立戦争の勝敗を決める舞台も海だった[120]。

一七七六年七月四日、アメリカがフィラデルフィアでの第二回大陸会議で独立を宣言したことを受け、イギリスは反乱鎮圧のために自国の巨大な艦隊を利用して五万五〇〇〇人の召集兵を急遽派遣し、一七七六年一一月にニューヨークの港を奪還した。

一七七七年八月、イギリス軍総司令官ウィリアム・ハウは、第二次大陸会議の場であったフィラデルフィアを海から攻撃した。イギリス軍はチェサピーク湾の北端に上陸し、戦わずしてフィラデルフィアを奪取した。アメリカ独立は失敗に終わったかに見えた。

一七七八年、フランスは入植者側に付いて参戦する決断を下し、アメリカ海軍を支援してイギリス軍の派遣を食い止めた。海に関心をもち、海軍を再編したルイ一六世の在位期間の初めのころ、フランスは海洋帝国になる六回目の機会を得た。

フランス王国海軍は、イギリス海軍と二度、海上で戦った[120]。

一回戦である一七七八年七月二七日のウェサン島〔フランス北西部ブレスト沖合〕の海戦は引き分けに終わった。しかし、イギリス側はフランス側の四倍の損害を被った。この海戦では、イギリス海軍は果敢に戦わずに敵前逃亡した。フランス王国海軍は威信を回復し、自軍の戦闘能力に自信を取り戻した。

二回戦である一七七九年七月六日のグレナダの海戦〔西インド諸島沖合〕では、シャルル・アンリ・デスタンが指揮を執るフランス海軍は、ジョン・バイロン率いるイギリス海軍の艦隊と対決した。この戦いは戦力的に互角だったが、イギリスが敗北した。しかしながら、フランスはこの勝利を有効に活用せず、グレナダの小さな島を征服しただけだった。

一七七九年にスペイン、一七八〇年にオランダがアメリカ独立戦争に参戦し、イギリスに対抗する同盟国は増えた。アメリカはスコットランドのジョン・ポール・ジョーンズのような情け容赦のない男たちの助けも求めた。一七七九年にイギリスのフリゲート艦「セラピス」号を拿捕したジョーンズは次のように記した。「アメリカが勝つためには、強い海軍が必要だ」

一七八〇年、フランスはアメリカを助けるために艦隊を急遽派遣した。とくに、サウスカロライナのチャールストンにラ・ペルーズ伯〔フランスの海軍士官〕率いるフリゲート艦を送り込んだ[95]。この戦艦には、弾丸重量一二リーヴル〔六キログラム〕のカノン砲二六台と、六リーヴル〔三キログラム〕のカノン砲六台が据え付けてあった。一七八一年、フランス海軍の副司令官ド・グラスがイギリス領アンティルを攻撃したことにより、イギリス軍のアメリカの主戦場への進軍に遅れが出た。次に、チェサピーク湾の海戦の際、ド・グラスがイギリスの数隻の軍艦を破壊したことにより、イギリス軍はバージニアへ援軍を派遣できなくなり、フランス領アンティルからのアメリカ軍の兵站が確保された。フランスのこうした包囲網のおかげで、イギリスは派兵できなくなり、アメリカはイギリスに奪われた町を徐々に取り戻した。

イギリスはそれでも海上封鎖を突破しようと試みた。

だが一七八一年七月、フランス海軍の将官ピエール・アンドレ・ド・シュフランは、ノバスコシアのルイブール〔カナダ東部の大西洋沿岸〕において、二隻のフリゲート艦だけでイギリスの六隻の戦艦を追い返し、戦艦「アリエル」号を拿捕した。イギリスは万事休した。一七八三年九月のパリ条約において、アメリカ独立戦争の終結と、イギリスがアメリカの独立を承認することが確認された。

ルイ一六世は海事力に関心をもち続けた。

ヴェルサイユ宮殿に閉じこもって滅多に旅行しなかったルイ一六世は、一七八六年にルアーブルの港を視察した。かつての中国やイベリア半島の為政者たちのように、フランスも、探査、征服、貿易に熱心だった。

同じ一七八六年、ルイ一六世はアメリカから戻ってきたラ・ペルーズ伯に、アラスカから日本までの太平洋海域の探査および世界周航を命じた。この航海には、医師、数学者、物理学者、博物学者、天文学者、気象学者など、多くの科学者が同行した。ラ・ペルーズ伯の一行は、「天体観測」号と「羅針盤」号の二隻のフリゲート船で出航し[95]、イースター島、ハワイ、マリアナ諸島に到達し、中国、オーストラリア、日本、ロシア、ニューカレドニアの沿岸域を航海した。一七八九年、ラ・ペルーズ伯と乗組員全員は、ヴァニコロ島〔ソロモン諸島）で死んだ。

一七九一年、二隻のフリゲート艦によって消息を絶ったラ・ペルーズ伯を捜索したが、何の手がかりも得られなかった。一八二七年になってようやくラ・ペルーズ伯一行のフリゲート艦の残骸が見つかった[95]。

フランス革命以前の旧体制末期のフランスは、世界の本物の巨大勢力とは異なり、海をうまく活用する術を学ばなかったのである。

第五章

石炭と石油をめぐる海の支配

（一八〇〇年から一九四五年）

「過ぎ去った人生に想いを馳せるのは、消えた航跡が見えると思うようなものだ」

フランソワ＝ルネ・ド・シャトーブリアン『墓の彼方の回想』〔真下弘明訳、一九八三年、勁草出版サービスセンター〕

一八世紀末、最初に海、次に陸地において、すべてが急変した。新たなエネルギー源（石炭、次に石油）や船の推進方式（外輪、次にスクリュー）により、輸送は一変し、工業化、競争、分業が推進され、ヒト、アイデア、工業製品、一次産品、農産物が大量に移動するようになった。

人類は太古から海と関わりをもってきたが、海における人類の存在は、ますます大きくなると同時に、脅威をもたらすようになった。

世界経済が急成長し始めた。産業革命が始動したのである。またしても勝者は海で決まった。勝者は、自国の文化、イデオロギー、文学を世界中に広め、軍隊をあらゆる地域に派遣した。

海に関するそれらのイノベーションのほとんどは、何とフランスに由来するのである。したがって、ルイ一六世の下、フランスには大国になる六度目の機会があったが、フランスはまたしてもこの機会を逸したのである。革命前夜のフランスは、相変わらず封建的な内陸国であり、自国の創意工夫にあふれる人々を無視し、彼らを外国へと追いやった。

権力はまたしても他の海洋国へと移動した。イギリスは、一七六三年のパリ条約以降、ネーデルラント連邦共和国を押しのけ、すべての海で全権力を握った。その一世紀後、今度はイギリスが二つの世界大戦という動乱の最中に、トップの座を明け渡した。フランドル、オランダ、イギリスの後、イギリスの必死の阻止をはねのけて登場したのがアメリカである。[9]

フランスのアイデアだった蒸気機関

蒸気をエネルギー源として利用するアイデアは、古代エジプト時代から知られていた。だが、それまで誰もこのアイデアを実現しようとしなかった。一七世紀末、フランスの物理学者ドニ・パパンは四〇歳のとき、ピストンを動かす蒸気配管を船に据え付け、ラック・アンド・ピニオン〔歯車の一種〕を利用して船の外輪を回すというアイデアを思いついた。一六九〇年、パパンはドイツのマールブルクでこのアイデアに基づいて試作船をつくった。しかし、この船は一七〇七年にヴェーザー川のドイツ人船頭たちが壊してしまった。

パパンのアイデアはすぐにイギリスにおいて別の用途で再現された。一七一二年、鍛冶職人のトーマス・ニューコメンとエンジニアのジョン・クロウリーは、パパンの設計図（ロンドンに移ったパパンは、この年にロンドンで死んだ）にヒントを得て、石炭を掘削し始めたイギリスの鉱山のために〔蒸気を利用する〕排水ポンプを開発した。そしてこのポンプを作動させるために充分な熱を供給できる唯一のエネルギー源が石炭だったのである。一七六九年、ジェームズ・ワットは、パパンとニューコメンの蒸気機関を改良して凝縮器をつくった。こうしてワットの蒸気機関は、熱を蓄積できるようになった〔シリンダーと凝縮器を分離させたため、シリンダーから熱が失われなくなった〕[27]。

同年、パリではフランスの軍事技術者ニコラ＝ジョゼフ・キュニョーが、大砲などの重い荷物を運搬するための蒸気自動車を開発した。この車の最高速度は時速四キロメートルだった。またしても、フランスでは誰もこの発明に興味を示さなかった[24]。

それらの発明を知って、蒸気船をつくろうという人物が現れた。

一七七六年、フランスのエンジニアであるクロード・ド・ジュフロワ・ダバンは、足ひれの形をした櫂を動かす蒸気船「水かき足」号をつくろうと試みた。彼はそのためにペリエ兄弟やクロード・ダーロンなどの裕福な銀行家とともに、パリに会社を設立した。二年後の一七七八年（実用的な蒸気機関車が登場する二六年前）、薪を燃料にして外輪を回す初の蒸気船「ピロスカフ」号が完成した。この試作船の実験航海はドゥー県〔フランス北東部〕において成功を収めた。

その五年後、ダバンは、今度はリヨンで全長四五メートルの別の蒸気船をつくった。この船はソーヌ川〔フランス東部を流れる川〕を数キロメートル遡った。ルイ一六世はこの大きなイノベーションに関心を示さなかったため、ダバンは破産し、外国に亡命した[27]。

海が舞台のフランス革命

フランス王国海軍のほとんどの将校は、アメリカ独立戦争に参加した者たちだった。一七八九年、フランス革命が始まると、彼らの大部分はフランスを離れた。

実際に、フランス革命は王政だけでなく海も嫌った。王政のもとにつくられた三大港、ブレスト、ルアーブル、トゥーロンのうち、一七九〇年に県庁所在地になったのはトゥーロンだけだった。だが、一七九三年にトゥーロンがイギリス海軍に町の支配を委ねたため、この地位は剝奪された。

フランス革命は船上で必要な階級制も嫌った。たとえば、同じ一七九〇年、憲法制定議会は新たな海軍刑法典を制定し、水兵と将校を裁く際に、水兵からなる陪審団に全権限を与えた。そうした陪審団により、将校が罰せられることはあっても、当然ながら水兵が断罪されることはなかった。そしてこの海軍刑法典では、「学歴」と四年間の航海経験だけで商船隊の船長や海軍の将校になれた。

一般の歴史書の記述とは反対に、太古以来、ほとんどすべての戦争がそうであったように、フランス革命の帰趨も海上で決した。

一七九三年、フランス国民公会〔フランス革命期に存在した一院制の立法府〕はネーデルラント連邦共和国とイギリスに宣戦布告した。

一七九四年、ウェサン島沖合でフランス革命海軍とイギリス王国海軍が激突した。フランス海軍の軍艦の二六人の指揮官のうち一二人は、一七八九年〔フランス革命〕以前では商船の船員、あるいは普通の船乗りだった。この戦い〔栄光の六月一日〕は決着がつかなかったが、自軍の経験不足をフランス革命の勢いで補ったフランス革命軍にとっては快挙といえた。

一七九五年一月、フランス軍はオランダを包囲した。フランスはオランダ艦隊がアムステルダムの北八〇キロメートルのデンヘルダー〔北ホランド半島の先端の町〕の港に駐留していることを察知し、攻撃する決断を下した。フランス艦隊は、オランダ艦隊の五隻の戦列艦、三隻のフリゲート艦、六隻のコルベット艦、数隻の商船を拿捕した。そのとき、オランダ総督ウィレム五世がオランダから逃げ出したため、オランダではバタヴィア共和国が誕生した。この国はフランスの革命政府と同盟を結んだ。まず、海とつながりのある地域がフランスの姉妹共和国になった。

ボナパルト・ナポレオンの冒険も海上で始まった。一七九七年末、総裁政府の最後の海軍大臣の一人である海軍大将ブリュイは、イタリア遠征で武勲をあげたボナパルトをパリから遠ざけるために、この若き将校をエジプトに派遣した。ボナパルトの任務は、イギリスがもつエジプトとインドとの連携を断ち切ることだった。つまり、一七六三年の嘆かわしいパリ条約によって失われたインドを奪還するために、そこに安定的な戦略拠点を設けようとしたのである。

一七九八年春、ボナパルトは、フランス南部とイタリアに三万五〇〇〇以上の兵士を集合させ、トゥーロンに一七隻の軍艦（一二〇台のカノン砲をもつ「オリアン」「スパーティーエト」「ウルー」「メルキュール」など）を集結させた。五月初旬、ボナパルトは先陣を切ってエジプトに向けて出航し、艦隊の指揮をフランソワ＝ポール・ブリュイ・デガリエに任せた。しかし、デガリエの艦隊は出航して間もなく、地中海でネルソン提督率いるイギリス艦隊（「ゴリアテ」「ゼラス」「オリオン」「アニオス」などからなる一五隻）に追い回された。

一七九八年八月一日、両艦隊はアブキール湾〔ナイル川河口〕で戦火を交えた。イギリス国王海軍は、フランス艦隊の旗艦「オリアン」を含む四隻を破壊し、九隻を拿捕した。

こうしてフランス革命の海を支配しようとする野望は砕け散った。

海を支配できず、ナポレオン帝国は迷走する

ボナパルトはパリに戻ると、海軍大将ブリュイに艦隊を早急に再建するように要請した。しかし、ブリュイは一七九九年に第一統領になったボナパルトに対し、しばらく待ってほしいと頼み、一八〇一年に次のような手紙を書いた。「物事には順序というものがあります。焦らないでいただきたい。じきにお望みの海軍ができあがります」。しかし、ボナパルトに忍耐力はなかった。彼は明日にでも、地中海を支配し、サン＝ドマング、ルイジアナ、インドにおいて野心的な植民地政策を再び打ち出し、そしてイギリスを征服したかったのだ。

ボナパルトは旧体制の為政者たちよりも技術進歩に興味がなかった。一八〇三年一月、アメリカのロバート・フルトン〔発明家〕は、セーヌ川で全長三三メートルの蒸気船を試走させたが、この試作船はエンジンの重みで沈没してしまった。ボナパルトは、フルトンを「ペテン師」扱いした。同年八月、フルトンは左右の舷側に外輪をもつ新たな船を試走させた。今度は沈まなかった。しかし、〔フランスがこの蒸気船というイノベーションに興味を示さなかったので〕フルトンはアメリカへ戻った。

アミアンの和約〔一八〇二年三月にフランスとイギリスとの間で締結されたフランス革命戦争の講和条約〕によって平和が訪れた。ところがその一年後の一八〇三年五月、イギリスはボナパルトに宣戦布告した。ボナパルトにとって、イギリス征服はヨーロッパを支配するための必要条件だった[80]。

一八〇五年夏、その前年の一二月二日に皇帝の地位に就いたナポレオンは、イギリスを侵略するための部隊をブローニュ＝シュル＝メール〔フランス北部のドーバー海峡に面した町〕に集めた。イギリスの沿岸部に六万の兵士を上陸させる準備を進めたのである。ナポレオンはこの作戦を成功させるために、地中海と大西洋の艦隊をブローニュ＝シュル＝メールに集結させなければならなかったのである。しかし、大西洋にはアメリカ独立戦争の敗者コーンウォリス率いるイギリス艦隊の監視の目があった一方、地中海にはアブキール湾の海戦〔ナイルの海戦〕で勝利を収めたイギリス海軍提督ネルソンが目を光らせていた[80]。

ところが一八〇五年八月二六日、状況は一変した。ナポレオンはオーストリアの攻撃に対処するため、ブローニュ＝シュル＝メールに集結させた兵力の一部をヨーロッパ東部に派遣せざるをえなくなったのだ。ナポレオンはイギリス征服を断念したのである[44]。

それにもかかわらず、一八〇五年一〇月二一日、ブリュイの死後にナポレオン皇帝の艦隊の指揮を代行した海軍大将ヴィルヌーヴは、次の指揮官が海軍大将ロミリーになったのにもかかわらず、皇帝ナポレオンの許可なしに、一一隻の軍艦、六隻のフリゲート艦、二隻のブリック〔二本のマストに数枚の横帆を備えた帆走船〕の艦隊を率いてイギリスに戦いを挑んだ。このフランス艦隊には、カディス〔スペイン南西部の港町〕からはスペインなどの軍艦、そしてロシュフォール〔大西洋沿岸のフランスの港町〕からはフランスの軍艦が援軍に駆けつけた。こうしてヴィルヌーヴは、スペイン南部のトラファルガー岬の沖合でネルソン提督率いるイギリス艦隊と激突した。[80] 戦力規模に劣るイギリス艦隊は、フランスとスペインの連合艦隊の最強の軍艦（「ブソントーレ」「ルドゥターブル」「ラ・サンクティシーム・トリニダード」）を孤立させてから、フランスの軍艦の三分の二を破壊した。この戦い〔トラファルガーの海戦〕の戦死者の数は、フランス側が四四〇〇人だった一方で、ネルソン提督率いるイギリス側は四五〇人だけだった。[80]

制海権を失ったナポレオンは必要な物資を輸入できなくなると同時に、イギリスが反ナポレオン同盟を組むのを阻止できなくなった。ナポレオンが開戦を望まなかったトラファルガーの海戦の敗北は、ワーテルローの戦いの一〇年前に、ナポレオン帝国の凋落を告げていたのである。

この敗北以降、皇帝ナポレオンは海軍を再建させようと尽力した。その道のりは非常に長かった。艦隊を一八〇五年の戦力に戻すのに一八一二年までかかったのである。セントヘレナ島に幽閉されたナポレオンは、アメリカ独立戦争でフランス海軍を勝利に導いたピエール・アンドレ・ド・シュフランについて、次のように語ったという。「どうしてシュフランは私の時代になる前に死んでしまったのか。なぜ彼のような勇猛な男を見つけられなかったのか。わが軍にネルソンのような軍人がいれば、まったく違った展開になっていただろう。私は海軍を統率できる男をずっと探していたが、結局、そんな男は私の前には現れなかった[69]」

フランスの歴史書ではほとんど触れられていないが、トラファルガーの海戦後も、一八〇五年一一月三日のスペインのガリシア地方沖合でのオルテガル岬の海戦、そして一八〇六年二月六日のサン＝ドマングの海戦と、フランスの負け戦は続いたのである。フランスは、イギリスの包囲網を突破できなかったのだ。その弊害の一例として、フランスはアンティル諸島のサトウキビを輸入できなくなり、〔寒冷地でも栽培可能な〕テンサイを栽培することになった。

一八〇六年、ナポレオンは報復措置としてイギリスを締め出す大陸包囲網を敷いた〔大陸封鎖令〕。自国の同盟国と属国のヨーロッパ諸国に対し、イギリスにモノを販売することを禁じたのである[44]。ナポレオンはこの包囲網が機能しているかを確かめるために沿岸部を監視させた。同年、ルイ・ジャコブ〔フランス海軍大将〕は、ノルマンディーのグランヴィルに初の沿岸信号機を設置した。それは敵であるイギリス海軍の動向を信号によって自国の船舶に知らせるためだった。[80]

一八〇七年、フルトン〔発明家〕は自身の試験結果をニューヨークにもち帰り、ハドソン川で「クラーモント」号をつくった。全長五〇メートルのこの蒸気船は、左右の舷側の外輪をもち、エンジン燃料は石炭だった。まもなくこの船は、ニューヨークからオールバニまでの二四〇キロメートルの区間を定期運航した。

イギリスはすべての競争相手を海から追い払い、この制海権を活かして、フランスから一八〇九年にアンティル諸島、一八一〇年にマスカリン諸島(レユニオン島とモーリシャス島)を奪還した。フランスの大陸包囲網はイギリスにほとんど影響をおよぼさなかった。なぜなら、イギリスは強力な自国海軍のおかげで、アンティル諸島やインド、さらにはオスマン帝国との通商を維持できたからだ。

反対に、フランスのこの大陸包囲網は、イギリス以外のヨーロッパ諸国に深刻な影響をおよぼした。というのは、それらの国はフランスから生活必需品を高値で買わされる羽目になったからだ。[80]

一八一〇年、ロシアの皇帝アレクサンドル一世は、イギリスを締め出すナポレオンの大陸包囲網に異議を唱えた。そこでナポレオンはロシアと戦ったが、敗北した。実際には、ナポレオンはトラファルガーの海戦に敗れた時点から敗北していたのである。

一方、アメリカで蒸気船が実用化されてから五年後の一八一二年、ロンドンでは蒸気機関車の試走が成功した。

蒸気船と蒸気機関車という二つのイノベーションが起きた場所にこそ、その後の二世紀に権力が集中したのである。

イギリスの支配：大西洋では、蒸気船が帆船に取って代わる

一八一五年のウィーン会議では、ナポレオン帝国の遺産分割が協議された。イギリスは、ヨーロッパ大陸には自国領土を求めなかった。真の権力が宿る場所を知っていたイギリスは、自分たちの帝国を拡大させるために海を支配し続けることだけに専念した。イギリスはカリブ海水域での存在感を高めるために、オランダからギアナ、フランスからトバゴ島とセントルシア島、スペインからトリニダード島を奪い、またインドへの航路を強化するためにオランダからケープタウンとセイロン島〔スリランカ〕を取り上げ、また北海を支配してバルト海へのアクセスを確保するためにデンマークからヘルゴラント島〔北海に浮かぶ小さな島〕

を収用した。そしてエジプトを狙うオスマン帝国を監視するためにマルタ島とイオニア海の島々を手に入れた[27]。

ロンドン港は、扱う荷物の量と出入りする船舶の総トン数で世界一になった。ロンドン港の貿易先は、おもにインド、オーストラリア、ニュージーランドだった。リバプールも主要な港だった。大型船も停泊できるリバプール港は、マージー川およびこの川と並行する運河との連絡が非常によいため、港に着いた貨物をロンドンへと迅速に輸送できた。また、リバプール港の近くには多くの造船所があった。そしてグラスゴー港は、おもに毎年二万一〇〇〇トンのタバコをアメリカから輸入した[24]。

一八一六年、モンペリエの裕福な実業家ピエール・アンドリエルは、フランスの銀行家ジャック・ラフィットの支援を得て、ロンドンに船舶会社を設立し、イギリスで蒸気船「マージェリー」号を購入した。この実業家はこの船を「エリーズ」号と改名し、この蒸気船によって初のイギリス海峡の横断に成功し、セーヌ川を遡ってパリまで行った。同年、蒸気船の発明者であり、一七九〇年からロンドンに亡命していたジュフロワ・ダバンがフランスに戻ってきた。彼は「シャルル＝フィリップ」号を進水させた。この船を使って、セーヌ川でつながるパリとモントロー〔パリのおよそ四〇キロメートル南〕間の運航サービスが始まった[27]。

同年一八一六年、モーリタニア沖合での「メデューズ」号の海難事故により、当時のフランス海軍のずさんさが明らかになった。入植者をセネガルに運ぶこの船を指揮したのは、旧体制以来、航海の経験がない貴族だった〔事故の原因は、艦長の能力不足〕。乗船客一五二人のうち、生存者は一〇人だけだった。海難事故後に生き残った者たちが筏の上で苦悩する姿を描く一八一九年のジェリコーの絵画〔「メデューズ号の筏」〕は、そのときの様子を見事に表現している。

このような事故が起きたのも、フランス革命以前の王政とは異なり、復古王政〔一八一四年のナポレオン没落後から一八三〇年の七月王政成立までの時代〕は、海軍に関心をもたなくなったからだ。たとえば、ルイ一八世〔復古王政期のブルボン朝のフランス国王〕は王立海軍学校〔海軍士官学校の前身〕を設立したが、その学校はなんと海から一〇〇キロメートル以上も離れたアングレーム〔ラロシェルとボルドーの中間点にある内陸部の町〕に建てられたのである。

アメリカでは技術進歩が加速した。技術進歩を牽引したのは、ヨーロッパ大陸では君主の野望だったが、アメリカではおもに市場だった。一八一八年、クェーカー教徒の商人ジェレミア・トンプソンと資本家アイザック・ライトは、ニューヨークに世界初の旅客輸送専門の海運会社ブラック・ボール・ライン社を設立した。この会社は、イギリスとアメリカを結ぶ定期便を運航した。輸送サービス開始当初、彼らが使用したのは一本マストの小型帆船だった。大西洋横断には四週間以上かかり、道中はかなり危険だった[27]。

一八一九年、蒸気船が産声を上げた。外輪を回す蒸気機関を補助動力にする帆船が大西洋を横断するために、ジョージア州の港サバンナから出航したのである。この船は、全長三〇メートルほどで、エンジンはおよそ九〇馬力だった。大西洋横断に約二七日かかった。この船が大西洋横断中に蒸気機関を利用したのは合計で四日間だけであり、六八トンの石炭と九トンの薪が燃料として使用された。同年、スコットランドの技術者ヘンリー・ベルは、フルトンの蒸気船に似た「コメット」号を開発した。この船はスコットランドのクライド運河で旅客船として利用されたが、一八二五年に「コメット二」号の沈没によって六二人の乗船客が溺死したため、この旅客サービスは中断された。

帆に代わる蒸気機関とスクリュー

一八二六年、イギリスの将官が指揮してイギリスで建造されたギリシアの「カーテリア」号は、世界初の蒸気機関の軍艦である。オスマン帝国との戦いでは、この軍艦は外輪で駆動するのにもかかわらず操縦性に優れ、たった八台のカノン砲でオスマン帝国の部隊を追い払った。ヨーロッパ諸国の海軍は、すぐに蒸気船の優位性に関心をもち、蒸気機関を動力にする鉄製の軍艦を開発し始めた[27]。

一八二七年、オーストリアの技術者ヨーゼフ・レッセルが船のスクリューの特許を取得した。だが、レッセルのスクリュー船のエンジンは馬力不足だった。その後少しして、フランスの技術者フレデリック・ソヴァージュがはるかに効率のよい船舶のスクリューを開発して特許を取得した。

一八三〇年、フランス海軍は蒸気船を初めて導入した。この全長四八メートルの軍艦「スフィンクス」号は、アルジェリア侵略の際にフランス軍部隊の輸送に利用された[27]。

一八三三年、「スフィンクス」号は、ルクソール神殿のオベリスクをパリに誇らしげにも ち帰った。「スフィンクス」号が選ばれたのは、蒸気機関に対する信頼の証しだった。

船乗りにとって、帆船から蒸気船への移行は、軍艦においても商船においても困難をともなった。というのは、帆船内における船員の序列は明確だったが（船長が一人、士官が複数人、水夫が数十人、見習いが数人、水夫長、大工、帆修理工がそれぞれ一人）、蒸気船の登場で技術者と機械工という新たな役職が誕生すると、船内の序列が混乱したからだ。

一八三七年、補助として左右の舷側の外輪を蒸気機関で回す旅客帆船が、帆をおもに利用しながらも大西洋を一ヵ月弱で横断した。

一八三八年、イギリスのフランシス・ペティット・スミスが、フランスの特許を参考にしてスクリューで動く初の蒸気船「アルキメデス」号を進水させた。

同年、画期的な出来事があった。リバプールで誕生したばかりの旅客会社ブリティッシュ&アメリカン蒸気航海会社が、蒸気機関だけを使って大西洋を横断する「シリウス」号を進水させたのである。全長六一メートルのこの蒸気船は、左右の舷側の外輪を回すための燃料として石炭と薪を利用した。処女航海では、たったの一八日で大西洋を横断した。平均速度は七ノットだった。しかしながら、燃料の石炭が不足したため、乗組員は非常用のマストや船室の家具をボイラーに入れて燃やさなければならなかった[27]。その一週間後、ライバルのグレート・ウエスタン蒸気船会社が「グレート・ウエスタン」号を出航させ、同じ航路を一五日間で航海した。所要時間は三日間短縮され、帆船の半分になった。こうして帆船の時代は終わったのである。

そして同年、ロンドンとバーミンガム〔イングランド中部〕を結ぶ初の電気通信線が敷設された。この通信線を使って伝達されたのは、一八三二年にアメリカのサミュエル・モールス（あるいは彼のアシスタントのアルフレッド・ヴェイル[49]）の発明したモールス信号によるメッセージだけだった。その通信速度はきわめて遅かった。

一八三九年に描かれたターナーの有名な絵画（「解体されるために最後の停泊地に曳かれていく戦艦「テメレール」号〔トラファルガーの海戦で活躍したイギリスの帆船〕」）は、帆船の時代から蒸気船の時代になったことを物語っている。

蒸気船による最初の海戦：第一次アヘン戦争

イギリスは人口が増加したため、一次産品と農産物を大量に輸入しなければならなくなった。そこで重要になったのは、商船を保護し、自国の貿易経路に拠点を設けることだった。一八三三年、イギリスは、アルゼンチンの農畜産物を輸入するためにフォークランド諸島〔南大西洋沖合〕に拠点をつくった。さらには、インドおよびオーストラリアの航路の安全を確保するために、一八三八年にはカラチ〔パキスタンの港〕、一八三九年には香港に拠点を設けた。

ロンドンとアジア諸国は、貿易によって密接に結びついた。貿易といっても、イギリスが一方的に儲けたのである。インドの支配者であるイギリスは、中国の清が衰退し始めていたこともあって、中国などに不公正な貿易を一方的に押しつけることができた。中国は、モンゴル全土および中央アジアの一部にまで広がる広大な領土を管理し、また、ベトナム、シャム〔タイ〕、ビルマ〔ミャンマー〕、朝鮮を支配下に置いていた。中国の人口は四億三五〇〇万人になり、食糧の確保が難しくなった。中国では経済が低迷し、官僚主義がはびこり、インフレが加速し、テクノロジーの進歩にも懐疑的だったため、混迷は深まった。そして何よりも、海事力がまったくなかったため、中国は数世紀前から世界貿易と無縁だった。

こうして中国は、ヨーロッパ諸国、とくにイギリスの格好の餌食になった。イギリスはインド産アヘンを中国人に吸引するようにけしかけ、アヘンの対価として、中国人から茶や米を買い叩いた。この商売は成功した。一七二九年に中国の皇帝がアヘンの吸引と輸入を禁止したのにもかかわらず、一八三五年には二〇〇万人以上の中国人がアヘンを吸引していた。一八三九年、中国の皇帝はアヘン撲滅対策を打ち出した。イギリス船の寄港を禁じたのである。というのは、イギリスのほとんどの船が中国にアヘンをもち込んでいたからだ。アヘンのもち込みを禁止する中国をねじ伏せるために、イギリスは軍事行動に出た。四〇〇〇人の兵士、一六隻の戦列艦、四隻の砲艦、二八隻の輸送艦、五四〇台のカノン砲からなる艦隊を中国に派遣したのである。

一八四〇年六月、イギリスは広州を襲撃したが、中国側は激しく抵抗した。そこで攻撃の矛先を香港に変更し、香港を占領した。イギリスが長江の河口部も占拠したため、北京の兵站は断ち切られた。一八四二年、中国の皇帝はイギリス船に対する寄港禁止措置を取り下げ、南京条約に調印した。この条約により、イギリスはアヘンを中国に自由にもち込めるようになった一方、中国は五つの港（廈門、広州、寧波、上海、福州）をヨーロッパ諸国に開放し、処分したアヘンに対する多額の賠償金を支払い、イギリスに香港を割譲した。しかしながら、中国ではアヘンの貿易は違法であり、アヘン貿易に関与する外国人には死刑が宣告された。

アメリカへの移住

一八四〇年（モールスが電信文字コードの特許を取得した年）、グレート・ウエスタン蒸気船会社は、その二年前に建造された初のスクリュー船「アルキメデス」号を入手し、一八四三年には、この船を参考にして「グレート・ブリテン」号を開発した。これが初の商用スクリュー船である。[27]「グレート・ブリテン」号は大西洋を一四日間で横断し、とくに移民を輸送した。その後、多くの人々がアメリカに移住し始めた。

ヨーロッパは比較的平和だったが、多数のヨーロッパ人がアメリカに移住した。[10]

まず、一八四六年にアイルランドで発生した飢饉により、二〇〇万人以上の人々がイギリス、オーストラリア、北アメリカへの移住を強いられた。
次に、ヨーロッパ各地で勃発した革命〔一八四八年革命〕により、大勢のドイツ人とスカンジナビア人が祖国を離れた。一八五〇年からの一〇年間で、およそ七〇万人のドイツ人と四万五〇〇〇人のスカンジナビア人がアメリカへと移住したのである。

同様に、イタリアでの飢饉により、多くの南イタリア人が、ブラジル、アルゼンチン、ベネズエラ、アメリカへと渡った。最終的には、アメリカだけで、四五〇万人以上のイタリア人が移住した。ちなみに、当時のアメリカの人口は二五〇〇万人だった。

海運会社はそうした新規顧客に対して定期便を運航した。安い切符での船旅は悲惨だった。貨物室で雑魚寝させられ、食事は粗末で、シャワーやトイレは自由に使えなかった。乗船客といえども、乗組員よりも劣悪な待遇だったのだ。

こうして、ニューヨーク、ボストン、サバンナ、ニューイングランドの港〔メイン州、ニューハンプシャー州、マサチューセッツ州、ロードアイランド州〕などのアメリカの港の重要性が増した。とくにボルチモアの港は、南アメリカから、砂糖、銅、コーヒーを輸入し、イギリス、フランス、ドイツへ、タバコ、穀物、シリアル、小麦粉、織物原料を輸出した。また、ニューベッドフォード〔ボストン近郊〕は、石炭と捕鯨の中心地になった。捕鯨により、石鹸やランプの油、傘の骨、ナイフの柄、コルセット、楽器の材料などが手に入った。[27]

フランスが海洋大国になる七回目の機会

この間、フランスは商船と海軍の拡充を図り、それまでよりもはるかに真剣に海洋大国になる七回目の機会を探り始めた。長い間、イギリスに住んでいたルイ・ナポレオンが権力の座に就くと、彼は真っ先に海軍を増強した。

一八四九年、フランス第二共和制の大統領に選出されるや否や、ルイ・ナポレオンはフランスの技術者デュピュイ・ド・ロームに対し、トゥーロンで戦艦「二月二四日」号を建造するように命じた。一八五〇年の夏に完成したその船は、「ナポレオン」号と改名された。「ナポレオン」号は、フランス艦隊初の蒸気機関によるスクリュー大型船（五一二〇トン）である。一八五一年にメサジェリ・アンペリアル社、そしてナビガーション・ミクスト社やジェネラル・マリティーム社など、多くの海運会社がフランスの事業家によって設立された[27]。

海では船舶以外にも大きなイノベーションがあった。ヒトとモノだけでなく情報も海を渡るようになったのだ。金融データである。当時、パリ株式市場の情報をロンドン株式市場に伝達するには、伝書鳩や視覚的な電信信号を利用していたため、伝達には三日間もかかっていた。この不都合を解決したのが海である。一八五〇年八月、イギリスが資金を出して開発した海底ケーブルがカレー〔フランス北部〕とドーバー間に敷設されたのである。だが、この海底ケーブルは一一分後に不通になった。一八五一年一一月三〇日に復旧し、データ通信速度は（三日間から）一時間になった。その後、この海底ケーブルは四〇年間にわたり、モールス信号によって株式データを通信した。

世界経済は大きく変化した。誰もがそれまでにないスピードで情報を得ることができるようになったと実感したのである。

イギリスはフランス以外のヨーロッパ諸国にもケーブルを敷設した。そのおもな目的は、モールス信号による金融データの通信だった。このインフラによってこそロンドンのシティ〔金融街〕は長年にわたって君臨できたのである。

蒸気機関の戦艦による二回目と三回目の海戦
：クリミア戦争と第二次アヘン戦争

新たな戦争がまたしても海上で起きた。一八五三年、ロシアはオスマン帝国が弱体化する姿を見て、長年の野望を満たそうとした。黒海の制海権を握ることである。

一八五三年一一月、ロシアは黒海に面するオスマン帝国の港シノプ〔トルコ北部〕を破壊した。一八五四年、フランスとイギリスは、ロシアが黒海に覇権を築いて地中海に進出することを恐れ、オスマン帝国を救援するために派兵した〔クリミア戦争〕。フランスの蒸気機関で動く装甲艦（「ナポレオン」号をつくったフランスの技術者デュピュイ・ド・ロームが建造した）の艦隊は、逆風をはねのけてボスポラス海峡を遡り、黒海へと向かった。一八五五年、フランス艦隊は、現在のウクライナのドニエプル川南岸キンブルンにあるロシアの防塞を攻撃した。そこは黒海におけるロシアの防衛拠点だった。フランスとイギリスの連合艦隊がロシアに砲弾を浴びせ続け、戦いを有利に進めた。連合艦隊が四時間で三〇〇〇発の砲弾を撃ち込む一方で、ロシア側はわずか二〇〇発程度だった。そしてフランスとイギリスの軍艦は装甲仕様だったため、ほとんど被害を受けなかった。ロシアの防塞は陥落し、ロシアは敗れた。

一八五六年、パリ条約によってクリミア戦争の終結が確認された。黒海は「非武装地帯」に指定された。戦艦は黒海を航海できなくなり、黒海沿岸部に防塞をつくることが禁じられたのである。この取り決めにより、ボスポラス海峡とダーダネルス海峡〔地中海につながるエーゲ海と黒海につながるマルマラ海を結ぶ海峡〕では貿易活動の安全が約束されたため、フランスとイギリスは黒海での貿易を維持でき、ロシアの領土付近であっても安全に航海できるようになった。このパリ条約では、敵船の貨物を強奪してはならないという通商破壊も禁止された（ただし、密輸は除く）。だが、オスマン帝国がこのロシアの敗退によって勢力を盛り返すことはなかった。

装甲艦によるこの勝利により、世界の海軍大国は木製の船を廃船にした。フランス風に言えば「鎧の時代」の幕開けである（騎士の鎧姿に対するフランスのノスタルジーの表れ）。同じ一八五六年、茶の消費量がますます増えたイギリスは、中国とのアヘン貿易を拡大させようとした。なぜなら、アヘン貿易は非常に儲かったからである。中国政府はアヘン貿易を阻止するためにあらゆる手段を講じ、中国の戦艦はイギリス船「アロー」号がアヘンを密輸している疑いがあるとして、この船の臨検を実施した。これが第二次アヘン戦争の引き金になった。

一八五九年、今度は中国の首都を包囲するために、フランスとイギリスは連合艦隊を派遣した。連合艦隊はまたしても北京への兵站の要衝である天津の港を封鎖した。しかし、前回の戦いのときと同様に、中国の皇帝は包囲されただけでは屈服しなかった。そこで、連合軍は大規模な武力行使に出た。海河を遡り、北京を占領し、一八六〇年一〇月六日に中国皇帝のもつ円明園を焼き払ったのである。中国はまたしても敗北を認め、一八六〇年にヨーロッパ諸国に中国の港を開放することを定めた北京条約に調印した。フランスとイギリスは、賠償金としておよそ三二〇トンの銀も支払わせた。九龍半島南部は永続的にイギリスのものになり、イギリスは香港の拠点を拡大した。

その時期、商船と軍艦から最後の帆船と外輪船が姿を消した。ナポレオン三世〔ルイ・ナポレオン〕はフランス海軍に対し、四〇隻の巡洋艦、九〇隻のフリゲート艦およびコルベット艦、沿岸部と港の防衛のための専用艦を建造せよと命じた。

一八五七年、アメリカの実業家サイラス・フィールドは、アイルランドとニューファンドランド島を結ぶ大西洋を横断する海底ケーブルを敷設した。その際、当時世界最大の蒸気船だった「グレート・イースタン」号が、海底ケーブルの敷設船として利用された。この海底ケーブルは、長さが四二〇〇キロメートルで、重さが七〇〇〇トンだった。当初は、モールス信号によるメッセージをきわめて遅いスピードでしか通信できず、たったの二〇日間で通信不能になった。イギリスの出資により、「グレート・イースタン」号はおよそ四万八〇〇〇キロメートルの海底ケーブルを敷設した。とくに、ブレスト〔フランス〕とサンピエール島およびミクロン島〔カナダのセントローレンス湾〕を結ぶ大西洋を横断する区間に四本、そして一八七〇年にはアデン〔イエメンの港町〕とボンベイ〔ムンバイ〕を結ぶ区間である。海底ケーブルのネットワークは、一八七一年には香港、一八七二年にはシドニーにまで拡充した。

スクリュー式の蒸気船は、貨物やヒトの輸送のために大西洋を頻繁に往来した。それらの船はほとんどがイギリスのものだった。当時のおもな海運会社は、キュナード・ライン社（創業者はサミュエル・キュナード）、インマン・ライン社（ウィリアム・インマン）、グレート・イースタン社（イザムバード・キングダム・ブルネル）、ペニンシュラ・アンド・オリエンタル・スチーム・ナビゲーション・カンパニー社〔P＆O〕（アーサー・アンダーセン）である。

一八五〇年代末、石油が使用され始めた。最初は、大都市の照明に用いられた。一八五七年、ブカレストは石油ランプを街灯に設置した世界で最初の都市になった。一八六一年、世界初のタンカー「エリザベス・ワッツ」号がフィラデルフィアを出航し、ロンドンに到着した。このイギリス船は重量が二二四トンだった。タンクの密閉性が低く、四五日間の航海は危険をともなった。

海は相変わらず危険だった。当時、イギリスでは毎年三〇〇〇人の船乗りが消息不明になっていた。そして船乗りの労働環境はきわめて過酷だった。

南北戦争と潜水艦の登場

一八六一年二月四日、大統領になるエイブラハム・リンカーンはアメリカ全土において奴隷制を廃止すると宣言したが、南軍〔アメリカ連合国〕はこれを拒否し、独立を宣言した。こうして南北戦争が始まった[87]。

そのおよそ九〇年前のアメリカ独立戦争時と同様にこの内戦においても、勝敗を決したのは明らかに海軍だった。

アメリカ連合国軍は食糧を自給できなかった。したがって、過去の巨大勢力と同様に、制海権を確保しなければならなかった。両軍とも大規模な騎兵連隊を擁していたが、海軍はお粗末だった。開戦当初、北軍の海軍には一二隻の軍艦（蒸気船）しかなく、南軍にいたってはさらに少なかった[27]。

一八六二年、リンカーンは南軍の水域と領土を封鎖する決断を下した。この作戦を実行するには、ニューオーリンズやアラバマ〔ともにメキシコ湾沿いの港町〕など、五六〇〇キロメートルにわたる沿岸部を支配し、ミシシッピ川を制圧しなければならなかった。そこで、リンカーンはフィラデルフィアをはじめとする造船所で、多数の戦艦を製造させた。南軍も戦艦をイギリスで製造させたが、フランスは南軍に戦艦を売ることを拒否した。特筆すべきは、南軍が爆発物を搭載した魚雷艇と潜水艦「アリゲーター」号を開発したことだ。全長一四メートルのこの潜水艦は、櫂で始動してからクランクによってスクリューを回転させて推進する仕組みだった。南軍は、潜水艦を使って北軍艦隊の通過する水域に機雷を仕掛けた[87]。一八六四年二月一七日、それらの手動式潜水艦の一隻「H・L・ハンリー」号が、北軍の戦艦「USSフーサトニック」号を撃沈した。そうした攻撃にもかかわらず、リンカーンの封鎖作戦に隙はなかった。一八六四年八月五日、北軍の海軍は、南軍の重要な港だったメキシコ湾のモービル港を閉鎖させることに成功した[87]。

この海上封鎖により、南軍は必需品が手に入らなくなり、インフレが発生し、多くの銀行が破綻した。とくに、南軍はリー将軍の部隊の馬を養うのに必要な塩を入手できなくなった[87]。弱体化したリー将軍の部隊が陸上戦に敗れ、一八六五年四月九日に南北戦争は終結した。

南北戦争の舞台も海だったのである。

フランスの儚い夢、最初の大運河

一九世紀の前半、ヨーロッパとアジアの貿易は発展した。ロンドンは世界最強の商船団に支えられ、相変わらず世界最大の港だった。そしてウエスト・インディア・ドック、イースト・インディア・ドック、ロイヤル・ヴィクトリア・ドックなど、世界最大の港湾設備をテムズ川沿いにもち、アジア貿易最大の港になった。アジアに向かうための唯一の航路は、太古からのアフリカ回りだった。イギリスからインドまでの航海は三五日間もかかり、中国まではその倍の日数、そしてオーストラリアまではさらなる日数がかかった。

そうした不便からアフリカ大陸周航を避け、地中海と紅海の間の狭小なポイントを通過するというアイデアが生まれた。アレクサンドリアから三〇〇キロメートルの地点に運河を建設するのだ。スエズ運河をつくるというこのアイデアは、フランスのものだった。それはエジプトに対するイギリスの影響力を弱め、イギリスのインドと中国との貿易を抑制するためだった[93]。フェルディナン・ド・レセップスと彼が設立したスエズ運河会社はナポレオン三世の支援を取り付け、オスマン帝国〔エジプトの宗主国〕の幹部から掘削権を得た。幅二八〇メートルから三四五メートル、水深二二・五メートルの大運河を建設したのである。当時、エンジン付きの輸送船は船舶全体の五％にすぎなかったが、この運河は大型スクリュー船であっても余裕で通過できた[93]。

この時点では、フランスはあらゆる観点から大勝利を収めると思われた。七回目の挑戦で、ついに海洋大国になるかに見えたのである。

一八六九年、ジュール・ヴェルヌは小説『海底二万里』において潜水艦をテーマにした。潜水艦「ノーチラス」号のモデルは、アメリカの「アリゲーター」号である。全長七〇メートルの「ノーチラス」号は電力で動き、水深八〇〇〇メートルから一万二〇〇〇メートルを潜航できる。これはその六年後に見つかるマリアナ海溝の最深部とほぼ等しい。このサイズの潜水艦が登場するのは一九三〇年になってからである。

同じ一八六九年、スエズ運河の開通式典は、ナポレオン三世の皇后ウジェニー・ド・モンティジョが行った。ヨーロッパの港からボンベイ〔ムンバイ〕までの距離は、一万七〇〇〇キロメートルから九九〇〇キロメートルになり、アフリカ周航経由の三五日間の航海は二〇日間弱に短縮された[93]。

しかしながら、この開通式典から数ヵ月後、フランスは、準備不足の状態で騎兵同士の陸上戦に挑むという無謀な行動に出た。普仏戦争である。フランスは二〇年来、他のどの国よりも自国海軍の近代化を推進してきており、大国になる寸前だった。ナポレオン三世が二〇年間かけてつくり上げたフランス艦隊（五五隻の装甲艦、一一五隻の巡洋艦、五二隻の輸送船などを含む三二一隻の蒸気機関の戦艦）は、この戦いでは何の役にも立たなかった。

フランスはセダンの戦いで降伏した。フランス第二帝政は消滅し、イギリスの新たなライバルとして、アメリカとともにドイツが現れた。

スエズ運河開通からわずか六年後、イギリスはフランスの隙を突いて、エジプト政府の保有するスエズ運河会社の株式を安値で買い取った。そして一三年後には、コンスタンティノープル（エジプトの宗主国オスマン帝国の首都）において締結された、イギリスを含む多国間条約〔スエズ運河の自由航行に関する条約〕により、スエズ運河は国際的な地位を得た。つまり、すべての国の船舶がスエズ運河を航行できるようになったのである。

海は以前よりもはるかに安全な場所になった。というのは、船体が頑強になったため海難事故が減り、国家だけが戦闘能力のある装甲艦の艦隊を保有するようになって、海賊がほとんどいなくなったからだ。

新たなイノベーション、二つめの運河

イギリスは海を自由に行き来した。リバプールとグラスゴーに拠点を置く海運会社は、スエズ運河経由という新たなアジア行き航路を支配した。アデン〔イエメンの港〕、カラチ〔パキスタン〕、香港を属領にしたため、世界におけるイギリスの優位は確固たるものになった。一八七二年、イギリスは世界初の海底ケーブル敷設専用船を建造し（通信データはまだモールス信号によるメッセージだけだった）、いたるところに海底ケーブルを敷設した。一八七七年、世界の海底ケーブルネットワーク全長一一万八五〇七キロメートルのうち、イギリスが敷設した海底ケーブルは一〇万三〇六八キロメートルにもおよんだ。ちなみに、フランスはわずか一二四六キロメートル、ドイツは七五二キロメートル、アメリカにいたってはゼロだった[49]。

フェルディナン・ド・レセップスは、スエズ運河に続き、中央アメリカの真ん中を掘削して運河をつくる計画を立てた。この運河ができれば、ニューヨークからロサンゼルスまでの航路は半分以下になり（二万二五〇〇キロメートルから九五〇〇キロメートル）、ニューヨ

ークから日本までの航路も大幅に短縮される。一八八二年、レセップスのパナマ運河会社は運河の建設に着手したが、同年、地震災害のために工事は中断された[16]。

そのころ、海洋生物資源の乱獲という懸念がはじめて生じた。家族や地域の零細企業だけでなく大企業も漁業に参入するようになったからだ。たとえば、ブレーメンの北海蒸気船漁業会社は、一〇隻以上の大型漁船を保有して活動していた。とくに、産業化された捕鯨の年間捕獲数は、一八八〇年の一〇〇〇頭から二万頭にまで急増した。一八八五年、乱獲の危機感から、デンマーク、フィンランド、ドイツ、オランダ、ノルウェー、スウェーデン、ロシア、イギリスをメンバーとする世界初の世界組織が設立された。コペンハーゲンに本部があるこの国際海洋開発理事会（ＩＣＥＳ）では、バルト海における漁業の管理および制限が議論された。

その間、パナマでは一八八九年、黄熱病の流行、増水、経営スキャンダルなどにより、パナマ運河会社は倒産し、この会社の社債を購入した一〇万人のフランス人は破産した[16]。レセップスのパナマ運河会社で工事現場を指揮していたフランスの技術者フィリップ・ビュノー＝ヴァリーヤは、新パナマ運河会社を独自に設立した。この新会社は、建設が滞っていたパナマ運河計画の筆頭株主になった。

海上の植民地という野望

一八九〇年、アメリカの海軍少将アルフレッド・セイヤー・マハンは、『海上権力史論、一六六〇年から一七八三年まで』を出版した（『マハン海上権力史論』、北村謙一訳、原書房、二〇〇八年）。マハンはこの本のなかで、イギリス海軍およびネルソン提督の役割を例に挙げ、「支配的な海事力[78]」という言葉を定義した。この本は後のアメリカ大統領たちに多大な影響をおよぼした。彼らは世界に関心をもたなければならないと悟り、海軍を強化するようになった[27]。

一八九一年、フランスとイギリスの間に電話用の海底ケーブルが敷設された。モールス信号だけでなく音声も伝達できるようになったのである。これはきわめて大きな変化だった。そのころ、海上に新たな勢力が現れた。一五世紀前のスマトラ島のシュリーヴィジャヤ王国以来のアジア最強の勢力、日本である。

一八九四年初頭、朝鮮の農民が内乱を起こしたため、朝鮮の王は中国に助けを求めた（甲午農民戦争）。一八六八年（明治元年）から急速に近代化を進めた日本は、この混乱に乗じて、朝鮮を中国から守るという口実のもと、一万八〇〇〇の兵士からなる艦隊を急遽派遣した。中国と日本の戦いは、おもに海上で繰り広げられた〔日清戦争〕。一八九四年九月一七日、日本艦隊（九隻の巡洋艦、一隻のコルベット艦、一隻の砲艦、一隻の武装商船）は、戦力に少し勝る中国艦隊（二隻の装甲艦、八隻の巡洋艦、二隻のコルベット艦、二隻の魚雷艇）を鴨緑江〔中国と北朝鮮との国境になっている川〕の河口付近で撃滅した。一八九五年二月、清の皇帝は降伏し、下関条約〔日清講和条約〕に調印し、台湾を日本に割譲した。六世紀前にフビライが日本に海上で敗れた後、中国はまたしても日本に海戦で敗れたのである。

一八九八年二月、アメリカも海上で暴れ回った。キューバ人がスペインの入植者に対して蜂起したことがきっかけになって、この地域に訪れていたアメリカの装甲艦「メイン」号が爆沈し、二六六名の乗組員が死亡した。後日、この爆沈の原因は単なる事故だと判明したが、「メイン号」事件により、アメリカ対スペインの戦争が始まった〔米西戦争〕。アメリカは、まず一六世紀からスペインが支配していたフィリピンにおいて、次にキューバにおいて、スペインと戦った[27]。

一八九八年五月一日、マニラ湾において、七隻の戦艦、一六三門の大砲、そして一七五〇名の兵士からなるアメリカ艦隊は、八隻の軍艦、七六門の大砲、一八七五名の兵士からなるスペイン太平洋艦隊を破壊した〔マニラ湾海戦〕。

同年七月三日、キューバにおいて別のアメリカ艦隊は、サンチャゴ・デ・キューバの港から脱出しようとした最後のスペイン艦隊を駆逐した〔サンチャゴ・デ・キューバ海戦〕。七月一七日、キューバのスペイン軍は降伏し、八月一二日、スペインは休戦協定を承諾した。八月一三日、アメリカはマニラを占領した。

一二月一〇日に調印されたパリ条約により、スペインはキューバの独立を承認し、二〇〇〇万米ドルと引き換えに、フィリピン、プエルトリコ、グアムをアメリカに割譲した。[27] こうして、アメリカは海事力のおかげで大国になったのである。

海はすべての大陸の植民地政策にも重要な役割を果たした。イギリスとフランスのアフリカ大陸征服も、海事戦略と根本的なつながりがあった。フランスはダカール〔セネガル〕とジブチを、イギリスはカイロとケープタウンを連絡させようとした。両国とも航路で二つの港をつなぎ、双方の港の後背地を管理しようとしたのである。

一八九八年、フランスとイギリスはファショダ〔南スーダンの村、現在のコドク〕で遭遇した。ファショダでは、海上から武器をたくさんもち込んでいたイギリスが戦わずにしてフランスに勝利した〔ファショダ事件〕。その少し後〔一九〇四年〕、フランスの譲歩により、両国の間で英仏協商が交わされた。

その時期、ドイツ帝国が南太平洋地域に頭角を現した。とくに、ドイツ帝国は自分たちよりもかなり以前にこの地域に進出していたイギリスとアメリカに対抗して、サモア諸島を植民地支配しようとした。

一八八九年、ベルリンで調印された条約により、サモア諸島は、ドイツ帝国、イギリス、アメリカの保護領になることが決まった。

一八九九年、今度はロンドンで調印された条約により、イギリスはサモア諸島から撤退する代わりにトンガを領有することになった。イギリスにとっては、トンガのほうが戦略上重要だったのだ。というのは、トンガはニュージーランドとオーストラリアの航路上に位置していたからである。[27]

一九〇一年、アメリカ大統領に就任したセオドア・ルーズベルトは、海軍少将アルフレッド・セイヤー・マハンの論理〔海上権力史論〕に感化され、アメリカ海軍による太平洋支配を主張した。[78]

戦争勃発の恐れがあるのは海上……

大西洋と太平洋の支配を目指したアメリカは、両洋間を結ぶ運河計画を何としても自分たちで管理しようとした。パナマ運河の建設工事は、まだ始まっていなかったのである。

一九〇三年、セオドア・ルーズベルトはパナマ運河を手中に収めるためにこの地域の分離を画策し、パナマをコロンビアから独立させた。ルーズベルト大統領の国務長官ジョン・ヘイと、フランスの技術者フィリップ・ビュノー＝ヴァリーヤ（彼はまだ運河計画を担う会社の大株主の一人だった）が結んだ協定により、将来できる運河の両側八キロメートルの地帯はアメリカの管理下に置かれることになった[27]。

一方、仏米協定の当事者でさえない新たに独立したパナマは、一〇〇〇万ドルの礼金と年間二五万ドルの賃料を受け取るだけだった。このようにしてパナマ運河の建設工事は、アメリカ軍の技術者たちが担うことになったのである。これはアメリカが海を支配する最初の象徴的な出来事だった。

しかし、ほとんどの海を支配していたのはイギリスだ。一九〇五年に建造された戦艦「ドレッドノード」により、イギリスによる海の支配はさらに確実になった。ロシア、フランス、ドイツ、そしてアメリカでさえ、イギリスに対抗する手段をもたなかった。

同年、日露戦争の際、イギリスはロシアを敗北させた。ロシア艦隊〔バルチック艦隊〕は、戦場となる日本海で自軍と合流するためにバルト海を出航したが、スエズ運河の通航をイギリスに拒否されたのである。

ロシア艦隊はケープタウン〔南アフリカ〕を周航せざるを得ず、戦場にたどり着くまでに八ヵ月もかかった。一九〇五年五月に日本海に到着するや否や戦闘を開始したロシア艦隊は、日本列島の南西にある対馬沖の海戦〔日本海海戦〕で日本に敗れた。ロシアは休戦協定を求め、満州の一部を日本に割譲した。ロシアは、一四五三年にオスマン帝国がコンスタンティノープルを陥落させて以来の、東洋の勢力に戦争で負けたキリスト教国になった。

その一ヵ月後の一九〇五年六月、「ポチョムキン」号の反乱により、ロシア海軍全体の士気がさらに下がった。ロシア艦隊の対馬沖海戦での敗北は、一九一七年のロシア革命の引き金になったのである。

同時期、ヨーロッパでは戦争が再び始まろうとしていた。舞台はまたしても海上だった。ドイツ帝国皇帝ヴィルヘルム二世が大規模な艦隊を編成したのである。イギリスはこれを容認できなかった。イギリスにとって、競争相手のドイツを押しとどめる唯一の手段は全面戦争しかなかった。

一九〇九年一〇月二二日、ドイツとの戦いに備えるため、イギリスはフランスならびにロシアと同盟を結んだ。開戦の日は迫っていた。

航空母艦の登場、大きな海難事故

当時、アメリカの海での偉業はあまり注目されなかったが、後世への影響は大きかった。一方、海難事故は大きく報道されたが、後世への影響は軽微だった。

アメリカでの海の偉業を紹介する。一九一〇年一一月一四日、二四歳の若きアメリカ人パイロットであるユージン・イーリーは、軽巡洋艦「USSバーミンガム」から飛行機を離陸させ、その二ヵ月後の一月一九日には、サンフランシスコ湾に停泊中の「USSペンシルベニア」に飛行機を着艦させることに成功した。イーリーは、その九ヵ月後の一九一一年一〇月一九日、試験飛行中に事故死した。軍事戦略に変革をもたらす航空母艦が誕生したのである。

次に海難事故である。一九一二年四月一四日から一五日にかけての夜、ホワイト・スター・ライン社の北大西洋航路便に就航した「タイタニック」号は、サウサンプトン〔イギリス〕からニューヨークに向けての処女航海の際、減速できずに氷山に衝突した。不沈船と呼ばれていたこの大型豪華客船は、氷山衝突から二時間四〇分後に沈没した。救命ボートの不足（二二〇〇人の乗客に対して一一七八人分の救命ボート）および乗組員の訓練不足のため、乗組員は乗客全員を救助できなかった。一五〇〇人以上が亡くなり、助かったのは七〇〇人だけだった。生存者の数は、救命ボートの定員よりもはるかに少なかったのである。[249]

旅客船ビジネスはこの海難事故のあおりを受けたかもしれないが、いずれにせよ、戦争によって民間船の航行は中断された。一九一三年にアメリカ大統領に就任したウッドロウ・ウィルソンは、ドイツとの戦争を回避しようと努力したが無駄に終わった。

この時期、アメリカには世界中から不遇の人々が集まってきた。一八八一年のロシアでのポグロム〔ユダヤ人に対する集団的迫害行為〕後のユダヤ人、次に一八九六年のトルコでの虐殺後のアルメニア人である。アメリカへの移民の流入数はますます増えた。一九一三年だけで二五七万七八〇〇人がアメリカへ渡った。最終的には、一八一五年から一九一四年までに六〇〇〇万近くのヨーロッパ人が、アメリカ行きの片道切符で大西洋を横断したのである。

海上貿易もますます盛んになった。一八四〇年に六七〇〇万トンだった世界の貿易量は、一八五〇年の九〇〇〇万トン、一八八〇年の二〇〇〇〇万トン、一九〇〇年の二六〇〇〇万トン、一九一三年の四七〇〇〇万トンと急増した。一九一四年〔第一次世界大戦が開戦した年〕の直前、毎年およそ三万隻の船舶が航行していた。国家の相互依存がこれほどまでに強まり、電気、蓄音機、電話、自動車、飛行機、映画、ラジオ、エレベーターなど、新たな技術進歩が次々と開花する時代に、戦争など起きるわけがないと思われていた。

ところが、戦争は不可避だったのだ。イギリスとアメリカは、ドイツの商業的な野心を黙認できなくなった。とくに、ドイツの海上における野望である。

ヨーロッパで開戦が告げられた二週間後の一九一四年八月一五日、パナマ運河が開通した。ニューヨークからロサンゼルスまでの航路は、ホーン岬〔チリ南端〕経由の二万二五〇〇キロメートルから九五〇〇キロメートルに短縮された。驚くべきことに、またしても大運河は大戦前夜に開通したのである。

第一次世界大戦：塹壕戦よりも海戦

第一次戦争が始まったとき、この戦争は一八七〇年の戦争〔普仏戦争〕と同様に（フランスにとっては報復戦争だった）、地上戦になると思われていた。だが、それはすぐに間違いだとわかった。ほとんどの犠牲者は地上戦によるものだったとしても、おもな舞台は海だったのだ。

またしても「歴史」は、この恐るべき紛争を海という側面から充分に検証していない。

すべての交戦国は、食糧、石炭、鋳鉄、鋼鉄、武器などを、アメリカ、アフリカ、アジアから調達しなければならず、その際、海はきわめて重要だったのである。

とくに、フランス北部とベルギーの港を支配することは、この戦争の生命線だった。すなわち、イギリスにとってはヨーロッパ大陸に上陸するためであり、ドイツにとってはヨーロッパ大陸から出航するためである。

一九一四年の夏、こうして海は戦場になった。交戦国は民間船に配慮しなかった。クリミア戦争直後の一八五六年に取り決められた非軍事的な船舶は攻撃しないという決まりはすぐに破られた。開戦直後に、一九〇六年から建造された二八隻のドイツの潜水艦Uボートが、フランスとイギリスの商船を攻撃したのである。

一九一四年九月、ドイツは、カレー、ダンケルク、ブローニュ＝シュル＝メールなど、フランス北部の港を支配する作戦に出た。イギリスはベルギー軍の援助を得て、自国の艦隊を利用してドイツ軍のこの攻撃をはね返した。一一月三日、イギリス海軍本部は北海全域に機雷を敷設して八隻のUボートを撃沈し、別の八隻にも損害を与えた。ドイツは、連合国軍がアメリカやアジアから物資を輸入するのを阻止する手段を失ったのである。

反対に、連合国軍の海上封鎖により、ドイツはアフリカやオセアニアの植民地から一次産品を輸入できなくなった。したがって、ドイツ帝国は、アメリカのイギリスとフランスへの軍事供与および食糧支援を妨害しながらも、東部戦線（中央ヨーロッパから東部ヨーロッパにかけて構築された戦線）での戦闘に専念する以外に方法がなかった。

大西洋横断を航路とするイギリスの「ルシタニア」号は、表向きには大型客船だったが、イギリス軍のために武器を密かに運んでいた。一九一五年五月七日、まだ残っていたドイツのUボートがこの船を撃破した。一二四名のアメリカ人を含む一二〇〇人以上が犠牲になり、アメリカではドイツに対する非難の声が高まった。一九一六年二月、ドイツはアメリカの参戦を恐れ、潜水艦による攻撃を中断した。[27] だが、アメリカ海軍大佐シムズは、アメリカからフランスとイギリスに向けた食糧および軍事物資の輸送を強化した。また、フランスとイギリスの植民地と、地中海各地の軍事拠点との間の輸送も積極的に請け負った。

一九一六年三月、イギリス空軍少佐ダンニングは、イギリスの巡洋艦「フリオーソ」の平らな甲板に着艦した。これが世界初の航空母艦である。一九一六年四月、ドイツ艦隊は、グレートヤーマスとローストフト（北海に面するイギリスの隣接する港町）を、イギリス海軍が出動するまで爆撃した。ドイツはスカンジナビアの鋼鉄を確保するための突破口を探っていたのだ。一九一六年六月一日、海軍大将ジェリコーが率いるイギリス艦隊は、海軍中将シェアが率いるドイツ海軍とデンマーク北西のユトランド半島沖で激突した。この戦い（ユトランド沖海戦）では、イギリス側は六〇九四人、ドイツ側は二五五一人の戦死者が出たが、戦いの決着はつかなかった。

その後、ドイツは外国から物資をまったく調達できなくなった。フランスとイギリスの軍隊は、アメリカから送られてきた武器のおかげで戦闘能力を著しく改善させた。一九一七年一月、これに気づいたドイツ軍は、潜水艦による戦闘を再開せざるをえなかった。これが原因になり、一九一七年四月六日、アメリカは参戦を決めた。アメリカは二〇〇万人近くの部隊をヨーロッパへ派遣した。一方、ドイツの潜水艦の数はさらに減り、連合国軍の船舶を一隻も撃破できなかった。逆に、連合国軍がイギリス海峡に仕掛けた機雷により、五〇隻のドイツの潜水艦が破壊された。

そのとき、勝負は決した。一九一八年三月三日のロシアとのブレスト＝リトフスク条約の後、ドイツは〔ロシアと講和したため〕東部戦線の部隊を西部戦線に転進させることができたが、戦争の終結は時間の問題でしかなかった。

一九一八年の春、イギリスは航空母艦「アーガス」をはじめて戦争に投入した。当初、この船はイタリアの大型客船になる予定だったが、甲板の構造物を取り除き、飛行機が着艦できる空間が設けられたのである。

一九一八年九月、勝利が間近に迫ったことを意識したアメリカは、〔フランスに到着してからなかなか前線に出動しようとしなかったのに〕自分たちの意思を押しつけた。ウィルソン大統領は講和条約に一四の条件〔一四ヵ条の平和原則〕を盛り込みたいと発表したのである。それらのいくつかを紹介する。航行と国際貿易の自由、すべての国の艦隊の縮小、植民地問題の公正な措置、民族自決の権利、〔普仏戦争の結果、ドイツ領になった〕アルザスとロレーヌ地方のフランスへの返還などである。さらに、連合国はドイツに対し、「潜水艦による戦闘を即時停止しなければ、われわれは対話に応じず、友好的な休戦協定には調印しない」と通告した。ドイツは屈服し、二ヵ月後〔一九一八年一一月一一日〕に〔ドイツと連合国との間で〕休戦協定が締結された。第一次世界大戦の例からもわかるように、平和時と同様に戦争時も、舞台はまたしても海だったのである。

和平条約、経済危機、海

休戦協定に続くヴェルサイユ条約第二部の「海軍条項」により、ドイツ艦隊の規模に制限が設けられた。六隻の装甲戦艦、六隻の軽巡洋艦、一二隻の駆逐艦、一二隻の魚雷艇を上限とし、潜水艦にいたっては一隻も保有してはならず、兵士の数は一万五〇〇〇人以下にすると定められたのである。また、ドイツの領海以外にあるすべてのドイツの戦艦は連合国軍が没収することになり、ドイツ海軍は、自国の沿岸沖に仕掛けたすべての機雷を取り除かなければならなかった。

一九二二年、アメリカ、イギリス、日本、フランス、イタリアは、ヨーロッパの軍備を漸次縮小することを定めたワシントン海軍軍縮条約に調印した。この条約により、アメリカ大統領が望んだように、戦勝国を含むすべての国には戦艦の排水量〔重量〕の合計に制限が設けられるとともに、戦艦の新造は凍結されることになった。

だが、海軍の軍備縮小の効力は長続きせず、軍縮は平和主義者の幻想に終わった。一九三〇年以降、この軍縮条約はロンドン海軍軍縮条約によって見直され、日本が条約破棄を通告した後に失効した。一九三五年の英独海軍協定により、ナチス支配下のドイツ海軍はヴェルサイユ条約の軍事制限を超え、イギリス海軍の排水量の三五％まで再軍備できるようになった。イギリスは勢いづくヒトラーに足かせをはめたつもりだったのだ。

同時期、経済危機〔世界恐慌〕によって貿易量が激減した。貿易量が一九二九年の水準にまで戻ったのは一九三八年になってからだった。旅行者の数は、一九一三年の二五七万八〇〇〇人から一九二四年の七八万五〇〇〇人へと急減し、一九三〇年になって一〇〇万人にまで回復した。経済危機が発生する前に二隻の旅客船が進水したが、就航したのは経済危機後だった。一九三二年の「ノルマンディー」号と一九三六年の「クイーン・メリー」号である。

便宜置籍船の数が増えた。その目的は、アメリカの水域に停泊する数十隻の大型客船を賭博場や密造酒製造所として利用するためだった。

各国は軍備を増強した。ドイツ、日本、アメリカは、航空母艦を中心に軍艦を急ピッチで建造した。一九三七年、日本は、アメリカとイギリスに次ぎ、世界三位の海軍大国になり、太平洋地域では一位だった。日本の国家予算に占める海軍予算の割合は一五％であり、アメリカ（七・五％）とフランス（五・三％）をはるかに上回った。フランス海軍は、「ダンケルク」など二隻の新型装甲艦、「プロヴァンス」など三隻の装甲艦、「ル・リシュリュー」と「ジャン・バール」の建造中の二隻の装甲艦をはじめとする七六隻の軍艦、さらに一八隻の巡洋艦、三二隻の駆逐艦、二六隻の魚雷艇、一隻の水上機母艦「コマンダン・テスト」、一隻の航空母艦「ベアルン」、そして当時は世界最大だった「ル・スルクフ」を含む七八隻の潜水艦を保有していた[28]。

このとき、一つの発明により、まったく違う未来が訪れようとしていた。イギリスのフランク・ホイットルは、フランスの技術者ルネ・ロランのアイデアに基づき、一九三〇年にジェットエンジンの特許を取得し、一九三七年四月一二日に試作初号機の火入れに成功したのだ。同年、ドイツの技術者ハンス・フォン・オハインは、数種類のジェットエンジン試作機をつくった。こうしてオハインのエンジンを用いて「ハインケルＨｅ―１７８」と命名されたジェットエンジン飛行機が開発されたのである。一九三九年八月二七日、総統ヒトラーはこの飛行機の初飛行に大いに満足した。

それは新たな世界大戦が始まる三日前の出来事だった。

太平洋に始まり、太平洋で終わる第二次世界大戦

戦争が再び始まった。まず、アジア、そしてこれまでと同じく海においてである。一九三七年、日本には、数隻の航空母艦だけでなく空軍力もあった。こうして、日本は中国沿岸部に兵士を輸送し、フィリピン、マレーシア、スリランカ、ビルマを征服することができたのである。

一九三九年、ドイツも〔日本と同様に〕戦争を長引かせたくなかった。なぜなら、ドイツは（おもにフランスとアメリカからの）農産物と（スウェーデンからの）鉄鋼を確実に輸入し続けるための海軍力をもたなかったからだ[29]。

一九四〇年の前半、海での二つの出来事がヨーロッパにおける戦争の命運を決めた[29]。

一つめの出来事は、ドイツ軍が第一次世界大戦時と同様に、武器の製造に必要なスウェー

デンの鉄鋼を確保しようとしたことだ〔ドイツのヴェーザー演習作戦〕。ドイツのこの動きに対し、連合国軍が一九四〇年四月一八日にノルウェーへ急行した結果、ドイツは、一隻の大型巡洋艦、二隻の小型巡洋艦、一〇隻の駆逐艦、六隻の潜水艦を失った。海軍力を失った総統ヒトラーは、自国が必要とする食糧とエネルギーを調達するためにアジアに向かわざるをえなくなった。こうした事情から、ドイツは独ソ不可侵条約を破棄し、ソビエト連邦に侵攻した。ヒトラーはアメリカとイギリスの大西洋支配を許し、これが連合国軍兵士の北アフリカ、そしてヨーロッパへの上陸を容易にした。

二つめの出来事は、一九一四年のときと同様に、一九四〇年春以降、イギリス軍はドイツ軍の北海と大西洋への進出を阻止したことだ。しかし、一九四〇年五月、フランス軍が崩壊したため〔ナチス・ドイツのフランス侵攻〕、イギリス軍は苦境に陥った。そのときイギリスは、三九隻の駆逐艦、機雷の掃海艇、タグボート、フェリー、ヨット、トロール船を出動させ、〔一二万三〇〇〇人のフランス兵を含む〕三三万八二二六人の兵士をダンケルクから脱出させることに成功した。一方、ドイツは軍艦を奪い取ることができなかった。さらには、フランスの軍艦は、〔ナチス・ドイツによる接収を避けるために〕メルス・エル・ケビール〔アルジェリアの港町〕の港内でイギリス海軍によって破壊され、その後まもなくトゥーロンにおいても自沈した。このようなわけでドイツは海軍力を手に入れることができなかったため、大西洋、バルト海、地中海の制海権を握れず、アジアへと方向転換しなければならなかったのである。

ヨーロッパにおける戦争の行方は、すでに決したとも言えた。

同様に、日本も持久戦ではアメリカに勝てないと考えた[35]。そこで日本は、次のような作戦を立てた。ハワイを攻撃してアメリカの戦意を喪失させ、アメリカをこの戦いから遠ざけてしまおうとしたのである。一九四一年一二月、日本は三五〇機の戦闘機と六隻の航空母艦を含む二〇数隻の軍艦を動員して、ハワイの真珠湾にあるアメリカ軍基地を奇襲攻撃した。この攻撃により、二四〇三人のアメリカ人が犠牲になり、四隻の軍艦が破壊された。しかしながら、アメリカの三隻の航空母艦は沖合に停泊していたため、無傷だった。この攻撃により、日本が期待していたのとは正反対の結果が生じた。アメリカが参戦したのである。

日本海軍は、西太平洋でのアメリカとのいくつかの戦いに勝利した。日本はアメリカのミクロネシア諸島や、アラスカの南西部にあるアリューシャン列島の一部を奪取した。一九四二年五月、ニューギニア島北部にも上陸した日本は、オーストラリアに対する直接的な脅威になった。

しかし、アメリカは日本が善戦してもあきらめなかった。この戦争の分岐点は、一九四二年六月に太平洋のミッドウェー島付近で起きた海戦だった。ミッドウェー海戦でのアメリカ艦隊の戦力は、三隻の航空母艦（「エンタープライズ」など）、七隻の大型巡洋艦、一隻の小型巡洋艦、一五隻の駆逐艦だった。一方、日本艦隊の戦力は、四隻の航空母艦、二隻の戦艦、二隻の大型巡洋艦、一隻の小型巡洋艦、八隻の駆逐艦だった。日本はこの海戦で四隻の航空母艦と三〇五七人の兵士を失い、海軍の再建計画を立てたが、蒙った損失を取り戻すことはできなかった。[35] 反対に、アメリカは自国の高い生産力を活かし、戦艦、魚雷艇、巡洋艦、駆逐艦などを急ピッチで増産した。

一九四二年、カナダ軍のディエップ〔フランスの北海に面する港町〕上陸作戦は失敗に終わったが、連合国軍は各国の海軍を集結させて、世界各地の戦場に武器や生活物資を輸送した。一方、ドイツ部隊の地上での進軍はきわめて遅く（とくに北アフリカ戦線にいたロンメル軍団に多大の影響をおよぼした）、ロシアへ進軍してもレニングラード〔現在のサンクトペテルブルク〕そしてスターリングラード〔現在のヴォルゴグラード。カザフスタンとの西の国境に近いロシアの町〕を奪取できなかった。

一九四二年一一月、イギリスとアメリカの連合国軍が北アフリカに上陸したため〔トーチ作戦〕、ペルシア湾の石油を手に入れるというドイツの最後の望みに終止符が打たれた。そこで、ヒトラーはフランスの南部地域を占領し、アゼルバイジャンのエネルギー資源を確保しようとした。一九四三年、イタリア海軍は連合国軍のイタリア半島南部上陸を阻止できなかった。ドイツも、マグレブ、次にリビアとエジプトに、連合国軍に対抗する部隊を派遣できなかった。さらに、ロシアがスターリングラードでドイツ軍に激しく抵抗したため、東欧で燃料を調達するというドイツの希望は失われた。

一九四三年、そのような暗澹たる日々に、トゥーロンではジャック＝イヴ・クストーとエミール・ガニアンがアクアラング〔ダイビング器材〕を開発した。彼らの発明により、海中のエコロジー調査および海底油田の探査が可能になった。

ヨーロッパでの戦争を早期に終結させるには、アメリカ軍のイタリア上陸だけでは不充分であるのは、誰の目にも明らかだった。大西洋の沿岸部に上陸する必要があったのだ。それが人類史上最大の上陸作戦である一九四四年六月六日のノルマンディー上陸作戦だった。最終的にこの上陸作戦には、六九三九隻の船舶が参加した。その内訳は、一二一三隻の戦艦、四一二六隻の輸送艦、一六〇〇隻の支援船（その多くは商船）だった。数日間のうちに、数十万人の兵士がノルマンディーに上陸した。ドイツは連合国軍の上陸を阻止できなかった。

同時期、太平洋ではアメリカの潜水艦が日本の艦隊と航空隊を破壊した。大量の死傷者を出したいくつかの戦いの後、一九四四年七月二一日から八月一〇日までのグアムの戦いでアメリカが勝利し、アメリカは日本から二六〇〇キロメートル離れたこの島に海軍と陸軍の拠点を設けた。この拠点により、日本はアメリカの爆撃機の航続距離圏内に入ったのである。

その間、ソビエト連邦は、自国領土からドイツ軍を追い払うことに専念し、海戦には加わらなかった。スターリンは自国の海軍将校を信頼せず、彼らを自分の政敵と見なしていた。小型の軍艦しかつくらせず、航空母艦は建造させなかった。そうは言っても、スターリンはこの戦争の勝者の一人であり、ヤルタ〔クリミア半島南端の町〕に連合国の指導者〔チャーチルとルーズベルト〕を招集した〔ヤルタ会談〕。その会談でスターリンは、日本の北端にある千島列島の領有を要求した。これらの島をソビエト連邦の戦略拠点にするつもりだったのだ。その代わりに、アメリカが三年前から要請していたソビエト連邦の対日参戦をようやく承諾した。ソビエト連邦参戦の脅威に加え、広島と長崎への原爆投下により、一九四五年八月、日本はついに休戦協定を願い出た。

第二次世界大戦は、ヨーロッパとアジアで、ベルリンと東京の陥落という陸地で終結したとしても、戦争の行方は、一九四〇年の制海権の掌握によって決まっていたのである。この戦争を象徴するように、アメリカと日本との休戦協定〔日本の降伏文書〕は海の上〔東京湾上のアメリカ戦艦の甲板〕で調印された。

戦争末期、アメリカ海軍は、一二〇〇隻近くの大型軍艦、そしてそれ以上の数の軍隊輸送船を保有していた。戦後、これらの船はアメリカが商船団を築く基礎になった。

第六章

コンテナによる船舶のグローバリゼーション

（一九四五年から二〇一七年）

一九四五年以降、東西冷戦が始まったが、比較的平和な日々が過ぎた。西側と東側の艦隊が海上で挑発し合い、軽く接触し、また、全人類を何度も破壊できる破壊力をもつ武器を搭載する原子力潜水艦があちこちに配備されたが（この問題については後ほど述べる）、海はヒトだけでなくモノを運ぶためのおもな場所であり続けた。

人類にとって、海はこれまで以上に生活に欠かせない存在になった。人口が増加したのは沿岸部である。海岸線から一五〇キロメートル以内の地域で暮らす人口が世界人口に占める割合は、今から一〇〇年前は三〇％未満だったが、二〇一七年には六〇％にまで増加した。

経済成長の原動力になった海は、経済成長から害を蒙るようになった。海上および海の周辺では、港湾業、船舶業、海運業、データ通信、漁業、養殖、観光、海底資源の開発などの経済活動が、これまでになく活発になった。ようするに、海に関係する産業は、今日でも食品産業に次いで人類の二番目の経済活動なのだ。また、食品産業も部分的に海と関連している[162]。

二つの世界大戦後に経済成長を促すには、つまり、海が人々の望む力強い経済成長の基盤になるには、モノを運ぶ条件を大きく変えるための、ちょっとしたイノベーションという工夫が必要だった。

海の需要はきわめて大きい

第二次世界大戦が終結したとき、少なくとも旅客に関しては、時代は海から空になったと思われた。戦争前に設立されて戦時中は休眠していた旅客航空会社が活動を再開した。一九五二年五月二日、世界初のジェット旅客機が登場した。英国海外航空の所有するイギリス製の「コメット」が従来の二倍の速度で大西洋を横断したのである。一九五八年、ボーイング社は「ボーイング７０７」を就航させた。同年、後のアエロスパシアル社になるシュド・アビアシオン社が開発したフランス初のジェット機「カラベル」の運用も始まった。船旅の時代は終わったのである。

そうは言っても、フランス政府は、一九六〇年五月一一日に豪華客船「ル・フランス」号の進水式を行い、一九六二年一月一九日にこの船を〔大西洋横断航路に〕就航させた。その時代、他国のほとんどの大洋航路船〔長距離定期便〕は、改造されてクルーズ客船に転用されていた。程なくして「ル・フランス」号もクルーズ用客船「ノルウェー」号〔カリブ海の島めぐり〕になった。

当時、ヒトと同様に、モノの輸送も空の時代になるという予測があったが、すぐにそれは不可能だとわかった。というのは、石油、小麦、動物、工作機械、トラック、自動車、電化製品などは、飛行機では運搬できないからだ。また、鉄道やトラックでは、限定された地域にしか輸送できない。一方、これらのモノの需要は急増した。とくにヨーロッパ諸国は、自国を再建するためにアメリカの機械類を受け入れる必要があった。これは一九四七年から始まったアメリカのマーシャル・プランによる復興援助によるものだった。

それらのモノは海だけが輸送できた。では、どのような手段で運搬されたのか。太平洋戦線およびノルマンディー上陸作戦で利用されたアメリカ軍の多くの船舶は、商船に改造された。しかし、それだけでは足りなかった。なぜなら、それらの「ばら積み貨物船」では、機械の部品をばら積みにして輸送することしかできず、輸送先の現地工場で部品を組み立てなければならなかったからだ。港は、多くの港湾労働者、乱立する倉庫、ひどい交通渋滞で立ち往生するトラックなどで混乱し、この混乱は貿易にも影響をおよぼした。

一九四〇年代末、輸送および物流に関する適当な手段がなかったため、世界経済は足踏み状態になった。西側諸国は高インフレに見舞われた。

コンテナ革命

まもなく非常に単純なイノベーションが変革をもたらした。モノを箱に格納すれば、扱いが楽になり、海上の長距離輸送であっても箱の中身は天候の影響を受けず、壊れやすいモノでも、きわめて安全に輸送できるようになったのである。そして船上に箱を積み上げることによって大量のモノを一度に輸送できるようにもなった。この箱は、英語ではボックス、フランス語ではコンテナと呼ばれている。ちょっとした工夫ながら物流にきわめて大きな影響をもたらしたこのイノベーションにより、その後の三〇年間、世界経済は大きな成長を遂げた[73]。

終戦から四年後の一九四九年、フルハーフ・トレーラー社という陸運会社のアメリカの技術者キース・タントリンガーは、複合的なモノ（自動車、工作機械、電化製品、薬品など）を分解することなく詰め込める大きな金属箱を考案した。この「箱」はまったく同じ大きさの箱と重ねるようにして船倉に詰め込むことができ、港に到着した際にはトラックの荷台として利用できた。タントリンガーのアイデアのポイントは、船倉に非常に多くの箱を積載できることだった。

彼のアイデアはなかなか普及しなかった。商業的に利用するには、箱のコストが高すぎたのである。それでもタントリンガーはあきらめず、パートナーを探してこのアイデアを改良しようと試みた。五年後の一九五四年、彼はアメリカの陸運会社の創業者マルコム・マクリーンと出会った。マクリーンは自社のトラックの積み荷を確保するために、三七隻の船舶を保有し、一六ヵ所の港に航路をもつ海運会社パン・アトランティック社を買収したところだった。タントリンガーとマクリーンは、パン・アトランティック社が取得したばかりの二隻のタンカーの船倉の大きさに合うように、長さ一〇メートル（およそ三〇フィート）のコンテナを開発した。[73] 彼らはコンテナの運用に成功し、二年後の一九五六年、このコンテナを二〇〇個つくった。これがうまくいき、一九五八年には、二二六個のコンテナを積載できるコンテナ専用の貨物船を建造させた。一九六〇年、彼らはコンテナの長さを二〇フィート（七・五メートル）に縮めた。これがコンテナの取扱量を表す共通単位になった（TEU〔二〇フィートコンテナ換算〕とも呼ばれる）。

他の海運業者も追随した。たとえば、全長二〇〇メートルの貨物船は、改造されて八〇〇TEUまで積載可能なコンテナ船になった。

一九六七年、国際標準化機構（ISO）は、コンテナの製造者に対し、製造するコンテナを、全長二〇フィート、三〇フィート、五〇フィートの三種類に限定するように提唱した。それらの規格は世界中の海運業者によってすぐに採用され、すべての船舶に適用される規範になった。

コンテナの普及

コンテナが普及したのは、ベトナム戦争がきっかけだった。コンテナはベトナム戦争時に、カリフォルニア州とワシントン州からベトナムまで、武器や軍需品を輸送するために利用されたのである。海運会社は帰路に競争力をもち始めた日本製品をアメリカに運ぶことによって収益を確保した。

こうしてコンテナ専用船が次々と建造された。それらの大型コンテナ船は航行時の安定性が高いため、コンテナを船倉にだけでなく甲板上に三段積みにできた。コンテナ船は世界中で建造された。一九七三年、世界最大のコンテナ船はフランス初のコンテナ船「カンガルー」号だった。この船は、コンテナ積載数が三〇〇〇TEU、全長が二二八メートルであり、最大積載量が一万五〇〇〇トンだった。

一九七〇年代には、ばら積み貨物船に代わってコンテナ船が主流になった。一九七七年、ばら積み貨物船が独占する最後の航路だった南アフリカとヨーロッパ間でも、コンテナ船が利用されるようになった。

コンテナ船は大型化した。一九八八年にはコンテナ積載数が五〇〇〇TEUで全長が二九〇メートルのいわゆる「パナマ・クラス」、一九九〇年には六〇〇〇TEUの「ポスト・パナマックス」、一九九六年には八〇〇〇TEUで三三五メートルの「ポスト・パナマックス・プラス」へと大型化したのである。その一〇年後の二〇〇六年には、コンテナ積載数一万九〇〇〇TEUで全長が三八〇メートルのコンテナ船も登場した。

二〇一七年の時点で世界最大のコンテナ船は、香港の東方海外貨櫃航運公司（OOCL）のコンテナ船である。全長が四〇〇メートルで、コンテナ積載数が二万一四一三TEU、そして甲板上にコンテナを一〇段積みにできる。このコンテナ船は、六〇年前に建造された最初のコンテナ船よりも一〇〇倍の数のコンテナを輸送できる計算になる。さらに増える貨物の輸送のために、さらに少ない船で対応できるようになったのだ。

コンテナ船以外の船も船体の剛性が高まり、燃費が改善するとともに大型化した。世界最大のばら積み貨物船（「ヴァーレ・ブラジル」号）は、全長が三六二メートルで最大四〇万二〇〇〇トンの穀類を輸送できる。世界最大のタンカー（「TIオセアニア」号）は、全長が三八〇メートルで五〇万立方メートルの原油を輸送できる。ＬＮＧタンカーは、全長が三四五メートルで二六万六〇〇〇立方メートルの液化天然ガスを輸送できる。

国際貿易開発会議（ＵＮＣＴＡＤ）によると、二〇一七年、世界には八万九四二三隻の商船があり、そのおもな内訳は、一万九五三四隻の貨物船、九三〇〇隻のタンカー、一万四六一隻のばら積み貨物船、五一三二隻のコンテナ船、そしてその他の船舶であるという（ＬＮＧタンカー、冷凍船、自動車運搬船、ケミカルタンカー、フェリー、海底ケーブル敷設船、タグボート、調査船など）。

ますます栄える海上貿易

コンテナのおかげで海上の貿易量は、一九七〇年の二六億トン、二〇〇〇年の六〇億トン、二〇一七年の一一〇億トンと増加の一途をたどった。

とはいえ、空輸も拡大した。空輸は付加価値の高い製品（化粧品、繊維、化学製品、薬品、航空機産業の部品など）や短時間に輸送しなければならない製品（生きた動物、果物や野菜、出版物、郵便物）を扱う。現に毎年五〇〇〇万トンの貨物が空輸されている。原油の輸送に関しては、海上が七五％、陸路が一六％、パイプラインが九％である。まとめると、世界において輸送が生み出す価値の内訳は、半分以上が海、三分の一が空、残りが陸である。

　海の競争力は圧倒的である。二〇一七年の時点で比較すると、船便のコストは空輸の一〇〇分の一、陸送の一〇分の一である。二五トンの製品を上海からロンドンまで運ぶ船賃は、同じ行程の一枚のエコノミークラスの航空券よりも安い。一〇〇〇ドルのテレビを上海からアントワープ〔ベルギー北部の港町〕まで輸送すると、船便だと一〇ドルだが空輸だと七〇ドルもかかる。

太平洋沿岸の港の繁栄

コンテナ船が登場し、先見の明のある港は、すぐにコンテナ物流を支える体制を整えた。それらの港は、コンテナの積み下ろしをするクレーン、コンテナを一時保管するヤード、鉄道やトラックでコンテナを輸送するための多目的プラットホーム、消費者のいる後背地と港を結ぶ高速道路と高速鉄道の輸送ネットワークなどのインフラ整備と同時に、自動化とデジタル化を推進したのである。

第二次世界大戦後、ニューヨーク、バージニア、チャールストン、フェリックストー〔イギリス〕、シアトル、ロンドン、リバプール、グラスゴー、ロッテルダム、アントワープ、香港、シンガポール、シドニー、メルボルンなどの勢いのあった港は、一九六〇年代に率先してこれらの改革を実施した。一方、ルアーブルやマルセイユなどのフランスの港は、コンテナ革命が意味することに気づかず、原油を運ぶタンカーの受け入れに専念した。フランスは後背地に広大な敷地を要する石油精製プラントではなく、内陸の市場にコンテナを輸送するための鉄道、運河、高速道路を整備すべきだったのだ。

一九七〇年の世界の貿易量では、大西洋航路が圧倒的な割合を占めていた。世界の上位一〇港には、まだ三つのイギリスの港と四つのアメリカの港が入っていた。

一九八〇年代になると、日本の輸出が急増し、次に韓国、そして中国と続き、世界貿易の様相は一変した。太平洋が大西洋を追い抜いたのである。ロサンゼルス、シンガポール、香港の港は、アジア航路を支配し、世界最大の港になった。

一九八六年、アジアの港が急拡大した。コンテナの数と重量で、シンガポールは世界最大の港になり、これに日本（横浜）と韓国（プサン）の港が追随した。

一九九〇年以降は、中国の港（香港を除く）が台頭し、中国の港は二〇〇〇年ごろにはコンテナの輸出入数で世界のトップに躍り出た。たとえば、上海の港は、二〇〇〇年に五〇〇万TEU、そして二〇〇五年に一八〇〇万TEUのコンテナを自国の工場から陸路で受け取り、それらを世界の消費者に向けて海上輸送した。上海は、取り扱うコンテナの数と重量で世界一の港になったのである。同じ二〇〇五年、ロサンゼルスの港は世界八位でしかなかった（五〇〇万TEU）。

二〇一七年、世界の上位五港は、上海（三六五〇万TEU）、シンガポール（三一〇〇万TEU）、深圳（二四〇〇万TEU）、寧波（二〇六〇万TEU）、香港（二〇〇〇万TEU）と、すべて太平洋のアジア沿岸部の港だった。これらの港には、中国の工場でつくった製品がトラックで運び込まれ、それらのほとんどは全世界に向けて海上輸送される。

二〇一七年のアメリカの最大の港はサウスルイジアナだった。だが、世界では一五位であり、その取扱量は二億六五〇〇万トンで、八億八九〇〇万トンの寧波（中国）に遠くおよばない。アメリカ二位の港はヒューストンだ。二〇一七年、ロサンゼルスの港は世界では二〇位だった（八〇〇万TEU）。一九六〇年まで世界一だったニューヨークは、今日では世界ランキングの圏外である。

ヨーロッパで世界上位二〇港に入るのは、おもにアジアからの製品を輸入する「三大港」（一三位のロッテルダム、一五位のアントワープ、一八位のハンブルク）だけだが、これらの港はアジアの港と比べると活気がない。ヨーロッパの上位五港の取扱量をすべて足し合わせても、上海を下回る。

イギリスでは、ロンドンの港はフェリックストーとサウサンプトンに追い抜かれた。ロンドンの港の重要性は薄れたのである。

アフリカの最大の港は、スエズ運河の河口にあるエジプトのポートサイドだ。この港は世界四八位であり、次の四九位はモロッコ〔北部〕のタンジェ＝メッドである。

ラテンアメリカの最大の港はブラジルのサントスだ。サントス港は世界四一位である。

ヨーロッパ大陸の港に関しては、ルアーブルは六五位、ジェノヴァは七〇位、バルセロナは七一位、マルセイユは一〇〇位圏外である。ようするに、経済的に海を支配しているのは、経済的および軍事的に最強の国家ではないということだ。人類史上初のこの傾向は、世界の地政学の中期的な推移に何らかの影響をおよぼすはずだ。それについては後ほど述べる。

造船業もアジアの時代

船をつくっているのはどこの国なのか。アメリカは造船業の優位も失った。

一九五〇年以降、造船についても、アメリカとイギリスは、日本と韓国に追い抜かれた。二〇〇五年の時点では、造船業に関して日本と韓国の生産は、世界全体の四〇％に相当した。中国は、二〇一〇年に世界最大の造船国になった。とくに、コンテナの製造は、中国国際海運集装箱（ＣＩＭＣ）やシンガマス・コンテナなどの中国企業である。コンテナ船の五〇％、タンカーの六〇％以上を建造する韓国を、日本と中国が追う展開である。

漁船に関しては、日本政府の手厚い補助金により、日本が世界一だ。だが、二位の中国は、漁船の建造においてもトップに躍り出ようとしている。

クルーズ客船のおよそ九〇％はヨーロッパでつくられている。二〇一二年から二〇一六年までに、二四隻のクルーズ客船が建造された。たとえば、全長三六二メートルの「ロイヤル・カリビアン」号は、アメリカのクルーズ客船運営会社のために、フィンランドとフランス（サン＝ナゼール）で建造された。

また、ヨーロッパの海運会社はまだ世界的に活躍している。デンマークのマースクライン、イタリアのＭＳＣ、フランスのＣＭＡ ＣＧＭの三社で世界のＴＥＵ容量の三七％を占める。中国遠洋海運集団（ＣＯＳＣＯ）は、コンテナ船の運航で世界四位である。世界最大の大国アメリカは海をあきらめてしまったかのように見える。いずれにせよ、商業的には、アメリカの姿は海から消えた。

海で働くのはアジア人

二〇一七年、世界では一四〇万人の労働者が商船で働いている。四四万五〇〇〇人の士官と六四万八〇〇〇人の下級船員をはじめ、商船で働いているのは、ほとんどが男性である。下級船員の出身上位一〇ヵ国のうち七ヵ国はアジア諸国である。船員の出身国上位五ヵ国は、中国（一四万一八〇七人）、トルコ（八万七七四三人）、フィリピン（八万一一八〇人）、インドネシア（七万七七二七人）、ロシア（六万五〇〇〇人）だ。以下、アメリカ（三万八四五四人）、イギリス（二万三一九三人）、フランス（一万三六九六人）と続く。二〇一〇年、フィリピンは年間四万人の船員を養成するために一〇〇校の海洋学校を設立した。フィリピンの国外移住者が祖国に送金する一六〇億ドルのうち、七〇億ドルは船員からの送金である。

下級船員の労働条件は、太古から今日まで世界中でほぼ奴隷状態である。労働時間は一日一四時間から一六時間、航海日数は三ヵ月から九ヵ月、月収は平均一五〇ドルである。アフリカ沖をさまようアジアの漁船の乗組員の場合、船が沈没しそうになって船から逃げだす機会がなければ、二年以上も洋上にいることがある。二〇〇六年、国際労働機関（ＩＬＯ）は、船員の就労可能年齢、求人方法、契約内容、最低賃金、労働時間（たとえば、一日最低一〇時間の休息をとる）など、彼らの権利を保護するための海上労働条約を関係各国に批准させようとした。この条約には、中国、フィリピン、インドネシア、パナマ、リベリア、ロシア、バハマなど、多くの船員出身国が調印した。しかし、このような条約の適用は便宜置籍によって簡単に回避でき、しかも世界の商船の半分は便宜置籍船である。海上で労働者を雇用するおもな船舶のうち、二五％はパナマ籍、一七％はバハマ籍、一一％はリベリア籍であり、それらの国の船員に対する安全基準は最も緩い。これは法規制のないグローバリゼーションという許しがたい現実である。

アメリカが支配するデータ通信：海底ケーブルは現在も主力手段

人工衛星がデータのやり取りに必要になることがあっても、コンテナが物流の主力であるように、海底ケーブルはデータ通信のきわめて重要な手段である。そして海底ケーブルにおけるアメリカの優位はゆるぎない。

一九五六年、初の大西洋横断電話ケーブルが敷設された（高周波同軸ケーブル）。一九六

海底ケーブルの世界地図

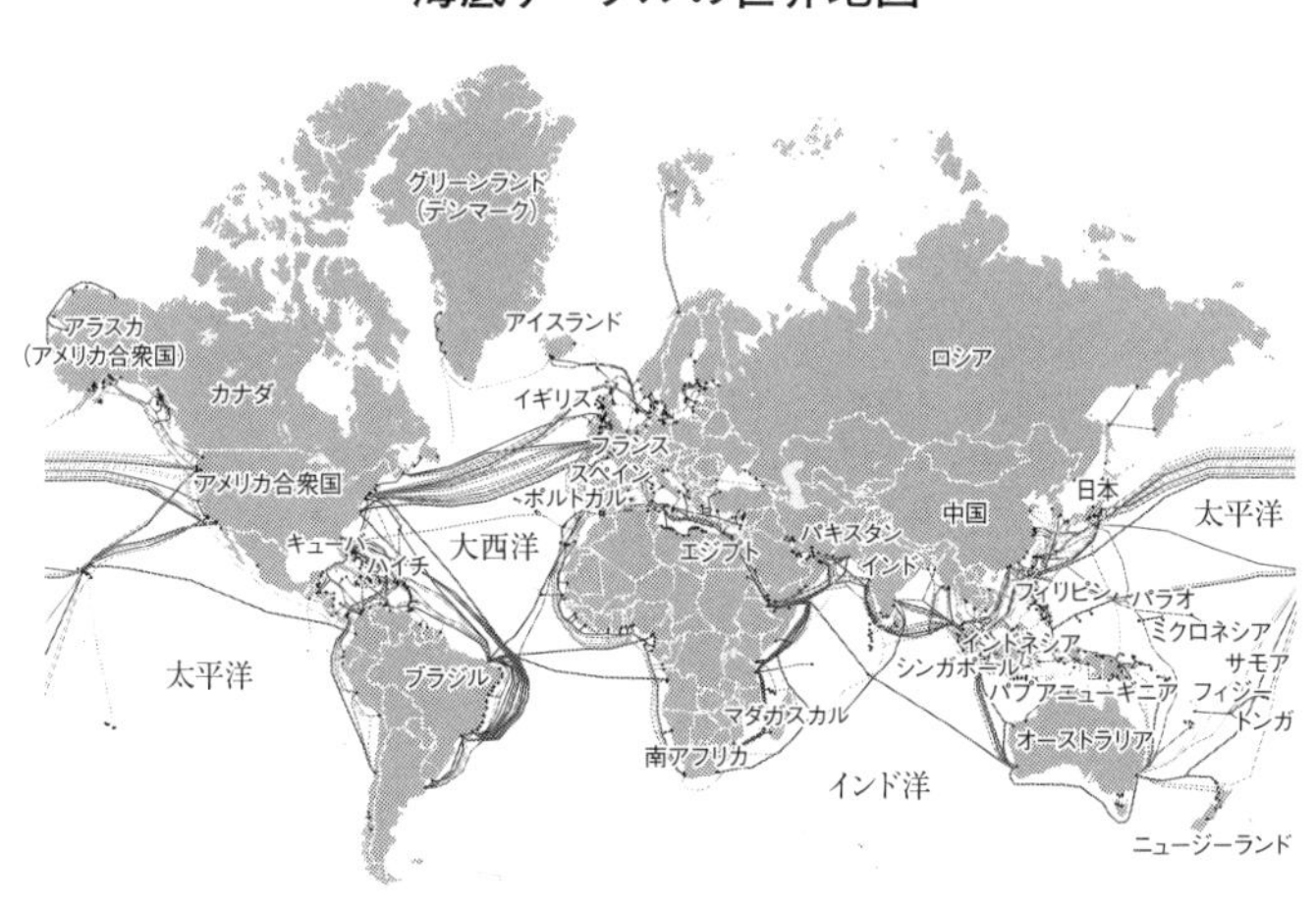

二年以降、これらのケーブルは、電話では人工衛星と競合している。しかし、かなりの内陸部や遠隔地を除き、競争は起きていない。海底ケーブルは地球規模でほぼ独占状態にあるのだ。

　イギリス企業に代わってアメリカ企業が海底ケーブルを生産するようになった。一九八八年には、アメリカは、容量が五六〇メガビットの初の光ファイバーを大西洋に敷設し、画像を伝送できるようになった。

　このテクノロジーはコンテナが物流において担ったのと同じ役割を演じた。すなわち、今後も海がデータ通信のおもな手段であり続けるのだ。

　一九九九年、ヨーロッパ、インド、日本を結ぶ、初の光ファイバー海底ケーブル「SE

Ａ－ＭＥ－ＷＥ３」の運用が始まり、色を伝送できるようになった。

次に、一九九五年からは、インターネットが海底ケーブルを利用してデータ通信を行うようになった。

二〇一七年、二六三本の海底ケーブルが存在する。全長一〇〇万キロメートルにおよぶそれらの海底ケーブルは、インターネット上の画像やコミュニケーションの九五％のデータを伝送している。それらのケーブルのうちの一三本は大西洋を横断する。所有するのはアメリカである。大西洋横断以外のほとんどのケーブルは、東南アジア諸国とオセアニア間など、あまり長くない。ケーブルによっては、八〇〇〇メートル以上の深海に敷設されているものもある。現在でも海底ケーブルは船の投錨や漁網との接触にきわめて脆弱なので（破損原因の七〇％）、地中化が進められている。

つまり、アメリカは、これからはモノでなく情報の輸送が富の源泉になると他国に先駆けて悟ったのだろう。だからこそ、アメリカは将来の商品であるデータの伝送（またしても海上、この場合は海底）を支配するために、モノの貿易をさしあたり二番手の勢力に委ねたのだ。

アジア系のテレコム多国籍企業は、アジア地域そして全世界において、海底ケーブルの敷設への投資を増やす傾向にある。たとえば、二〇〇八年に設立された中国の通信機器メーカーのファーウェイ社〔華為技術有限公司〕は、ファーウェイ・マリーン社の子会社であり、海底ケーブルの敷設、維持、改良を専門にするイギリスのグローバル・マリーン・システムズとともに、アジア地域のコミュニケーションの急増を追い風に、まもなく世界のリーディング・カンパニーになるかもしれない。既存の海底ケーブルはまだ容量にかなり余裕があるが、ファーウェイ社は、非常に多くの海底ケーブルを敷設した。ちなみに、大西洋間の一三本の海底ケーブルは、最大容量の二〇％しか利用されていない。

海で操業する産業

海は資源開発の場にもなった。今日、海底油田での石油生産量は全生産量の三〇％を占める。天然ガスの全生産量の二七％は海上ガス田である。現在、海底油田の掘削は水深二〇〇〇メートルを超す。こうした開発には危険がともなう。二〇一〇年、石油掘削施設「ディープウォーター・ホライズン」の事故により、七億五〇〇〇万リットルの原油がメキシコ湾に流出した。この事故については後ほど述べる。

海では、金、銅、亜鉛、銀も採掘され始めた。海洋バイオテクノロジーなどの産業も生まれた。
ようするに世界全体で、海は一兆五〇〇〇億ドルの付加価値を生み出し、五億人の雇用を創出している。[162]

フランスの八度目の試み

ド・ゴール将軍が再び権力の座に就いた一九五八年以降、フランスでは自国を海洋大国にしようという八度目の試みが始まった。しかし、それは軍事面においてだった。フランス政府は海軍に莫大な投資をしたのである。一九六一年は航空母艦「クレマンソー」、一九六三年は航空母艦「フォッシュ」、一九六四年はヘリ空母であり練習巡洋艦の「ジャンヌ・ダルク」、一九六四年からは弾道ミサイルを発射する六隻の潜水艦を建造した。

一九八一年には海洋省が設立され、一九八四年には海洋開発研究所（ＩＦＲＭＥＲ）が創設された。航空母艦「シャルル・ド・ゴール」は、一九八六年二月三日に発注され、一九九四年五月七日に進水した。

だが、フランスの商船は衰退した。一九七五年から一九九五年にかけて、建造される商船の総トン数は六五％減少し、造船業の雇用数は三万二五〇〇人から五八〇〇人にまで急減した。一九八五年から一九九五年にかけて、漁船の数は一万三〇〇〇隻から六五〇〇隻にまで減り、船員の数は三万人から一万七五〇〇人になった。二〇一六年、フランスの漁船はわずか四五〇〇隻になり、それらの平均船齢は二六年に達した。

娯楽用の船舶の建造では、フランスは世界二位であり、ヨーロッパ一位である。フランス企業は、プレジャーボートを製造するベネトウ社や電子海図を作成するマックス・シー社など、この分野を牽引している。フランスはウィンドサーフィンの市場でも世界のトップである。

最後に申し添えると、フランスは人工衛星によるデータ通信では現在でも大きな役割を担っているが、海底ケーブルでは実績がほとんどない。人工衛星では有望であっても、ほとんどのデータ通信は海底ケーブルによるものなのだ。フランスにはオレンジ・マリーン社などの会社はあるが、海底ケーブルを敷設する世界的な企業は存在しない。

最近になって、フランス海洋研究所（ＩＦＭ）と共同で経済ロビー活動や調査活動を行うフランス海事クラスター（ＣＭＦ）という組織が発足した。

今日、あまり知られていないが、海はフランス経済において非常に大きな位置を占めている。海洋経済は国富の一四％を占め、これは自動車業界の三倍に相当する。フランスの海洋経済はヨーロッパのトップである。フランスの保有する船舶は、総トン数で世界五位だ。そしてフランスでは、観光、漁業、海運など、海が三〇万人の雇用を生み出している。

違法な貿易：安易な流通

このような国際的な海上貿易の発展は、商船が世界の海を自由に航行できることが保障されていなければ実現しなかっただろう。国際法上では二〇一七年の時点で、モンテゴベイ〔ジャマイカ〕で採択された「海洋法に関する国際連合条約」に一七〇ヵ国が批准している。海の安全は、アメリカとソビエト連邦という冷戦の二大勢力によって長年にわたって維持されてきた。社会主義陣営の崩壊以降、国際的な警察が存在しない今日、アメリカだけで海の安全を確約することはできない。

二〇一七年の時点で、違法な製品の国際的な不正取引が行われるおもな現場は海である。毎年一〇〇〇万本のたばこがコンテナで密輸されている。コロンビアのヘロインのおよそ九〇%と、南アメリカで生産されるコカインの八〇%は、船で中央アメリカとカリブ海諸島へと搬送される。残りはベネズエラから、リスボン、ロッテルダム、バルセロナ、そしてギニアとナイジェリアの港に送られてから、マリやニジェールにまで陸送される。モロッコの大麻は、ジブラルタル海峡を経由する海路でスペインに届けられる。アフガニスタンのほとんどのヘロインは、地中海東部や黒海の港までトラックで運ばれ、そこから船でヨーロッパやアメリカに向けて輸送される。ビルマ〔ミャンマー〕のヘロインとオピエートは、陸路で雲南省を通過して中国沿岸部の大きな港まで運ばれ、そこから太平洋貿易船によってアメリカにもち込まれる。

密輸組織は、コンテナ船、改造された漁船、高速モーターボート、自爆装置付きの半潜水艦（とくに東太平洋）など、あらゆる種類の船を利用する。さらに、コンテナに錆びついた南京錠を取り付ければ、密輸組織は合法なコンテナのなかに大量の麻薬を忍び込ませることができる。このようにして麻薬は、世界中の七〇〇〇ヵ所の港にいとも簡単に運び込まれている。透視スキャナー装置を配備している港であっても、検査の実施率は貨物全体の五％から一〇％にすぎない。

したがって、船荷から麻薬を押収できる確率はきわめて低いため、麻薬の密輸摘発率は低下している。

貿易に対する二つの障害：海賊とテロは対応可能

二〇〇〇年以降、海賊行為が再び活発になった。二〇一一年にはピークに達し、一五三隻の船舶が襲撃され、四九隻が占拠され、一〇五二人の船員が人質になった。海賊のとくに目立った活動を紹介する。インドネシアでは、アチェ独立運動の組織が海上で人質をとった。ナイジェリアではいくつかの集団が産油施設を襲撃して人質をとった。ソマリアでは海賊が沿岸から一〇〇〇マイル沖合まで、スエズ運河に向かう船舶を攻撃し、金銭を要求した。

このような海賊行為に対し、各国の警察が協調すれば効果的に対処できる。その例証が二〇〇八年にインド洋沖で実施されたアタランタ作戦である。[185] この作戦には二つの使命があった。

一つめはインド洋からスエズ運河に向かう船舶の護送であり、二つめは沿岸を徘徊する海賊の退治だった。この作戦は、多数の国の海軍の協調が成功した例だ。二〇〇八年から二〇一四年にかけての年間活動費は五〇億ドルから八〇億ドルだった。この作戦により、海賊はほぼ消滅した。海賊の襲撃は、二〇〇八年の一六八回から二〇一四年の三回にまで減った。

二〇一六年は一回だけであり、それも海賊の襲撃は未遂に終わった。この間、海賊は総計二億ユーロから三億ユーロの金銭しか回収できなかった。この事例からは、真剣に対応しようと思えば地球規模の法規範の制定は可能だとわかる。

一方、海上でのテロ行為は稀になったが、かなり以前のテロ事件が世論のトラウマになっている。たとえば、一九八五年に発生した旅客船「アキレ・ラウロ」号の人質事件（二人が死亡）は、世界中の人々に大きな衝撃を与えた。また、海上のテロ事件としては、単独で航海する船乗り、ナイジェリアの産油施設、イエメンのアデン港に停泊中のアメリカの駆逐艦「コール」に対する攻撃などがある[133]。

海は誰のものなのか

原則として、海は誰のものでもない。一七世紀のグローティウスの著作（『自由海論』）以来、誰もが海を自由に航行できることを確約する海洋の権利が存在する。国際的な慣習、判例、国際法学者の見解もこの権利に基づく。一九四五年まで効力のあったそうした判例に従うと、国家が支配するのは内水（河口や湖）と沿岸部の（かなり限られた）水域だけになる。

国家は、接続水域（基線から二四マイルまで）では課税権と警察権を執行できたが、大陸棚や公海ではいかなる権利ももたなかった[28]。

三世紀間に少しずつ適用されたこの規則は、一九四五年にアメリカの領海の外側にある大陸棚で海底油田が発見されたことがきっかけになって見直された。

アメリカの新大統領トルーマンは即座に、それらの資源はアメリカのものだと宣言した。

そこで、海上の航海と海の所有に秩序をもたらすために、いくつかの国際機関が設立された。だが、それらの機関は限定的な権力しかもたなかった。

一九四八年には、政府間海事協議機関（ＩＭＣＯ）の設置のための条約が採択され、一九八二年にこの機構は改称されて現在の国際海事機関（ＩＭＯ）になった。一七一の海洋国が加盟するＩＭＯは、海賊の撲滅、船舶から生じる温室効果ガスの削減、持続的な海運システムの構築、海上での人命救助という野心的な目標を掲げる。非常に限られた予算（六〇〇〇万ユーロ未満）にもかかわらず、ＩＭＯはかなりの成果をあげた。ＩＭＯに加盟する一七一ヵ国は、商船が発するべき信号など、定められた規則をほぼ遵守している。ＩＭＯは、海洋汚染に関するマルポール条約やＳＯＬＡＳ条約（「海上における人命の安全のための国際条約」）をはじめとする七〇本の海洋法を制定した。

同時に、領海以外の所有権に関する法的な見解が示された。数年間の交渉を経て、一九五八年の国連海洋法会議では、領海と接続水域の範囲を定める条約、公海の範囲を定める条約、公海における漁業と生物資源の保存を定める条約、大陸棚の大きさを定める条約が採択された〔ジュネーブ海洋法四条約〕。

これらの条約により、「排他的経済水域（ＥＥＺ）」という概念が導入された。自国の基線から二〇〇海里の範囲内が、領海および接続水域を含むＥＥＺである。この水域では、沿岸国は独自の権利を主張できるとされたが、詳細については何も決まらず、さらなる交渉が必要になった。

特例として、さまざまな天然資源（石油や貴金属など）が眠っていることがわかっていた南極については、大胆な決定が下された。一九五九年一二月一日に一二ヵ国（南アフリカ、アルゼンチン、オーストラリア、ベルギー、チリ、アメリカ、フランス、日本、ノルウェー、ニュージーランド、イギリス、ソビエト連邦）が南極条約に署名したのである。現在、この条約の締結国の数は五三ヵ国である。この条約により、南極の環境は保護され、南極の利用は科学的な調査に限定され、既存の基地の軍事的な利用や南極水域での軍用船の航行は禁止された。

一九六六年、アメリカ大統領リンドン・ジョンソンは、「未来世代を含む全人類の遺産である」豊かな海洋資源の保護を謳う海洋計画を打ち出した。

一九七三年、国連では一九五八年の四条約で概略が定められた領海の定義や所有権を明確にするための交渉が始まった。より正確にはニューヨークにおいて「国連海洋法条約（UNCLOS）」に関する交渉が始まったのである。この条約の交渉には一〇年の歳月を要した。一九八二年、この条約はジャマイカのモンテゴベイにおいてついに採択され、六〇番目の国が批准した後、一九九四年に発効した。言い換えると、この条約が発効するまでには、四条約の概略が定められてから三六年もかかったのである。この条約により、水域の範囲が規定された。領海は基線から一二海里（二二キロメートル）まで、そして接続水域（領海を含め、基線から二四海里）では、沿岸国は「海上から海底まで、そして海底面および海底下にある天然資源の探査、開発、保全、管理を目的とする管轄権」をもつことになった。また、基線から二〇〇海里までの排他的経済水域（EEZ）は、沿岸国の漁業および大陸棚の海底開発の水域と定められた。最後に、海全体の六四％を占める公海は人類全員のものであり、国家が領有したり排他的に支配したりできない水域になった。

沿岸国は二〇〇海里を超えて大陸棚を延長できるようになった。この延長（最大で基線から三五〇海里《六五〇キロメートル》の線）は、領土からの自然な延長をたどった海底面と海底下に関することであって、延長されたとしても、その部分の海洋が国際的な水域であることには変わりがない。つまり、沿岸国はこうした「大陸棚水域」の海底面および海底下に

国際法による水域

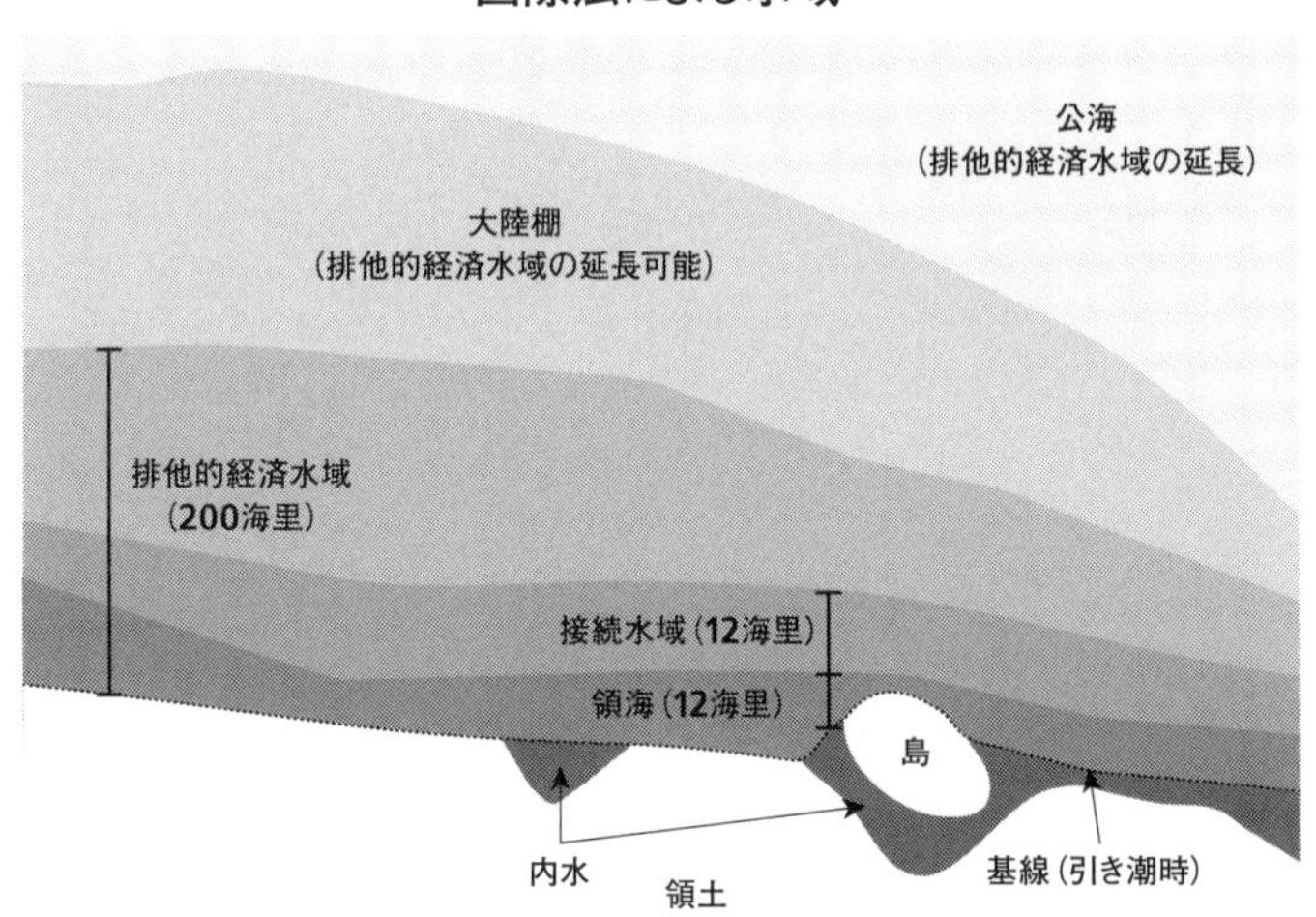

ある天然資源の開発に管轄権をもつということだ。したがって、大陸棚は、海上と海中を含む排他的経済水域とは異なるのである。
「国連海洋法条約（UNCLOS）」は、海洋に関する権利と義務、船舶に関する規則、自国の国旗を掲げる船舶に対する国の責任、海賊行為、さらには地域協力についても規定した。そして、この条約により、法務委員会、国際海洋法裁判所、大陸棚限界委員会（CLCS）という三つの機関も設立された。CLCSは七七件あった申請のうち、一九件を承認した。この委員会のガイドラインは、法的というよりも科学的なものである。
一九九一年、南極は「平和と科学の発展のための自然保護地域」になった。これは一九五九年の条約〔南極条約〕に追加された外交議定書〔環境保護に関する南極条約議定書〕によるものだ。南極大陸沿いのロス海での漁業は禁止された。ロス海には、アデリーペンギンの四〇％、コウテイペンギンの四分の一、ミンククジラ、シャチ、アザラシ、ヒョウアザラシが生息している。

一九九四年、日本は反対したが、「南極海クジラ・サンクチュアリ〔鯨の禁漁区〕」が採択された。この条約の効力の持続性は疑問視されている。

一九九二年のリオ・サミット〔地球環境サミット〕では「生物多様性条約」が採択され、一六八ヵ国が調印した。この条約により、海洋保護区（ＭＰＡ）が設立され、すぐに一三〇〇ヵ所が海洋保護区に指定された。

一九九四年、国連の後援を受け、国際海底機構（ＩＳＡ）がジャマイカのキングストンに創設された。この機構の使命は、深海底の鉱物資源が「人類全員の財産」であることを踏まえ、公海の海底にある鉱床の探査活動を管理することである。

南極と異なり、北極は開発や軍事利用から保護されていない。一九九六年に設立された北極評議会は政府間協議体であり、そこでは環境保護に関する問題などしか話し合うことができない。この評議会の参加国は、北極に隣接する五ヵ国に加え、スウェーデン、アイスランド、フィンランドである。また、常任オブザーバー国は、フランス、中国、日本、イギリス、イタリア、オランダの六ヵ国である。ＥＵと中国も常任オブザーバー入りを要求しているが、ロシアはＥＵが北極の管轄問題に口出しすることを嫌がっている。インドや韓国などもこの評議会の相談国である。さらに、北極圏に居住する先住民団体（カナダ、アメリカ、グリーンランドのイヌイット、ロシアのチュクチとエヴァンキ、スカンジナビアのサーミ）も議論への参加を希望している。

最後に、二〇一六年に採択された国連の持続可能な開発のための一四番目の目標は、「海洋と海洋資源を保全し、それらを持続可能な方法で開発する」ことだ。

この文書には多数の国が調印したが、実際には遵守されていないか、遵守しようという努力もなされていない。たとえば、オーストラリアは、自国の船舶は、インドネシア、シンガポール、フィリピンの沖合を自由に航行できると主張する一方で、他国の船舶が自国の水域に進入することを制限している。アメリカの場合、さしあたりそれらの文書の大半の内容を遵守しているが、調印はしなかった。船員の労働条件は、ほとんど保護されていない。漁業関係者の貪欲さから海を守る手段は何もない。

次章では、これまでに紹介した国際協定を侵害しようとする輩が、どれほど海を脅かしているのかを詳しく紹介する。

第七章

今日の漁業

海が貿易だけの場でないのは明らかだ。太古より、海は第一に漁業の場だったのである。人類は食糧を見つけるために海に出かけた。小舟や筏に乗って河川、そして海洋に出た人類は、槍と網を使って自然の恵みを収奪した。

二〇一七年においても、魚の産卵場所の保護や絶滅危惧種の保全に配慮することがない現代人の海に対するこうした態度は、一〇万年前の狩猟採集民とほとんど変わらない。さらには、現代人は加工施設付きの漁船を建造し、巨大な漁網を利用し、外洋で家畜の飼育のように魚を工業的に養殖している。

海の現在の生物群

生命の三〇億年以上の進化の結果である現在の海の動植物相は、きわめて多様である。前述のように、食物連鎖の始まりは植物プランクトンである。植物プランクトンは太陽光を吸収し、二酸化炭素と水を利用して自身が摂取する多糖類を産生し、他の生物が吸う酸素の一部をつくり出す[28]。

次に、植物プランクトンはより洗練された生物である「動物プランクトン」（ウイルス、バクテリア、微細植物、サンゴ、生殖細胞、仔魚、小型甲殻類、とくにオキアミなど）に捕食される。動物プランクトンは、海洋バイオマス〔特定地域に生息する生物の総量〕の九五％以上に相当する。オキアミは、体長数センチメートルのピンク色のエビのような形態の生物であり、タンパク質とオメガ3が豊富で、南極海の水深三〇〇〇メートルくらいのところに生息している。オキアミの大群は、一〇〇キロメートルにわたって群泳している。オキアミのバイオマスの総量はおよそ五億トンだ（ヒトと同等であり、海洋生物の半分に相当する）。

そして動物プランクトンは、軟体動物、海綿動物、クラゲ、節足動物、両生類、魚類、棘皮動物、海洋哺乳類などに捕食される。

深海には、シーラカンス、クサウオ、ヨミノアシロ、ホウライエソなど、大昔に絶滅したと思われていた生物種が見つかっている。

総括すると、今日、海に生息する生物の総量は、ヒトの総量の二倍に相当するおよそ一〇億トンと推定される。したがって、海洋生物の総量は、陸地の生物よりもはるかに少ない。クラゲ、モンガラカワハギ、フグ、マンボウ、ロウニンアジなどを除き、ほとんどの海洋生物は陸地の生物と異なり、食用可能である。

どんな魚が漁業の対象になるのか

世界で歴史的に最も漁獲されたのは、イワシ、タイセイヨウニシン、アンチョビ、サバ、ポラック〔タラ科〕、マグロである。

宗教によっては、一部の魚を食べてはいけないことになっている。たとえば、ヒンドゥー教では、肉と魚は一切禁止だ。ユダヤ教では、鱗のない魚、ヒレのない魚、魚を除く貝、ウニ、エビ、カニなどを食べることが禁じられている。イスラーム教では、生きた状態で漁獲したのではない魚は食べてはならない。海洋生物を食べることに関しては、美食を楽しむ文化がある一方で、そうした文化に不快感を覚える文化も存在する。たとえば、多くの西洋人は、韓国人の好物である生きたタコを食べようとは思わない。フランスではフグを食べるのは禁止されているが、日本では特別な調理師免許をもつ料理人がフグを調理する。そしておもに中国人によって、ヒレだけのために毎年三八〇〇万匹のサメが密漁されている。

中国は、水産物のおもな生産者および消費者であり、ノルウェー、ベトナム、タイを抑え、世界一の輸出国だ。世界最大の輸入国は、EU、アメリカ、日本である。

漁業が盛んに行われている水域は、大西洋北部（アイスランドと北海）、大西洋南部（西アフリカ沖合）、太平洋北部（ベーリング海と千島列島沖）、太平洋中部、インド洋東部である。太平洋南東部ではおもにアンチョビ、太平洋北部のアラスカではポラックやメルルーサ、大西洋北東部と北西部ではタイセイヨウニシンの漁が盛んである。

海洋での漁獲量は、総括すると一九五〇年から二〇〇八年までは増加したが、それ以降は横ばいで推移している。ちなみに、一九五〇年は二〇〇〇万トンで、二〇一六年は九五〇〇万トンだった。世界の漁獲量の五二％は東アジア諸国の漁業である。中国が一七〇〇万トン、インドネシアが四八〇万トン、日本が四二〇万トンだ。さらに、毎年、漁獲した数百万トンの魚が〔混獲のため〕海に破棄されている。

漁獲方法

二〇一七年、世界では四六〇万隻の漁船が操業している。それらの四分の三はアジア諸国の漁船（七〇万隻は中国）であり、ヨーロッパ諸国の漁船はわずか六万五〇〇〇隻だ。漁船のおよそ四〇〇万隻は全長（ＬＯＡ）一二メートル未満である。ＬＯＡが二四メートルを超える漁船は六万四〇〇〇隻にすぎない。エンジン付きの漁船は漁船全体の三分の二である。最先端の漁船には、レーダー、ソナー、冷凍設備などが装備されている。加工設備付きの漁船では、獲った魚を船内で加工する。国際環境NGOのグリーンピースによると、加工設備付きの漁船は漁船全体の一％であり、それらの漁船の漁獲量だけで世界全体の五〇％に達するという。加工後のゴミは海に投棄される。

たとえば、オキアミ漁船には加工設備があり、オキアミは洋上で養殖用の油や粉末になる。延縄船（たくさんの釣針の付いた縄を使って魚を獲る漁船）は、毎年一四億本の釣り針を海に投げ込んでいる。漁網は、サッカーフィールドのおよそ四倍に相当する二万三〇〇〇平方メートルの広さのものさえある。この巨大漁網を使えば、一度に最大五〇〇トンの魚を漁獲できる。また、魚消費大国は自国の漁業に手厚い補助金を支給している。よって、そうした常軌を逸した漁業に拍車をかける一方で、地域の小規模漁業者は苦境にあえいでいる。モーリタニアでは沿岸漁業の小型船の一時間当たりの漁獲量は、二〇〇五年は二〇キログラムだったが、現在は三キログラムにまで減った。その理由は、日本、韓国、中国の巨大トロール船が魚を根こそぎ獲ってしまうからだ。乗組員がしばしば二年ほど洋上にいる加工設備付きのこうした漁船は、国際な決まりを一切守らず、アフリカの沿岸水域にまで来て、モーリタニアの漁業資源を獲り尽くす。

一九六〇年では、漁業の水域は水深一〇〇メートルくらいまでだったが、二〇一七年には水深三〇〇メートルになった。深海漁業も盛んになった。八〇〇メートル以上の深海での漁獲を禁じているのはEUだけである。

漁業資源の枯渇

多くの漁業資源が過剰漁業の状態にある。つまり、魚の生殖による個体数の回復以上に漁獲しているのだ。漁業資源の四〇%はこうした過剰漁業の状態にある。

とりわけ次に掲げる魚種は、最大持続生産量〔漁獲量と自然増が均衡し、個体の総量が減少しない状態〕で漁獲されているか、過剰漁業の状態にある。大西洋北部のタイセイヨウニシン、ペルーのアンチョビ、大西洋南部のヨーロッパマイワシ、マグロ、タラ、オレンジラフィー、そしてすべての浮魚（うきうお）（イワシ、アンチョビ、タイセイヨウニシンなど、海の表層や中層上部にいる魚）である。

たとえば、二〇一三年のマグロの漁獲量は六万一〇〇〇トン近くだったが、最大持続生産量は一万トンと推定されている。つまり、二〇一三年以降、マグロの四一%は「生物学的許容漁獲量を超えた非持続的な水準」で漁獲されているのだ。

一九六〇年のタラの年間漁獲量は二〇万トンであり、当時、二〇万トンは最大持続生産量と考えられていた。現在の漁獲量は、何と五〇万トンである。

大西洋と太平洋のサバは、太平洋東部では最大持続生産量が漁獲され、太平洋北西部は過剰漁業の状態にある。

地中海と北海では、メルルーサ、シタビラメ、ウミヒゴイが過剰漁業の状態にあり、「生物学的に持続可能な水準」で漁獲されているのは、漁業資源の五九%だけである。

漁獲が禁止されているのにもかかわらず、乱獲されている漁業資源がある。たとえば、毎年一億匹のサメが、中国、インドネシア、インド、スペインなどの水域で漁獲されている[187]。

捕鯨に関しては、一九四六年に国際捕鯨取締条約が採択され、一九八六年に〔商業〕捕鯨が禁止されたのにもかかわらず、二〇〇九年にはおよそ一五〇〇頭、二〇一三年には一一七九頭、二〇一六年になっても三〇〇頭（日本、アイスランド、ノルウェー）が捕獲された。二〇一七年の鯨の個体数は、一八〇〇年のほぼ一〇分の一である。

深海（九〇〇メートルから一八〇〇メートル）では、これまで漁獲の対象でなかったオレンジラフィーなどの魚が漁獲されるようになった。

養殖

魚需要を満たすため、海面と内水面〔河川・湖沼〕での魚の養殖生産が急拡大した。国連食糧農業機関（ＦＡＯ）によると、世界の養殖の生産量は、一九五〇年の一〇〇万トン未満から二〇一七年の六〇〇〇万トンへと急増し、天然の魚の漁獲量を上回ったという。養殖生産の八〇％はアジア地域においてである（アジア地域のうち、九〇％が中国）。養殖が盛んな国は、中国、インドネシア、インド、ベトナム、韓国であり、ヨーロッパ諸国とアメリカの生産量はアジア諸国を大きく下回る。

コイ、ティラピア、サバヒー、ナマズ、サケ、ヨーロッパウナギの六種類の養殖で全体の八五％を占める。とくに、ティラピア（コイに似た淡水魚。原産地はアフリカ）は、中国、エジプト、ブラジル、インドネシア、フィリピンなど、一〇〇ヵ国以上において年間四三〇万トン養殖されている。

養殖された魚の三分の一以上は、別の魚の養殖のために利用される。たとえば、サケを一キログラム養殖するには五キログラムの魚、クロマグロを一キログラム養殖するには、八キログラムから一〇キログラムの魚が必要である。コイなどの草食性の魚でも、養殖の魚を餌にして生産される。

魚粉はおもに南アメリカ（ペルーとチリ）で生産され、家畜、猫、犬の餌としても利用される。魚粉の生産量の二二％は豚の餌になり、家禽類の餌の一四％は魚粉である。

漁業経済

二〇一七年、人類は動物性タンパク質のおよそ一七％を漁獲と養殖による水産物から摂取している。一部の沿岸国ではこの割合は七〇％にも達する。そしてこの割合は増加している。人類の魚の年間平均消費量は、一九六〇年の九・九キログラムから二〇一六年の二〇・一キログラムになった。

魚の消費量は国によって大きく異なる。一人当たりの年間消費量は、アイスランドの九一キログラムが世界一である。

ちなみに、スペインが四〇キログラム、フランスが三四キログラム、セネガルが二六キログラム、中国が二四キログラム、アメリカが一八キログラム、コンゴが六キログラム、ブルガリアが四キログラム、ナイジェリアが三キログラムだ。

漁業で直接的あるいは間接的に生計を立てている人は、世界人口の一〇%から一二%に相当し、その多くはアジア人である。世界の漁業従事者と養殖業従事者の人口は、一九九〇年の三一〇〇万人（養殖業が四〇〇万人、漁業が二七〇〇万人）から二〇一六年の五五〇〇万人（養殖業が一六〇〇万人、漁業が三九〇〇万人）へと推移した。地域別にみると、アジアが四八〇〇万人（世界の漁業従業者の八六%、養殖業従事者の九七%）、アフリカが四〇〇万人、ラテンアメリカが三〇〇万人、ヨーロッパが六三万四〇〇〇人、北アメリカが三四万二〇〇〇人である。

海洋水産物の世界貿易額は、一九七六年の八〇億ドルから二〇一六年の一三〇〇億ドルになった。これは年八・三%の増加率である。

希少価値が高まったため、ヨーロピアンシーバス、クロマグロ、ロブスターなどの魚介類の価格は高騰している。二〇一六年、世界市場での価格は、サバが三五%、ノルウェー産サケが四五%、イワシが四九%上昇した。

そうは言っても、世界のＧＤＰに占める漁業の割合はごくわずかである（〇・一三%）。ただし、アフリカ諸国のＧＤＰに占める割合は一・二六%であり、セネガル、コモロ、ナミビアなどでは六%以上である。[162]

ＧＤＰ比からすればわずかだが、漁業は生活に欠かせない産業であり、人類の物質的なサバイバルに不可欠である。

そして、漁業は人類の文化にとってきわめて重要な活動なのである。

第八章

自由という
イデオロギーの
源泉としての海

「いくつかの国は、より好都合に描き出されている、つまり入り江や港によっていっそうはっきりと浮かび上がらされ、海や山によっていっそうはっきりと区切られ、谷や川によっていっそうはっきりと貫かれ、言うなればいっそうはっきりと分節化されているゆえ、そういった国々から引き出されてくるだろう自由の活動はすべて、さらにいっそう成就可能となるということを」

『世界史入門』、ジュール・ミシュレ著、大野一道編訳、藤原書店、一九九三年〔一八ページより引用〕

海は太古より、収穫、冒険、発見、貿易、富、権力だけの場だったのではない。第一に海は、文化の主要な源泉だった。現在では大げさだと思われるだろう表現を用いると、海は、人類の桃源郷ともいえる自由という重要なイデオロギーの源泉なのだ。われわれは海から、広大さ、陶酔、悲劇を学ぶ。

これまでに述べたように、海は歴史的に女性よりも男性の王国だった。だからこそ、女性よりも先に男性が自由を追い求めたのである。過去では、女性はほとんど航海しなかった。女性が乗客以外の立場として船上にいることは稀だった。だが今日、洋上での女性の存在感は増している。これは男女全員の自由の発展度を計測する優れた物差しといえる。

人類がノマドだったころ、海はノマディズムの究極の場だった。海上におけるリスクは、不毛の砂漠よりもはるかに高かった。というのは、海ではちょっとした事故や些細なミスであっても死につながるからだ。また、海は砂漠よりも[10]、冒険、大胆さ、選択、自由の場だ。海は砂漠とは異なり、権力が跋扈する場でもある[9]。

だからこそ、海を理解する素養があれば、サバイバルや成功が保証され、倫理や生命に対する理解が深まり、大局観を築き上げることができる。航海する人はもちろん、海と接する人、あるいは海とともに生きる人は、こうした素養を培うことができる。そのような人々が世界を支配することはすでに紹介した。そして勝者のイデオロギーが形成されるのも海上なのである。

今日、近代的な倫理観が明確に築き上げられるのも海上だ。海によって育まれるそうした価値観は、人類史においてすべての価値観のなかで最も重要である。この価値観は現存するすべての文明を形づくっている。すなわち、それは自由になりたいという欲望である。

自由を追求する学習の場としての海

内陸の定住民は、習慣的な行動に執着する。規則正しい四季の移り変わりと適度な降雨や風を望む彼らは、それまでの経験に固執し、新しいもの、外国人、変化を警戒する。状況に適応するよりも慣例にこだわり、既得権にしがみつきたがる。冒険を嫌がり、リスクを取ろうとしない。判断を誤っても致命的な状況に陥ることがない。そのような彼らが未知のモノを見つけることなどない。路頭に迷うことになる選択肢は絶対に選ばない。彼らは、規律や序列を必要とし、強者の掟にしばしば服従する。

定住民とは反対に、ノマドの職業でもある海の仕事には、リスク、イノベーション、大胆さが要求される。すなわち、実用主義と実力主義の世界である。そこには未来を見据える起業家精神が宿る。ある意味で、ノマディズムの究極の場が海なのである。航海する者は、(自分たちが探し求めるものが見つからないのなら) 自滅する覚悟があり、波風を利用して難局を切り抜けようとする心構えをもつ。逆境に陥っても、前進するために逆境を利用しようとさえする。間違いを犯すことは許されない。なぜなら、海での遊び半分な気持ちは、たちまち死につながるからだ。船乗りは、実力に基づく妥当な秩序でない限り序列を受け入れないが、チームワークは尊重する。

したがって、海が要求する資質は一見すると矛盾して見える。すなわち、手順に従いながらも大胆に振る舞い、柔軟に対応しながらも訓練通りに行動し、自律的でありながらも仲間と協力するという資質である。実際に、そのような資質こそ個人の自由というイデオロギーを生み出すのである。もちろん、個人の自由が無秩序にならないように、明確な制度的枠組みを設ける必要はある。ところで海は、船主が船乗りを搾取することがあるように、人間が人間を搾取する最悪の場でもある。それはあたかも自由は現実になるはるか以前の一つの理念であることを示すかのようだ。

海は生命を生み出した。生命誕生から五億年後、海は自身の創造物の一つに対し、自分は自由な存在だと考える手段を与えたのである。

起業家精神の源としての海

海は、嵐、海難事故、海賊、海戦など、数多くの不幸が生じた場だ。さらには、港は、伝染病がもち込まれ、悪い知らせが届き、敵の来襲があった場だ。

海は、人類にとっての多くの重要な発見とイノベーションがあった場でもある。本書で紹介したように、文明は熱意をもって海と向き合うほど活力を増す。これまで巨大勢力になったのは、自国の沿岸に主要都市を構えた国家だけだった。すなわち、メソポタミア、エジプト、ギリシア、カルタゴ、ローマ、インドネシア、ベトナム、バルト、フラマン、イギリス、アメリカ、そして今日では、日本、中国、韓国の文明である。紀元後の歴史だけを見ても、巨大勢力でありながらあまり知られていないシュリーヴィジャヤ王国から始まり、ブリュージュ、ヴェネチア、アントワープ、ジェノヴァ、アムステルダム、ロンドンを経てアメリカがそうである。

フランス、ドイツ、ロシア、インド、そしてつい最近までの中国も海洋勢力ではなかった。そうは言っても、中国の場合、この国には数千年にわたり世界を支配するためのすべてが揃っていた。本書で紹介したように、かつての中国人は優秀な船乗りだったのである。

それゆえ、マックス・ヴェーバーの宗教に基づく区別（資本主義の源泉と個人主義という近代性をプロテスタント精神と見なす）や、マルクス、ダーウィン、ゾンバルト〔ドイツの経済学者〕などの区別よりも[8]、私は、海と陸地や、船乗りと農民の区別のほうが納得できる。この区別では、自分たちの社会を自由と市場の称賛に基づいて築くことができる人々と、封建社会と既得権に陥る人々との間に境界を定めることができる。この区別なら勝者には、シュリーヴィジャヤ王国の仏教徒とヒンドゥー教徒、そしてフラマンやヴェネチアのカトリック教徒、ならびに、オランダ、イギリス、アメリカのプロテスタント教徒がいることの説明がつく。そして敗者には、中国の道教徒と仏教徒、そしてフランスのカトリック教徒、ドイツのプロテスタント教徒、ロシアの正教会派信徒、インドのヒンドゥー教徒がいることの説明もつく。

勝者は皆、自由というイデオロギーを何らかの形で発展させ、個人の活躍を称賛した[12]。たとえば、ヴェネチアもブリュージュも民主制ではないが、海と関わりのある者たちは海上では自由だった。船乗りが市場資本主義の底辺で暮らす人々のように搾取される耐え難い境遇にあったとしても、船乗りは自由の身であり、奴隷であることはきわめて稀だった。

ヴェネチアの商人やフランドルのブルジョワは、フランスや中国の封建領主よりもはるかに自由だった。民主主義は、当初はブルジョワと商人の理想だったことからもわかるように、民主主義と海との間には、非常に強いつながりがあるのだ。

ようするに、本書で紹介したように、海洋国家が長年にわたって独裁制であることはない。少なくとも、独裁国の指導層が長期政権を築くことはない。逆に言えば、全体主義の国家が海洋国として発展することもない。

だからこそ、過去そして現在の独裁者たちは、機会があっても海洋大国になることに躊躇するのだ。なぜなら、彼らにとってその代償はあまりにも大きいからだ。

逃亡経路としての海

沿岸国の勢力が独裁者の場合、海は自由を求める者たちが逃亡するための絶好の場でもある。古代においても、逃亡奴隷は海を目指した。逃亡奴隷にとって、安全な場を見つけることは難しかったのである。地中海東部の港町の宿屋からは、しばしば彼らの足跡が見つかった。旧約聖書の出エジプト記によると、海が二つに割れてヘブライ人に自由への道が開かれたという。この話は、ヘブライ人が奴隷の身分から抜け出そうとしてファラオから逃れ、紅海を渡ったというように理解すべきなのか。出エジプト記だけでなく旧約聖書全体において、海は、自由の身になり、世界に意味を付すために、越えるべき、背くべき、明確な意味をなさない暗喩である。ユング〔スイスの心理学者〕によると、海は理性が解き放たれる無意識の象徴だという。

海は、移住者の移動の手助けをするだけの場合もある。たとえば、太古の人々は耐え難い生活条件から逃れるために海上を移動した。一六世紀からは、数千万のヨーロッパ人が、祖国では手に入らなかった自由を求めてアメリカ大陸へと移住した。彼らは先住民を虐殺して自分たちの解放の地をつくった。一九世紀末以降、ニューヨークの港に上陸する移民たちが最初に目にする記念碑が自由の女神像であるのも偶然ではない。リバティ島にあるこの像は、自由というユートピアに基づいて建国されたアメリカの独立一〇〇周年を記念して、フランスが贈ったものである。

同様に、現代の多くの沿岸独裁国から逃亡する者たちは、キューバの筏難民や、ベトナムとカンボジアのボートピープルのように、船で旅をする人々の名称で呼ばれた。たとえば一九九四年以降、数十万人のキューバ人がキューバとフロリダを隔てる一四〇キロメートルの海を渡った。キューバのディアスポラの四分の三は、フロリダに安住した。また、一九七五年から一九八五年にかけて、八〇万人のボートピープルを含む一〇〇万人以上のベトナム人が命がけで集団脱出した。

今日、独裁者、内戦、飢饉から逃れるために、数百万人の人々が海に出ようとしている。彼らはアフリカ各地の海岸から脱出し、セネガルからモロッコへ、チュニジアからトルコへ、ソマリアからリビアやイタリアへと、自由に暮らすわずかなチャンスをつかむために溺死する危険を冒して故郷を離れる。二〇一六年、彼らのうちの三〇万人が地中海を渡った。二〇〇〇年以降、二万二〇〇〇人が地中海で溺死した。平均すると毎年およそ一五〇〇人が亡くなった計算になる。

二〇一六年、アフリカの角と呼ばれる地域〔ソマリア全域とエチオピアなどの地域〕では、八万二六八〇人がアデン海と紅海を渡った。彼らはおもにソマリア人とエチオピア人だった。アフリカの角から海を越えてイエメンへと向かった移民の数は、二〇〇六年が二万五八九八人、二〇一五年が九万二四六六人、二〇一六年が一〇万六〇〇〇人近くだった。

東南アジアでは、ビルマ人とバングラデシュ人がマラッカ海峡経由、あるいはベンガル湾を横断する海路で、タイやマレーシアに向かおうとしている。

二〇一六年、カリブ諸島では少なくとも四七七五人が、島での貧しい暮らしから脱出する、あるいは難民認定を受けるために、船を借りてアメリカへと向かった。

二〇一六年、世界では三万人以上の移民が溺死した。

英雄と自由を想起させる海

世界中の文化には、海と自由との関係も見出せる。移動と自由、変化と挑戦を愛する人なら誰もが海を賛美する。逆に、それらのことが嫌いなら、海を好きにはなれない。そのような人たちは、海をあらゆる危険が起きる場としか見なさず、危機が起きても神に頼るくらいで、何の心構えもできていない[137]。

さまざまな文化のおとぎ話や言い伝えからも、そのことがわかる。ヴァイキングたちの間では、海は手なずけるべき権力の象徴である。ウパニシャッドの人たちの間では、海は平和の象徴であり、瞑想、神秘的内省の対象である。すでに紹介したように、ギルガメシュ叙事詩には、洪水で助かった人々の自由についての物語がある。ケルト人のおとぎ話では、海は主人公が自身のアイデンティティを変えて人生をやり直すことが可能な逃避空間である。シベリアやアメリカの先住民の創造神話においても、この世は海になって終焉し、その後、一部の人々が次の世に向けて脱出する。

ギリシア神話では、海は、迷宮から抜け出たテセウスがミノス王の追手から逃れて王の娘アリアドネを連れ去った脱出の場である。また、海はテセウスの父親アイゲウスが、テセウスが帰還するときの船の帆の色の意味を誤解した後に身を投げて死んだ場でもある〔アイゲウスにちなんでエーゲ海と呼ばれるようになった[136]〕。

ホメロスにおいても、海はオデュッセウスが旅する場だ。最初は、トロイアへと逃れたヘレネを奪還するために、次は故郷に戻って妻と再会するための旅だった[60]。オデュッセウスは本物の船乗りだった。「オデュッセウスは、プレアデス星団、そして沈むのが遅いうしかい座、北斗七星とも呼ばれるおおぐま座を見据えた。おおぐま座だけは大海に沈み込むことがない。彼は左手におおぐま座を常に見ながら沖合を航海する」（V：270―278）。そうすることで、オデュッセウスは常に東へと進むことができた。一八世紀までは、このようにして航海していたのである。それだけでなくオデュッセウスはすべての船乗りと同じく、海の危険も熟知していた。「海の大渦巻、恐怖、危険」（V：174）。そしてついに、オデュッセウスは故郷の島に戻り、家族と再会した。

その数世紀後、指導者たちを説得するために地中海各地を航海して回ったプラトンは、嵐や海難事故に何度も遭った。そのような体験から、プラトンは海を哲学の敵と見なした。なぜなら、海にはプラトンが執着する秩序が存在しなかったからだ[142]。プラトンにとって、貿易や民主制など、海は彼が軽蔑するあらゆるものと密接に結びついていた。「なるほど、国や日常生活にとって、海が近くにあるのは魅力的なことなのかもしれない。だが現実には、それは不愉快で苦々しいことなのだ。海により、町では不正取引が横行し、貿易活動が盛んになる。すると、人々は移ろいやすく不誠実になる。海のせいで、町には他者に対する猜疑心や敵対心が蔓延する[142]」

また、海でサバイバルするには自分の命を専門家に託すしかないと考えたプラントンは、国家の運営も船の操縦のようであるべきだと確信した。つまり、プラトンにとって国家の運営に民主制の出番はないのだ。プラトンによると、民主制を信頼するようなことになれば、世界は無知で気まぐれな人々ばかりが乗った船と似たようなものになるという。それは自分たちがどこに行きたいのかもわからない者たちが乗った『阿呆船』のようなものなのだろう〔あらゆる愚者たちが集結し、阿呆の国を目指して航海するという一五世紀のドイツの作家ゼバスティアン・ブラントの諷刺文学[142]〕。

ローマでは、ウェルギリウスが叙事詩『アエネイス』において、女神アプロディテの息子で半神アエネイスの物語を語った。アカイア人がトロイアを陥落した後にカルタゴへ逃げたアエネイスは、カルタゴの女王ディドと恋に落ちた。

海は海洋国のすべての文学に登場する。テーマは同じだ。危険に対する恐怖、海が暗示する自由を得たいという幻惑である。だが、これらの文学を生み出すのは、海に向き合う人々だけである。

イギリス文学も同様だ。中世以降、イギリスの作家たちは自分たちが島国で暮らすことに関する不安を綴った。彼らは海を運命の支配者、そして理想を追求する場と見なした。たとえば、『航海者聖ブレンダンの旅行』である。この物語の最古の版の一つは一二世紀のものだ。それは六世紀に一人の神父がエデンの園を探しにアイルランドの西の水域に向かって航海し、島（おそらくアゾレス諸島）を発見したという冒険物語である。[84] 同時期、ウォルター・マップの『宮廷閑話集』は、「魚たちとともに海中で（……）長時間にわたって呼吸せずに生きていられる」、いわゆる「海人」である「ニコラス・パイプ」の物語を詳述した。一三世紀のケルト人の小説『ペルルスヴォー』は、ペルスヴァルが聖杯を探しにガリエス城へと「杯船」に乗って旅をした様子を描いた。そのとき、媚薬によって運命が狂ったトリスタンは、自身の自由を取り戻そうとした。

その少し後、一六一〇年ごろに書かれたウィリアム・シェークスピア最後の作品『テンペスト』[104]は、海からインスピレーションを得た文学を見事に寄せ集めている。たとえば、『テンペスト』は、一五二三年に出版されたエラスムスの『難破』の一節を引用している。また、ウィリアム・ストレイチーの『トーマス・ゲイツ卿の難破と補償に関する記録』から着想を得ている。これは、一六〇九年のバミューダ島沖での「シーヴェンチャー」号の海難事故を詳述した著作である。また『テンペスト』は、ピガフェッタの旅行記の一場面を用いてもいる（ロードス騎士団のピガフェッタは、一五一九年にマゼラン遠征隊に参加し、マクタン島ではマゼランとともに戦った。この戦いでマゼランは戦死した）。さらに、カリブ海の光景の描写にモンテーニュの『エセー』の表現を借用し、ローマの詩人オウィディウスの作品からもアイデアを流用している。[237]『テンペスト』においても、海は陰謀がうごめき、あらゆる危険が起きる場であると同時に、漂着した島で幽閉された暮らしを送っている登場人物らにとっては、海は自由への扉として描写されている。

一七一九年のダニエル・デフォーの『ロビンソン・クルーソー』[39]は、一人の船乗りの冒険物語である。この男は一六五一年に海賊に襲われ、その後、一六五九年にある島に流れ着き、その島から脱出するのをあきらめて、そこで二八年間をすごす。次に、デフォーは『モル・フランダーズ』という小説を書いた。これはロンドンのニューゲート監獄〔イギリス史上、最も悪名高い刑務所〕で生まれた若い女性の物語だ〔彼女の母親は服役中に出産した〕。彼女はイギリスを離れてバージニア植民地〔北アメリカに設立されたイギリス領植民地〕で暮らす決意をする。この小説でも、海は自由という希望を意味する。また、小説『ロデリック・ランダム』は、財を成すために一七三九年にスコットランドを離れた若者の波瀾万丈の人生を描いた。この小説においても、海は自由の象徴であり、立身出世の兆しである。

一七九八年、サミュエル・テイラー・コールリッジは『老水夫行』という物語詩で、海を文明のあらゆる脅威にあらがう大自然の宝庫として描写した[227]。

一八一六年、バイロンはギリシア独立戦争に参加して命を落とす前に、『チャイルド・ハロルドの巡礼』という長詩で、海に見出せる自由を熟考した。「道なき森には、よろこびがある／人気のない岸辺には歓喜がある／侵入してくる者など誰もいない社会がある／海辺では、海が吠え、海が囁く声が聞こえる」。バイロンは大海を、たてがみをもつ野獣と見なし、この野獣を捕まえて飼い馴らす必要があると考えた。

次に、アメリカの作家たちである。一八二一年に書かれたウォルター・スコットの『海賊』の影響を受けたジェイムズ・フェニモア・クーパーは、一七歳でアメリカ海軍に入隊し、一八二四年に『パイロット』[48]を執筆した。この小説により、アメリカ人のアイデンティティが確立された。その後、クーパーは罠猟師やアメリカの先住民に関する本を書いて有名になり、『アメリカ海軍史』を残し、その生涯を閉じた。

次に、一八三八年に出版されたエドガー・アラン・ポーの唯一の長編小説『ナンタケット島出身のアーサー・ゴードン・ピムの物語』[94]である。この傑作は、海難事故、反乱、人食いなどの事件が起きる捕鯨船に乗った船乗りの冒険物語だ。主人公の船乗りは陸地の野蛮さに嫌気がさし、海に戻ろうとする。

この小説はハーマン・メルヴィルに大きな影響を与えた。そしてメルヴィル自身、捕鯨船の乗組員だった。一八五一年のメルヴィルの長編小説『白鯨[83]』は、捕鯨船「ピークォド」号のエイハブ船長がモビィ・ディックと呼ばれる獰猛なマッコウクジラの追跡に執念を燃やす様子を描いた。メルヴィルはこの小説でエイハブ船長の強迫観念にとらわれた自虐的な挑戦を描写した。

似たような執念は、少し後のジョゼフ・コンラッド[31]の多くの小説にも見出せる。コンラッドも船乗りで、フランスとイギリスの商船の船長だった。代表作には、『文化果つるところ』（一八九六年）〔蕗沢忠枝訳、角川文庫、一九九〇年〕、『闇の奥』（一八九九年）〔中野好夫訳、岩波文庫、一九五八年〕、『ロード・ジム』（一九〇〇年）〔鈴木建三訳、講談社文芸文庫、二〇〇〇年〕がある。コンラッドは一九〇三年の『颱風』では、台風に初めて遭遇した船乗りたちの恐怖と、自然の脅威に立ち向かう彼らの勇気を人生訓として述べた。そして一九二一年に出版されたB・トラーフェン（おそらく偽名）の傑作『死の船[147]』を挙げなければならないだろう。この小説は、沈没する運命にある船の乗組員たちの地獄絵図である。『黄金』の著者でもあるトラーフェンについて、アインシュタインは「もし無人島に一冊の本をもっていくなら、トラーフェンの本だ」と評した。

紹介した以外にも多くのアメリカ文学では、精神的な自由への道のり、あるいは自身の心の奥底を発見するための過程として海が登場する。たとえば、一九五二年に出版されたアーネスト・ヘミングウェイの『老人と海』[58]〔福田恆存訳、新潮文庫、二〇〇三年〕がそうだ。キューバの寒村の港で暮らす経験豊かな年老いた漁師は、村人たちからどうしようもなく不運な男だと思われていた。漁師は村での自分の悪評を覆すためにカジキと格闘する。港に戻るとき、漁師の小さな舟はサメに襲われ、仕留めた獲物を失いそうになる。村の港に着くと、獲物は骸骨になっていたが、それでも村人たちはこの漁師に敬意を表した。

反対に、他の文学は、海のことをほとんど語らない。例外としては、ユートピアや別世界の空想物語という非現実の場として海が登場する場合だ。たとえば、一四世紀の『千夜一夜物語』[68]のなかの裕福な商人シンドバッドの話である。シンドバッドは、海難事故や未開の土地の話など、自身の七つの航海について語る。

フランス文学にも、海はほとんど登場しない。語られるとしても、海はマイナスのイメージの場合が多い。

まず、ボードレールである。彼の有名な詩は、フランスと海とのつながりを如実に物語る。「自由な人間よ、常に君は海を愛する筈だよ！／海は君の鏡だもの、逆巻き返す怒濤のうちに／君が眺めるもの、あれは君の魂だもの、／君が心とて、海に劣らず塩辛い淵だもの。／（……）／そのくせ君らは幾千年、情容赦も知らぬけに／戦いつづけて来てるのだ、／おお、永遠の闘士たち、おお、和し難い兄弟よ、／血煙あげる殺戮と死がさほどまで気にいるか！」[17]（『人間と海』、堀口大學訳、新潮文庫、一九五一年、二〇ページから二一ページ）

ウージェーヌ・シューも元船乗りであり、初期の作品には、『海賊ケルノック』[112]（一八三〇年）、『アタル＝ギュル』（一八三一年）、『ラ・サラマンドル』[113]（一八三二年）など、海に関連するものがある。ヴィクトル・ユゴーは、亡命して島で長い間暮らしていた。島では、嵐の海しか眺めなかった。一八六六年、ヴィクトル・ユゴーは『海に働く人々』[61]のなかで、「海は野獣のように獲物をずたずたにする。海面は爪だらけ、強風はかじり、うねりは飲み込み、波は顎のように、かぶりつき噛み砕く。大海はライオンと同じだ」

同時期、エドガー・アラン・ポーの小説の大ファンだったジュール・ヴェルヌは、イギリス海峡や大西洋を（最初は小さな帆船で、次に一一人乗りの蒸気ヨットで）定期的に航海した。ヴェルヌは『海底二万里』のなかで、人間を海と魚の敵だと語った。

次に、アンリ・ド・モンフレイやピエール・ロティなどの船乗りでもあった作家や、ベルナール・ジロドー、オリビエ・ド・ケルサーソン、エリック・オルセナ、ヤン・ケフェレックなどの作家は、海と向き合って夢想にふけった。

セルバンテス（『ドン・キホーテ・デ・ラ・マンチャ』の著者）は長年にわたって船乗りだった。イサーク・バーベリはオデッサ（黒海に面する町）の港と彼が暮らしたユダヤ人居住地区を見事に描写した。とはいえフランス文学と同様に、ロシア、ドイツ、中国、スペインの文学にも、海はあまり登場しない。

自由を想起させる映画の海

映画も文学と同じ規範に従う。海は、船乗りたちにとっては冒険の場であり、他の者たちにとっては敵対的な場であり、逃れるための場である。

アメリカ映画はアメリカ文学と同様に、海は冒険物語であることが多い。個性的な登場人物たちが人生訓を提示するのである。一九四一年のウォルター・フォード監督の『アトランティック・フェリー[241]』は、一八三〇年代、二人の兄弟が新しい帆船で海難事故に遭った後に、初の蒸気船を建造する様子を描く。一九五三年のチャールズ・フレンド監督の『怒りの海[242]』は、真夜中に魚雷攻撃を受け、怯えながら救命ボートに乗ろうとする乗組員たちの視点から、大西洋沖の海戦の様子を描写する。[175] 一九四三年のアルフレッド・ヒッチコック監督の『救命艇[244]』は、ドイツの潜水艦に撃沈されたアメリカ客船の話〔原作はスタインベックの小説〕だ。この映画では、さまざまな社会層の人物が乗り合わせる救命艇での人間模様が展開される。一九五六年にはマイケル・パウエル監督の『戦艦シュペー号の最後』[245]があった。一九七五年のスティーヴン・スピルバーグ監督の『ジョーズ』[246]は、町を恐怖に陥れたホオジロザメの話だ。『レッド・オクトーバーを追え！』[248]（一九九〇年）は、姿を消したソビエト連邦の最新型潜水艦の波乱に富んだ顛末を描く。次は、ジェームズ・キャメロン監督の『タイタニック』（一九九七年）である。二〇〇三年には、一八世紀の海賊とイギリス海軍の軍人の暮らしぶりを知るには絶好の映画の一つといえるピーター・ウィアー監督の『マスター・アンド・コマンダー』[250]があった。次に、ソマリアの海賊に乗っ取られたアメリカのコンテナ船が舞台の『キャプテン・フィリップス』[252]（二〇一三年）である[175]。

　フランスの映画人は海についてほとんど語らない。例外はフィクションである。一九〇七年、ジョルジュ・メリエスは、『海底二万里』[239]を基にして海を敵対的な環境として描いた。一九四一年のジャン・グレミヨン監督の『曳航』[240]は、ブレスト〔ブルターニュ半島西端の港町〕の美しさを背景に、海へと向かう愛の物語だ。

　反対に、フランス人は海のドキュメンタリーを発明した。ジャック＝イヴ・クストー監督とルイ・マル監督の『沈黙の世界』[243]は、一九五六年のカンヌ国際映画祭のパルム・ドール〔最高賞〕を受賞した。海を描いて世界的な賞をとったのはクストーが最初だった。その後もクストーは「カリプソ」号に乗って四〇年以上にわたって航海しながら海を観察し続け、数千時間にわたる海のドキュメンタリーをつくった。次に、リュック・ベッソン監督の『グラン・ブルー』[247]（一九八八年）である。この映画はフリーダイビングのダイバーたちの物語であり、ダイバーの一人は深淵に眩惑されて自殺する。そして二〇〇九年のジャック・ペラン監督とジャック・クルーゾ監督の『オーシャンズ』[251]である。他にも深海の様子を描くマンテロ兄弟の３Ｄ映画などがある。

自由の象徴としての海でのレース

今日、大海でのレースという冒険精神は海の興行になっている。この興行は、自由という欲求を理想化して船乗りたちの悲惨な暮らしを覆い隠しながら、自動車レースと同様、技術を進歩させる格好の場になっている。

このレースが行れた、そして行れるのは海の支配国においてである。フランスがこのレースで近年活躍していることからは、フランスの海洋国としての復活を予見させる。

そうした大海のレースで最も古いのは、アメリカズカップである。その名称とは裏腹に、アメリカズカップの始まりは、ロンドンが世界経済の「中心都市」だった一九世紀にイギリスが企画したヨットレースである。第一回万国博覧会の記念行事として開催された一八五一年のこのレースに優勝したのが、ニューヨーク・ヨットクラブの「アメリカ」号だった。これがこの国際ヨットレースの名前の由来である。アメリカズカップは南北戦争によって延期されたが、一八七〇年に再開され、その後は三年から四年ごとに、国際的なヨット・クラブが運営している。近年では、オークランド（ニュージーランド、二〇〇三年）、バレンシア（二〇〇七年と二〇一〇年）、サンフランシスコ（二〇一三年）、バミューダ諸島（二〇一七年六月）で開催された。次の開催地はニュージーランドである。

アメリカズカップは、新しい艇やテクノロジーを試す場だ。一九六〇年代、エリック・タバリー〔フランスのヨットマン〕は、ヨットレースのために、アルミ、カーボン、自動操舵システムを利用するトリマラン艇〔三胴艇〕をつくった。これが初のイドロプテール（ある程度の速度に達すると水面から浮く艇）だった。レースのおかげで、艇の鉄、綿、麻の部分は、ナイロンやケブラーなどの合成樹脂に変わった。そしてヴァンデ・グローブ〔単独無寄港無補給世界一周ヨットレース〕で電子海図が導入されたことがきっかけになり、すべての船舶は、紙に変わって電子版の海図を利用するようになった。このレースでは、水中翼ヨットも登場した。水中翼により、艇は水面から浮き上がると風速の三倍の速度で航行できるようになった。

今日、フランスの「ペガシウス計画」では、最新のテクノロジーをふんだんに利用する次世代の艇を建造して、チームによる無寄港世界一周を三五日以内（今日は四〇日）で達成しようとしている。この艇は、新素材を利用し、モノのインターネット、水中翼、人工知能など、新たなイノベーションを導入している。また、太陽電池板や風力発電機などのエネルギーを利用し、衛星交信機器を装備し、クラウドでデータ管理するなどの技術を用いることで、無寄港無補給で航行できる。艇の大きさは、全長がおよそ三〇メートル、幅が二二メートル、マストの高さが三六メートルだ。艇内では、十数名の乗組員は常時ネット接続の状態にあり、彼らの疲労度に応じて任務の分担が最適化される。この計画の推進者によると、二〇一九年に進水し、二〇二〇年に世界一周を目指すという。

それらのレースは、帆船の最速記録を樹立する場でもある。これまでの最速記録はおもに海洋国がもっている（それらの国のほとんどは、驚くべきことにフランスである）。最速記録には、世界中の関心がますます高まっている。

現在の水上速度記録は、オーストラリアのケン・ウォービーが一九七八年に「スピリット・オブ・オーストラリア」号で樹立した時速五一一キロメートルである。この高速モーターボートは戦闘機の六〇〇〇馬力のジェットエンジンを搭載し、補助翼をもっている。二〇一七年の時点で、帆船に関するほとんどの世界記録はフランスの船乗りたちがもっている。

帆船の二四時間レースでの最長距離は、二〇〇九年にフランスの船長パスカル・ビデゴリーが打ち立てた九〇八海里である。二〇一六年、フランスのフランシス・ジョヨンは単独無寄港でインド洋を五日二一時間、同年、太平洋を七日二一時間で横断した。大西洋は二〇一七年七月に、チームで三日一五時間、単独で五日二時間七分で横断した。無寄港世界一周の世界記録はフランシス・ジョヨンのチームが二〇一七年初頭に達成した四〇日二三時間三〇分である(マゼランの遠征隊は三年かかった)。単独無寄港世界一周の世界記録は、二〇一六年一二月にフランスのトマ・コーヴィルが打ち立てた四九日三時間である。

海上のレースとは反対に、深海探査の努力はほとんど行われていない。実際に、海底を探査する人の数は宇宙に行く人よりもはるかに少ない。同様に、一九四八年に水深一〇〇〇メートル、一九五三年に水深三一五〇メートルにまで到達したのは、皮肉なことに海のない国に生まれたスイスのオーギュスト・ピカールである。彼の息子ジャック・ピカールはドン・ウォルシュ〔アメリカ海軍大尉〕とともに、一九六〇年に最も深いマリアナ海溝の最深点(一万九一六メートル)まで潜った。二〇一二年に映画監督ジェームズ・キャメロンが操縦する小型の有人深海探査艇「ディープシー・チャレンジャー」号が同じ最深点に到達するまで、この偉業に挑戦する者は誰もいなかった。

人類は深海を溺死の場と見なし、その恐怖を克服できなかったようである。

自由の代用としての海のレジャー

二〇一六年、二四二〇万人が三〇〇隻以上のクルーズ客船でバカンスを楽しんだ。そうは言っても、クルーズ客船は、海の自由とはかけ離れている。クルーズ客船の乗組員の労働環境は地獄である[173]。一部の超裕福な退職者のなかには、クルーズ客船に大きなアパートを保有している者さえいる。彼らは常時、世界を周遊し、余生のほとんどの時間を船上で過ごす。

二〇一七年、世界中ではおよそ二五〇〇万隻のレジャー船がある。ノルウェーだけで八〇万隻のレジャー船を保有している。レジャー船の数を国の人口と比較すると、ノルウェーの六・四人に一隻、続いてスウェーデンの八人に一隻である。アメリカには一六〇〇万隻のレジャー船があり、それらのうちの七%だけが帆船である。アメリカ人は帆よりも船外機のほうが好みのようだ。

しかしながら、自家用ヨットは莫大な資産のバロメーターである。二〇一七年夏、地中海だけで、四〇〇〇隻以上の全長二四メートル超のヨットが航行した。世界最大の自家用ヨットは全長一八〇メートルであり、その推定価格はおよそ四億ドルである。その根拠は、全長一四〇メートル近くの世界最大の帆船と同等の価値があると思われるからだ。

フランスは、全長二四メートル未満のヨットの建造ではヨーロッパ一位、レジャー船ではイタリアに次いで世界二位の製造国である。ほとんどの超大型自家用船は、リュールセン社やブローム・ウント・フォス社などがドイツで製造している。

誰かの自由は他者の不幸なのか。海は人間の矛盾と希望を映し出す鏡のようなものなのかもしれない。

第九章

近い将来：海の経済

「海は、気ままな芸術家のように理由もなく破壊し、軽蔑の念をもって残骸を岸辺の岩に投げつける」

『日記』、ジュール・ルナール著、一八八七年か一八九二年近い将来に、情報工学や宇宙開発などの経済が急成長し、われわれに大きな影響をおよぼすことがあっても、貿易、権力争い、影響力、イデオロギー、平和と戦争など、重要なことはこれまで以上に海を舞台として起きるだろう。

デジタル化がさらに大きな役割を担うことがあっても、また、ビッグデータがインターネットという仮想の海を漂うことがあっても、海は、物質ならびに非物質の交換、そして経済、文化、地政学が影響力を発揮するおもな場であり、人類の課題であり続ける。

ほとんどの貨物やデータは、今後も海を通じて輸送される。おもな天然資源が見つかるのも海である。よって、過去と同様、経済と国家の長所と短所が同時に宿る場が海なのである。「歴史」において常にそうであったように、次に巨大勢力になるのは、自国の水域と海底の価値を引き出し、それらを保護する術を心得た国であり、近隣国などの競争国との紛争に巻き込まれない国だろう。陸送だけに頼り、海上自衛を怠る国は成功しない。というのは、総合的な観点から見て、海は陸よりも効率がよく、危険の少ない場であり続けるだろうからだ。今後も海は、陸や空よりもはるかに大量の貨物をずっと少ないリスクで輸送し続けるに違いない。衛星を利用するデータ通信がモノの海上輸送の代わりになるという予想も誤りであり、ほとんどのデータ通信も海底ケーブル経由だろう。

中国、アメリカ、カナダ、オーストラリア、インドネシア、シンガポール、ベトナム、韓国、日本は、おそらくこうした変化の勝者になるだろう。いずれにせよ、勝者になるのは沿岸国だ。長期的には、インドとナイジェリアも勝者になりうる。ヨーロッパも勝者の地位を取り戻すかもしれない。ただし、ヨーロッパは、世界の海の新たな可能性を利用しなければならない。ヨーロッパ大陸ならびにヨーロッパ大陸圏外との相互依存関係を、海洋を通じて構築することによって、フランスとドイツがヨーロッパ大陸の二大勢力として君臨するという構図が覆される必要があるのだ。そのためには、計画の練り直しが急務だ。

おそらく当分の間、いや今後、世界中の海で、そしてあらゆる領域で、すべての国を押しつぶすような巨大な経済力をもつ国は現れないのではないか。アメリカは今後かなり長い期間にわたって、世界経済の支配権を中国と二分することになるはずだ。民間経済の巨大勢力も存在しないだろう。巨大多国籍企業であっても、国家に代わって企業だけで海を支配することはできないはずだ。

海が未来の鍵を握るのにもかかわらず、驚くべきことに、デジタル経済の大手企業や大企業家は、海よりも宇宙に夢中になっている。人類の持続的あるいは儚い利益が将来も海で生じることに、彼らはまだ気づいていないのだ。われわれは海の経済を持続的で正しい活動にするために、人類の経済活動を根本的に見直さなければならない。さもないと、人類の経済活動は崩壊するだろう。

貨物輸送と海洋経済の将来

海上貿易は生産の増加量をほんの少し上回りながら上昇し続けるだろう。二〇一七年二月二二日に発効した「貿易の円滑化に関する協定」（その二〇年ほど前に世界貿易機関《WTO》が設立されて以来の貿易推進協定）により、輸送貨物の税関手続きや申請書類が簡素化されることも、海上貿易の追い風になる。この多国間協定により、貿易のコストは一五％削減され、国際貿易量は年間一兆ドル増加するという[162]。

貨物の海上輸送は、総括すると二〇一七年の一一〇億トンから二〇二五年には一五〇〇億トンへと急増するだろう。これはデジタル経済の急成長が見込まれる分野の増加率とほぼ等しい。ところが、この市場の重要性に気づいた企業や政府はまだほとんど存在しないのだ[162]。

とくに、鉄鉱石、ボーキサイト、酸化アルミニウム、リン鉱石、穀類、石油の輸送量が急増すると予測される。また、コンテナ船の数も増加するが、石油タンカーの数だけは既存の輸送力に余裕があるのと、今後大幅な省エネが推進されるため、これまでのようには増加しないと思われる[162]。

他方、今から二〇三五年までに、クルーズ客船の利用者数はほぼ三倍になる見込みだ（一九〇〇万人から五四〇〇万人）[162]。したがって、増加する利用者の需要を満たすために、クルーズ客船を増産する必要がある。レジャー船についても同様である。

このような発展がおよぼす経済的な影響については、後ほどさらに詳しく述べる。

新たな航路

二〇三〇年、ほとんどの海上貿易は、アジア諸国間、そしてアジア諸国と世界との間で行われる。二〇四〇年ごろまでに、これらの貿易航路の輸送時間を短縮する新たな航路が開発される。

第一に、中国が提唱する「一帯一路」である。

この構想は中国から東アフリカまで、そしてヨーロッパまでを、「海上シルクロード」で結ぶ計画だ。インド洋に沿い、紅海を通過する航路が海上シルクロードだ[191]。六八ヵ国、四四億人の人々、世界のＧＤＰの四〇％が関与するこの計画では、アゼルバイジャンのバクーやインドのコルカタなどの港湾施設の整備が予定されている。また、中国はインド洋におけるアフリカへの迂回航路の整備も計画中だ。

航路に加え、あるいはその代わりになる「陸上シルクロード」という構想もある。この新たな陸上シルクロードは、中国東部から、カザフスタン、トルコ、バルカン諸国を経由して、ロンドンまでを鉄道で結ぶ計画である。この大型プロジェクトを推進すれば、中国は西側諸国との陸上貿易のために自国の港の発展を犠牲にすることになる[191]。これは中国の長年にわたる海に対する不信感の再燃を感じさせる徴候である。

太平洋貿易の現在の輸送時間を短縮する新たな航路も登場するだろう。こうした航路が開通すれば、劇的な変化が生じる[128]。

後ほど語る地球温暖化の影響により、少なくとも二つの北極海経由の航路が開通する。一つはヨーロッパ航路、もう一つはアメリカ航路である。スエズ運河とパナマ運河を経由しないアジアと西洋諸国を結ぶそれらの航路距離は、従来よりも三〇％短い。

「北東航路」（ロシア沿岸部沿いの航路。すべての船舶が航行可能な公海にあるが、現在は砕氷船しか航行できない）は、アジアとヨーロッパを結ぶ。北極点付近を経由し、スエズ運河と地中海を通過する必要がないため、航行時間はおよそ三分の二になる。

「北西航路[141]」の開通により、パナマ運河を通過することなく、北極海とカナダの島々、そし

新たなシルクロード

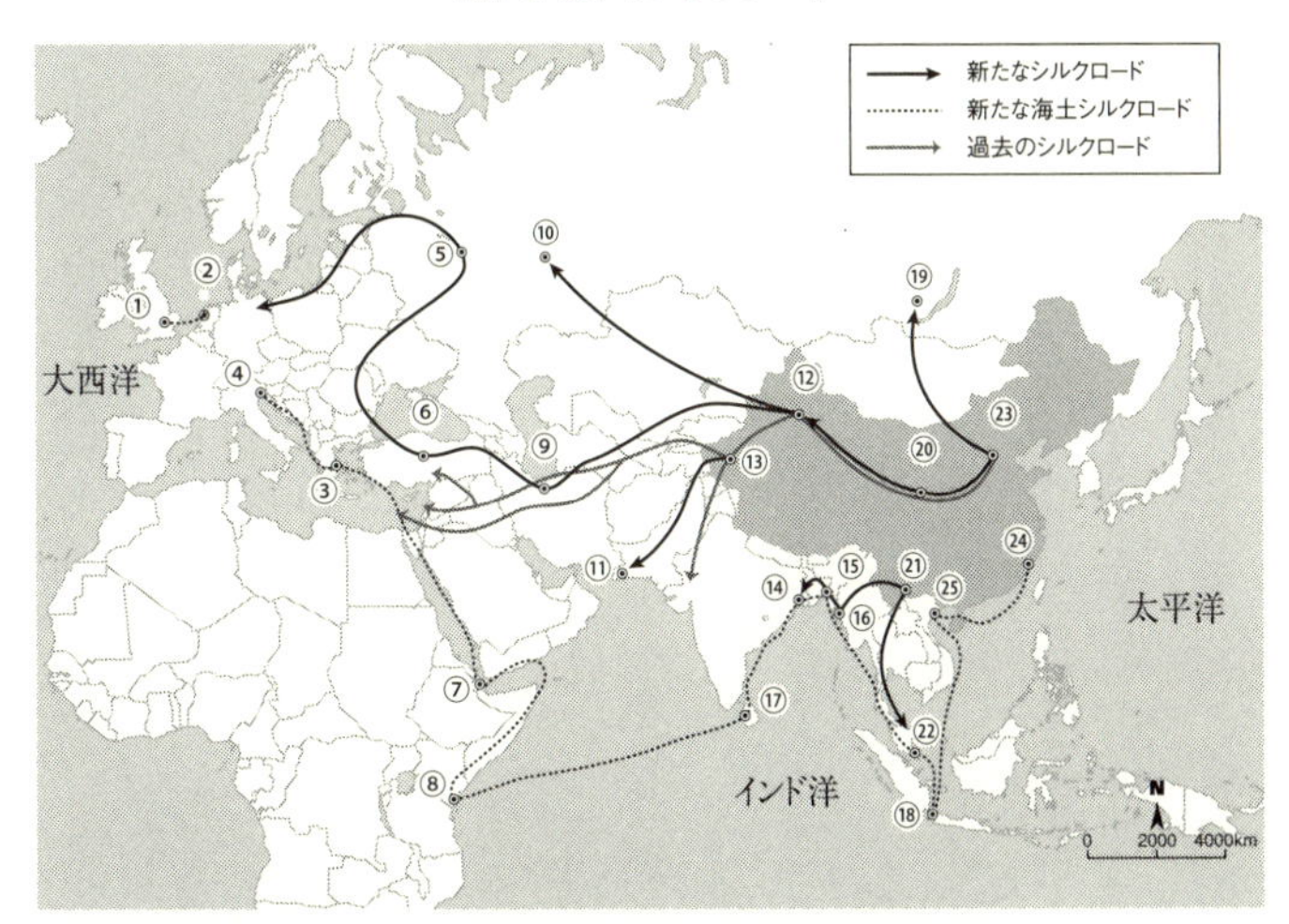

欧州

大西洋

①ロンドン
②ロッテルダム
③ピレウス
④ヴェネチア
⑤モスクワ
⑥アンカラ

アフリカ

⑦ジブチ
⑧モンバサ

アジア

⑨テヘラン
⑩カザン
⑪グワダール
⑫ウルムチ
⑬カシュガル
⑭コルカタ
⑮チッタゴン
⑯シットウェ
⑰コロンボ
⑱ジャカルタ
⑲イルクーツク
⑳西安
㉑昆明
㉒シンガポール
㉓北京
㉔福州
㉕ハイフォン

海路

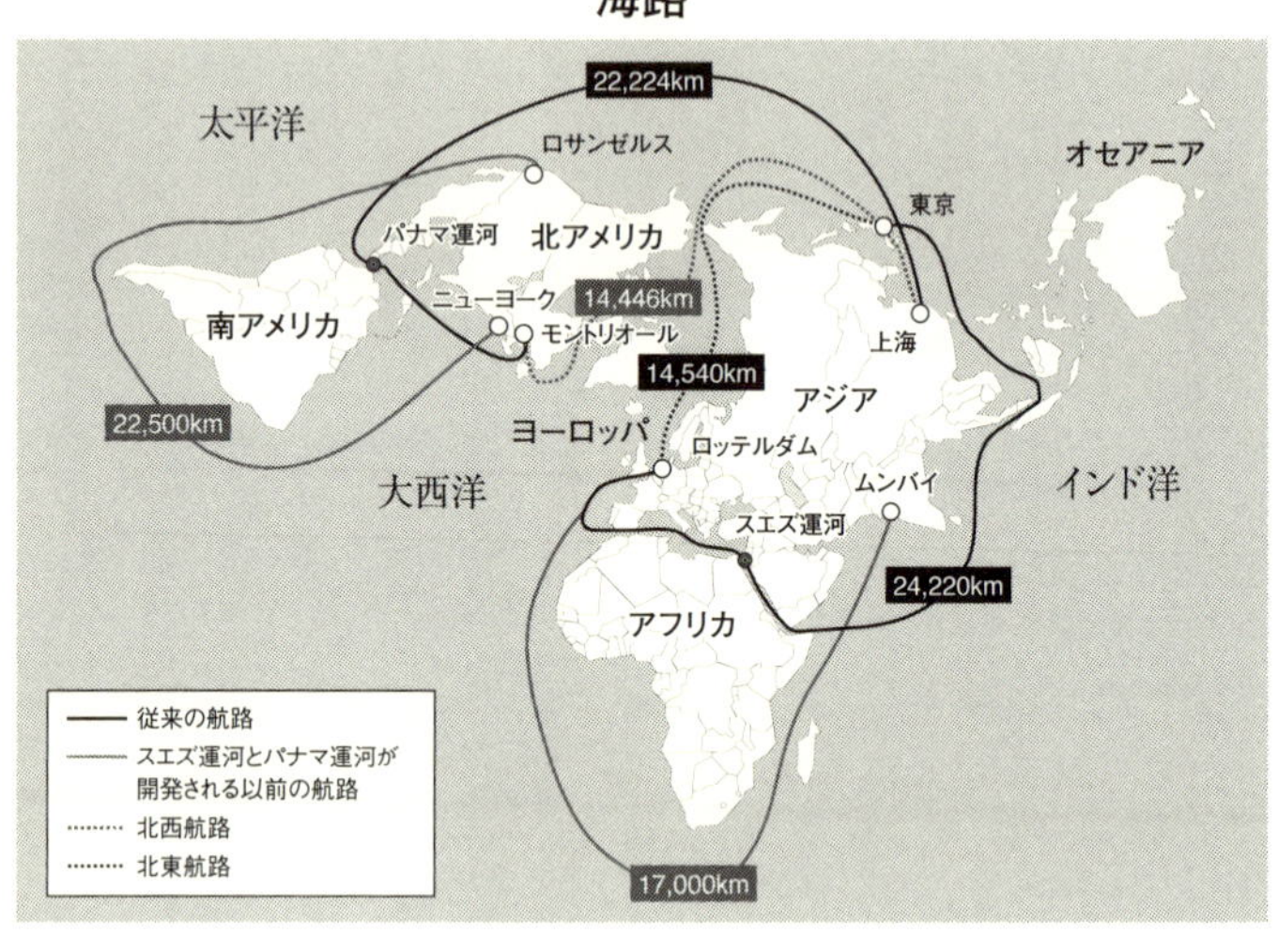

てベーリング海峡を経由して、アジアの貨物をアメリカの沿岸部へ輸送できるようになる。輸送時間は現在の二三日から一五日に短縮される。

地球温暖化がこのまま進行するなら、これらの二つの航路は、二〇四〇年以降、夏の間は航行可能になるはずだ。それらの航路が開通すると、カナダとアメリカの東海岸の港、バルト海とヨーロッパ北部の港は大きな恩恵を蒙る一方で、アメリカの西海岸、メキシコ湾、地中海、大西洋、イギリス海峡（ルアーブルなど）の港は衰退するだろう。

二〇五〇年には、北極点のほぼ真上を通過する第三の航路も開通するかもしれない。一・二メートルの氷を砕くことができる船舶なら航行可能なこの航路により、従来の航行

北西航路

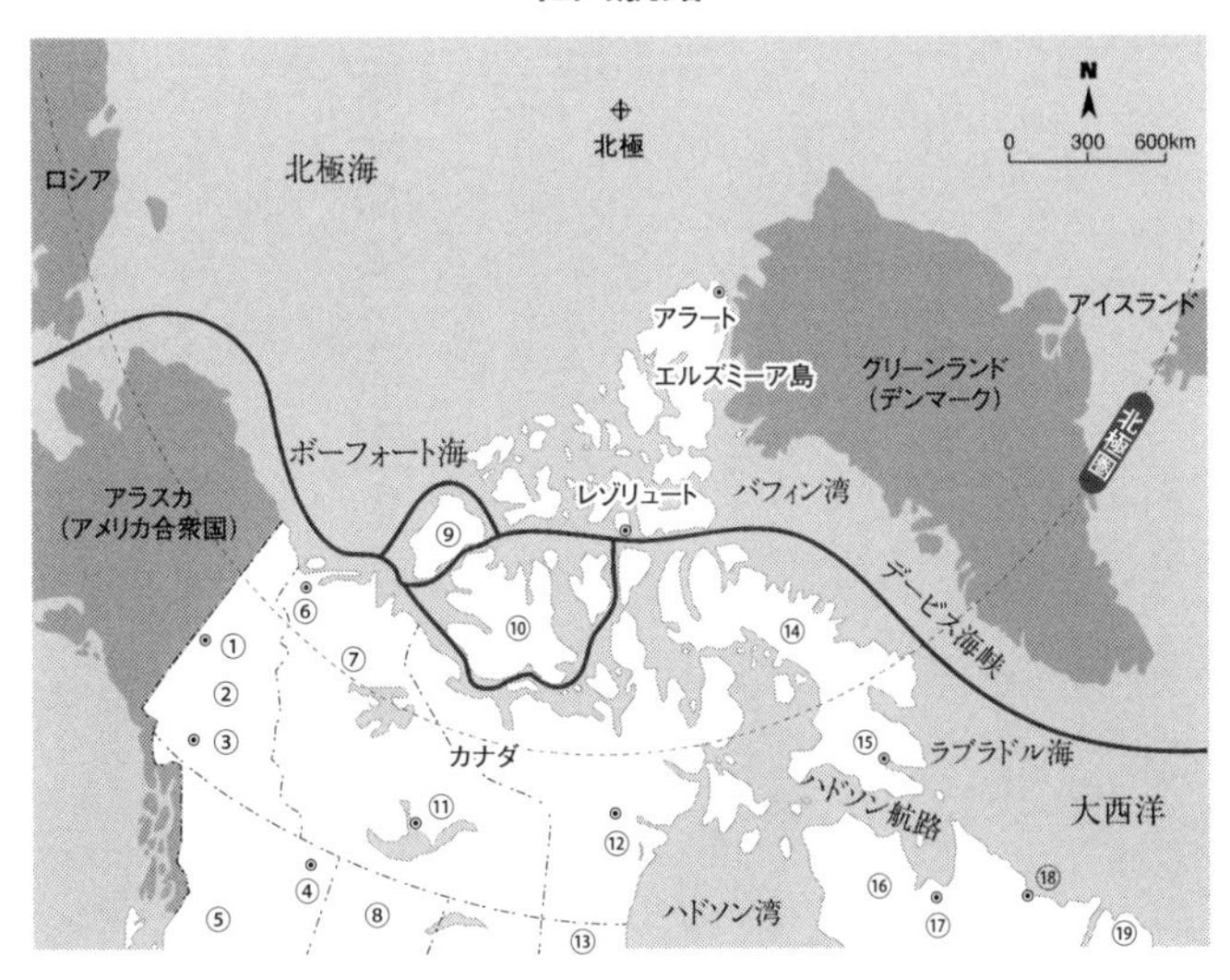

①ドーソン
②ユーコン準州
③ホワイトホース
④フォートネルソン
⑤ブリティッシュ・コロンビア州
⑥イヌビク
⑦ノースウエスト準州
⑧アルバータ州
⑨バンクス島
⑩ビクトリア島
⑪イエローナイフ
⑫ベイカーレーク島
⑬マニトバ州
⑭バフィン島
⑮イカルイト
⑯ケベック州
⑰クージュアク
⑱ネーン
⑲ニューファンドランド・ラブラドル州

時間は大幅に短縮されるだろう。

いずれにせよ、これらの三つの航路が北極圏の氷盤とエコシステムを著しく破壊することは間違いない。

未来の海で活躍する大企業

今日のおもな海運会社は今後も業績を伸ばす。

コペンハーゲンに本拠を置くデンマークのA・P・モラー・マースク社は、デンマーク最大の企業であり、世界最大の海運会社だ。そしてこの会社は、コンテナ船部門だけでなく保有する船舶の数でも世界一である。一五九五隻の船舶だけでなく石油プラットホームも保有する。

世界二位の海運会社はジュネーブに本拠を置くイタリアのMSC社だ。この会社の年間売上高はおよそ二五〇億ドルである。

コンテナの海上輸送部門で世界三位のフランスのCMA CGM社は、四二八隻の船舶を保有し、幹線と支線を含めて一七〇の定期コンテナ航路をもつ。そして、マルタ、タンジェ

〔モロッコ〕、コア・ファックカーン〔アラブ首長国連邦〕、クラン港〔マレーシア〕、キングストン港〔ジャマイカ〕の五ヵ所に大きな貿易拠点を構える。

北京に本拠を置く中国最大の海運会社である中国遠洋海運集団（ＣＯＳＣＯ）は世界四位であり、五五〇隻の船舶を保有する。これらの船舶のうち、一三〇隻はコンテナ船である。[28]

新たな造船会社が登場する。スカイセイルズ社、ロールス・ロイス社、トヨタ社、エコマリンパワー社など、船体構造のコンセプトづくりや造船に必要なさまざまな技術をもつ企業が、造船業に新規参入するはずだ。

長期的には、海洋プロジェクト関連に新たな産業が誕生するのではないか。たとえば、ジャック・ルージュリーが設計した半潜水型の海洋調査船「シー・オービター」、ＤＣＮＳ〔フランスの海軍艦艇を建造する造船企業〕の浮体原子力発電所「フレックスブルー」、ジャン＝ルイ・エティエンヌの海洋調査船「ポーラー・ポッド」、ペイパル社〔電子決済サービス〕の創業者ピーター・ティールが出資した「海底住宅研究所」、日本の大手建設会社である清水建設社の海中都市「オーシャンスパイラル」などが有力候補である。

海上輸送に新たなテクノロジー

コンテナ船は、大型化すると同時に軽量化し、燃費は改善され、自動操縦が推進され、排ガスは削減される。乗組員のいないコンテナ船も登場するだろう。ノルウェーのある企業によると、二〇一九年には二酸化炭素を排出しない船舶を、そして二〇二〇年には乗組員のいない船舶を航行させることができるようになるという。ロールス・ロイス社は、無人航空機「ドローン」の貨物船版の運航を提唱する。貨物船ドローンは陸地から操縦する。人工知能と低公害のエンジンを搭載するため、燃費は一五%から二〇%改善する。船舶の自動操縦の実現が遅れる唯一の理由は、現在でも海の労働者の雇用条件が劣悪であることだ。[226]

コンテナ自体もインターネットに接続され、太陽光発電によってコンテナの空調を作動させ、常時、荷主に位置情報を提供する。

電気推進もますます重要になり、太陽光パネルを敷き詰めた船舶が登場する。二〇〇九年、トヨタ社は自動車運搬船「アウリガ・リーダー」号の進水式を行った。この船は、搭載されている三二八枚の太陽光パネルが供給する電気エネルギーを利用する。二〇一〇年、太陽光エネルギーだけで航行する全長三一メートルの双胴船「トゥラノール・プラネット ソーラー」号が進水した。太陽光発電パネルで覆われた日本の環境負荷低減コンテナ船「eFuture13000C」は、機関部の排熱回収システムを搭載し、船体の水と風の抵抗を減らし、二重反転プロペラというスクリューで推進力を向上させる。このコンテナ船の最大積載量は一三〇〇〇TEUであり、燃費は従来のコンテナ船よりも三〇％よい。

風力を利用する船舶もある。たとえば、ジャック＝イヴ・クストー〔海洋学者〕の「アルシオーネ」号だ。また、高さ四九メートルの弓型の船体が巨大な帆として機能する「フィントスキップ」号だ。この船は最新の航行ソフトウェアを利用し、風向に応じて船体の位置を調整する。また、上空に浮かぶ巨大な凧が船体を牽引する「スカイセイルズ」号だ。そして二〇一五年に発表されたエコマリンパワー社の試作船「アクエリアス」号だ。風力と太陽光エネルギーを併用するこの船は、垂直に取り付けられた太陽光パネルが風向に応じて帆のように向きを変える仕組みにより、運航中の二酸化炭素の排出量を大幅に削減する。

港のコンテナヤードは環境配慮型になる（ロッテルダムのコンテナヤードは、すでに再生可能エネルギーだけで稼働している）。人工知能が、荷主と海運会社との取引、顧客への貨物の追跡サービス、そして船舶、鉄道、トラックとの連携など、物流全般を管理する。将来、港は、エンジニア、ロボット開発者、コンピュータ専門家などの職場になる。

データ通信は海上輸送に取って代わるのか

将来的に、仮想空間で輸送されるデータの価値が、海、陸、空を通じて実際に輸送されるモノの価値を上回る日が訪れるのか。もしそうなるのなら、環境保護の観点からは朗報である。

事実、仮想空間は二年ごとに二倍になり、二〇二〇年には一人当たり五二〇〇ギガオクテット以上に達する。こうしたデータの三分の二は、個人のユーザーによってつくられ、消費されている。インターネット、ソーシャル・ネットワーク、デジタル・テレビ、携帯電話、インターネットに接続されたモノや機械などのデータである。残りは、企業、行政、病院、保安警備サービスなどのデータである。これらすべてのデータがやり取りされているのだ[126]。

超長期的には、3Dプリンターによって実際のモノの輸送に対する需要はさらに減るだろう。誰もが自宅で必要なモノを安くつくることができるようになるため、工業製品や部品の輸送量は大幅に減るはずだ。消費地に向けて輸送されるのは、3Dプリンターの印刷に必要な原材料だけになる。ロッテルダムの港（世界で最も先駆的な港の一つ）は、3Dプリンターのような新たなテクノロジーが港の活動におよぼす影響を評価するため、港の研究センターに3Dプリンター研究室を設立した。

したがって、超長期的にはコンテナの数と港の利用は減るかもしれない。

こうしたデータの送信、とくに、すべての情報を常に閲覧できる「重要サービス」を提供するには、地中と海底のケーブルと同時に、衛星通信を利用し続けなければならないだろう。

都市部で暮らす世界人口の四分の三の人々にとって、データ通信の九五％以上は、地中と海底のケーブル経由だろう。既存の二六三本の海底ケーブルに加えて、中国が必要とする二二本が利用される。これらの海底ケーブルにより、銀行や市場の金融情報のやり取りが安全確実になるため、国際金融センターとしてのロンドンの地位は今後も安泰だ。[169]

こうしたケーブルと比較して、ワンウェブ社やスペースX社などが提供する人工衛星のデータ通信が全体に占める割合はごくわずかである。もちろん、人工衛星の配備は進む。事実、地球全土を網羅するために六四八機の人工衛星が配備される予定だ。二〇二〇年には、三〇機の全地球航法衛星「ガリレオ」の運用が始まる。中国も独自の全地球測位システム（GPS）の運用を開始した。このシステムは、アジア全域と太平洋の一部をカバーし、二〇二〇年には地球全土を網羅するだろう。そうは言っても、データ通信全体の収益から見ると、人工衛星が占める割合はごくわずかなのだ。人工衛星のおもな利点は、アメリカやアフリカの内陸部や海上など、遠隔地において電話サービスが必要な人々にとって役立つことだ。将来も、海上では空、陸地では海を通じてしか交信できないとは、皮肉なことだ。海はまたしても定住民にノマドになる手段を提供する一方で、空はノマドに定住民になる手段を提供するのである。

開発可能になる海底資源

海には、エネルギーなどの希少な資源が莫大に埋蔵されている。需要がますます高まるそれらの海底資源の開発は始まったばかりである。だが、海底資源の開発が環境破壊につながるのではないかという懸念がある。

二〇一七年、海の炭化水素〔石油や天然ガスなどのエネルギー〕の埋蔵量は六五〇〇億バレルと推定されている。これは石油の確認埋蔵量の二〇%、天然ガスの三〇%に相当する。二〇一七年にリストアップされているおもな鉱床は、中東沖合の比較的水深の浅いところにある。地中海とギニア湾（ナイジェリアとアンゴラ）にも、水深一〇〇〇メートル以上の深海に油田が四五〇ヵ所あることがわかっている。フランス海外県の水域では、ギアナ、サンピエール島・ミクロン島〔ニューファンドランド島南部〕、マヨット島付近〔マダガスカル北方〕、ニューカレドニア島などの沖合に、かなりの埋蔵量があると思われる。北極海の水域にも大量の炭化水素資源があるはずだ[28]。

環境に関する二つの理由から、これらのエネルギー資源は利用してはならない。一つは海底を保護するためであり、もう一つは（これらのエネルギーを消費すると発生する）二酸化炭素を排出しないためである[162]。

海には未開発のレアメタル（希少金属）の鉱床もある。十数センチの層をなすそれらの団塊には、鉄、マンガン、銅、コバルト、ニッケル、白金、テルルなどの酸化物と、リチウムやタリウムなどの希少金属が含まれている。一八六八年、それらの団塊は北極海のシベリア北部沖のカラ海で発見された。他にも、インド洋北部、太平洋南東部、太平洋中央北部、メキシコ西部沖のクラリオン・クリッパートン断裂帯など、水深三五〇〇メートルから六〇〇〇メートルの海底に存在することがわかっている。それらの団塊は海底に三四〇億トンあると推定され、これを海以外で確認されている埋蔵量と比較すると、コバルト、マンガン、ニッケルは三倍、タリウムは六〇〇〇倍である[162]。

海には、銅、亜鉛、鉛、銀、金、さらにはレアメタル（インジウム、ゲルマニウム、セレン）を含む熱水硫黄鉱床もある。これらの硫黄鉱床は、海嶺に沿った位置にあることが多い。

また、クラリオン・クリッパートン断裂帯や太平洋北東部には、推定七五億トンのコバルト・リッチ・クラスト〔深海底にあるコバルトを多く含む鉱物資源〕も見つかっている。

それらの団塊と硫黄鉱床は、技術と環境の面できわめて複雑である。掘削に使用する機械は、五〇〇バールの水圧と海流に耐えられるものでなければならない。また、掘削区域は非常に分散している。さらに、それらの団塊のある水域は、生物多様性の宝庫でもある。北極圏がすでに聖域化されたように、それらの水域も保護地区にして開発は控えるべきだろう。

海には、風力、潮力、海流など、大量の再生可能エネルギーもある。潮力と海流のエネルギー量は、推定一六〇ギガワットだ（原子炉の一六〇基に相当）。波力は一・三から二テラワット（原子炉の一三〇〇基から二〇〇〇基に相当）、海洋温度差は二〇〇〇ギガワット、濃度差（河口での淡水と海水の塩分濃度差を利用して発電する）は二六〇〇ギガワットだ。問題は、まだそれらのエネルギーを効率よく持続的に回収する方法が見つからないことだ。

超長期的には、それらのエネルギー開発に加え、世界中の海で、バイオテクノロジー、養殖、淡水化などの事業が行われるはずだ。それらについては後ほど語る。ようするに、海は人類の一番でないにしても、食品産業に次ぐ二番目の活動であり続ける。[162] だからこそ、われわれは海を持続的に利用すべきなのだ。

海を経済的に支配するのはどの国か

史上初の出来事として、アメリカは軍事と経済の面で君臨しながらも、海を経済的に支配しなくなる。アメリカには、世界的な港や海運会社が存在しなくなる。

それとは反対に、海底ケーブルによるデータ通信、そしてアメリカの民間企業によって開発および運営される未来の海底ケーブルに関して、アメリカは最先端を走り続けるだろう。たとえば、フェイスブック社とマイクロソフト社は、アメリカのバージニア州とスペインのビルバオ間に光海底ケーブルを敷設し始めた〔二〇一七年九月に敷設が完了した大西洋横断海底ケーブル「マレア」〕。八対の光ファイバーを束ねるこのケーブルの通信速度の当初の推定値は、一六〇テラビット毎秒である。これは大西洋横断ケーブルとしては最大の容量であり、また、さまざまなネットワーク機器を相互運用できるため、この容量は増大する。[207] フェイスブック社とグーグル社は、香港とカリフォルニアを結ぶ一万二八〇〇キロメートルにわたる超高速の光海底ケーブルも敷設する。運用開始は二〇一八年だ。[207]

ニューヨークとロンドンも、五二テラビット毎秒のアメリカの海底ケーブルで結ばれる。

また、アメリカとヨーロッパ大陸を直接結ぶ海底ケーブルは、マルセイユにまで敷設され、中東、インド、アジアに通じる海底ケーブルと相互接続される。

アメリカは、数十年後に衛星データ通信も支配するだろう。アメリカのボーイング社とスペースX社は、二〇二〇年から二〇三〇年にかけて、瞬時かつ確実な接続を担保するための衛星コンステレーション〔多数の人工衛星を協調して動作させる運用方式〕の構築を目指し、複数のロケットを打ち上げる計画だ。だが、それらの人工衛星がデータ通信全体に占める割合はごくわずかだろう。

総括すると、アメリカ（アメリカ企業も含む）は、今後少なくとも三〇年間、海底ケーブル、人工衛星、そしてそれらが運ぶデータを支配するはずだ。アメリカのおもな目的は、自国の航路の安全を確保することであり、とくに、金融、ロボット工学、人工知能、情報、知的情報ネットワーク、金融および大学のネットワーク、データ管理、医療、教育などの新たな分野において、世界中で生み出される価値を独占することだ。

したがって、アメリカの相対的な権力は、海によって継続的に強化されるに違いない。

一方、中国は自国領土にいくつかの世界的な港を保有し続ける。そしてそれらの港から物質的なモノが（おもに船舶によって）送り出される。

二〇三五年ごろの最大勢力は、旧世界では中国、新世界ではアメリカだろう。

その後、もしかすると中国はデータ通信産業でも権力を掌握するかもしれない。その布石として、中国は近年、東シナ海をはじめ、太平洋、インド洋、大西洋に海底ケーブルを敷設する計画に着手した。

現在、中国のファーウェイ・マリーン社は、四六本の海底ケーブルを敷設する計画の準備に協力している。軍事企業だったこの会社は、とくにクリビ（カメルーン）からフォルタレザ（ブラジル）までの六〇〇〇キロメートルを結ぶ大西洋横断海底ケーブルを敷設する事業計画をもつ企業連合に参加している。中国の戦略にとって、アフリカとブラジルはきわめて重要なのだ。

インドネシア、韓国、日本、ベトナム、マレーシア、オーストラリアなどのアジア諸国も中国に追随する。エチオピア、ナイジェリア、ペルシア湾岸諸国、モロッコの出番もあるかもしれない。

未来においてヨーロッパ諸国は、自分たちのアイデンティティと海事力を取り戻し、それらを発展させない限り、今の生活水準を維持できないだろう。

フランスに九度目の機会は訪れるのか

フランスが巨大勢力になるためには、まず、パリが港になる必要がある。その際、パリの港はルアーブルになるだろう[13]。つまり、パリはセーヌ川を軸とする港湾都市になり、経済、社会、文化の面においてあらゆる利益を内包する首都になる必要があるのだ。そのためには、当局が一貫した方針をもってセーヌ川流域を整備しなければならない。とくに、パリ、ルーアン、ルアーブルが一体化して、「ハロパ」港湾局〔前述の三つの港の管理組合〕のように、一つの行政区になる必要がある。〔北極航路の開通によってヨーロッパ北部の港が有利になる前に〕パリの港を発展させて世界レベルにするには、海をフランスの優先課題にするのだ。とくに、パリそしてデュースブルク〔世界有数の河港をもつドイツの都市〕から始まる中央ヨーロッパの河港とルアーブルまでの高速鉄道や河川輸送を強化し、コンテナの流通を円滑にするために、港湾設備に投資する必要がある。

また、マルセイユ、ブローニュ＝シュル＝メール、ダンケルク、カレー、ボルドー、ブレスト、サン＝ナゼールなどの港も、後背地とのつながりを改善すべきだ。

さらには、一一〇〇万平方キロメートルにおよぶ世界二位のフランスの巨大な水域の価値を高める必要がある。その鍵を握るのは、フランス海外県の価値を最大限に引き出すことだ。なすべきことはたくさんある。海に関する行政機関をフランス海外県に移転することも選択肢だ。たとえば、レユニオン〔マダガスカル島東沖合〕をアフリカに向かう中国の航路の中継地点にする、カイエンヌ〔ギアナの首都〕をラテンアメリカ最大の港の一つにする、パペーテ〔タヒチ島の首都〕を太平洋の主要な中継地点にする、アンティル諸島〔中央アメリカに位置する西インド諸島の主要部〕を海洋エコツーリズムの聖地にするなどだ。フランスが海底ケーブル産業を復活させることは至上命令である。フランスの領土を海底ケーブルによって早急に結ぶ必要がある。

これら以外にも課題はたくさんある。たとえば、自国周辺のフランス語圏の国々との連携強化も大きな課題だ。

これらのためには、フランスは、社会全体に海洋文化を浸透させ、洗練された秀でた文化であり続けようとする情熱を失うことなく、因習ではなく変化に活路を見出さなければならない。

海なしでも成功できないのか

海と関わりをもつことなく成功し続ける国も存在するだろう。そのためには、付加価値が高く、重量の軽いあるいは非物質的な製品を開発し、それらの製品に見合った輸送手段を発展させる必要がある。

必要は発明の母なのだ。

二つの国の事例が大変参考になる。一つめはスイスである。スイスは世界で最も発展している国の一つだが、海に面していない。海に面していないからこそ、工作機械、化学、製薬、精密機械、金融サービスなど、付加価値の非常に高い製品を生み出す産業に特化しているのだ。スイスの場合、輸出の四三%は空輸、輸入の二〇%と輸出の一五%は鉄道、輸出入の一〇%は河川、残りは陸運である。スイス国内では、一六社の船舶会社が一四〇隻以上の船舶を管理運営している。それらの船舶は、一二の湖と、ライン川をバーゼルから、ラインフェルデン、シャフハウゼン、ボーデン湖まで航行している。

洗練された製品に特化するという執着と、(地中そして海底ケーブルを経由する)金融サービスの発展があれば、あとは何とかなる。スイスはデータ経済に従事することによって現在の地位を保っているのだ。海に面していないからと言って、スイスが巨大勢力になれないということはない。

二つめは、ルワンダの事例である。もちろん、スイスとは内容と規模がまったく異なる。二〇年来、アフリカ大陸の完全に奥まった内陸に位置するルワンダの一人当たりのGDPは、非常に低い水準ではあるが、五倍に増加した（購買力平価で九四五ドル）。ルワンダは主力産業を鉱業と農業からサービス産業へと移行させている。ルワンダのおもな輸出品は、相変わらず金属、鉱石、コーヒー、茶、穀類、野菜である。それらをコンゴ民主共和国、ケニア、アメリカ、中国、アラブ首長国連邦、インドに向けて輸出している。茶とコーヒーを除く輸出品の九五％は、アフリカ東海岸の第一および第二の港であるケニアのモンバサとタンザニアのダルエスサラームにまで、トラックあるいは鉄道によって輸送されている。ルワンダがこの輸出戦略を成功させるには、（地中ケーブル、そして海底ケーブルを利用する）情報化とサービス業を発展させる必要があるだろう。

二〇五〇年ごろに「新たなシンガポール」になることを夢見るルワンダは、国内の僻地や外国の港に向けたドローンによる輸送に関する法整備も進めるべきだ。ルワンダの将来もデータ通信への取り組みに左右される。

スイスとルワンダの事例は、カザフスタン（海に面していない最も大きな国）、中央ヨーロッパ諸国、一部のラテンアメリカ諸国など、内陸国の参考になるはずだ。

まとめると、国が海をうまく利用して自国の発展モデルを抜本的に改革すれば、国は発展する。それはポジティブな海洋経済を構築するということだ。この問題は、本書の最終章でじっくりと語る。

第十章

将来：海の地政学

今後も海は、人間が人間に影響力をおよぼす源泉、そしてこの影響力を手に入れる際の課題であり続けるだろう。あらゆるデータを基に予測すると、オールドエコノミーの新たな超大国である中国と、ニューエコノミーの超大国であるアメリカが、将来の巨大経済力を分かち合うことになる。同じように予測すると、地政学的な緊張は、太平洋に面する中国とアメリカの海上でのにらみ合いから生じる。したがって、東・南シナ海や太平洋の周辺、そして両国に欠かせない天然資源が通過する航路や、両国の製品が世界に向けて輸出される航路などの海上で緊張が高まると考えられる。

冷戦の海洋地政学

一九四五年から今日まで、戦争勃発の緊張、ほとんどの局地戦、世界戦争までにはいたらなかった脅威の舞台はいずれも海だった。

経済の場合と同じく、一九四五年以降の世界では、飛行機とロケットが地政学的な役割を担ったと思われているようだが、すべての舞台は海上、とくに海中だった。また戦後、最も危険な武器は海に配備された。支配国にとって地政学上きわめて重要なケーブルも海底に敷設された。

一九四九年に海をめぐって北大西洋条約が締結された。この条約の目的は、大西洋における自由な往来を保障し、ソビエト連邦が仕掛けるあらゆる攻撃からすべての沿岸諸国を保護することだった。

冷戦が始まった一九五〇年以降、複数の核弾頭が装填された大陸間弾道ミサイルを搭載する原子力潜水艦が徘徊しに来るのは、おもに大西洋だった。たとえば、一九五九年、ミサイルを発射できるアメリカ初の原子力潜水艦「ハリバット」号が進水した。ソビエト連邦はすぐにアメリカに追随し、恐怖の軍拡競争が始まった。

毛沢東が権力の座に就くと、中華人民共和国もソビエト連邦とともに海軍の創立に着手した。一九五〇年に毛沢東は、「われわれは帝国主義の侵略に対抗するために強力な海軍をもたなければならない」と宣言した。

一九五六年のスエズ戦争により、英仏の既得権を遵守させようとする最後の試みが失敗に帰したことが明らかになった。米ソ支配という新たな枠組みが確立したのである。エジプトのガマール・アブドゥル＝ナーセルという新たな権力者によるスエズ運河の国有化を防ぐために、スエズ運河をつくったフランスとこれを奪取したイギリスは、エジプトにパラシュート部隊を送り込んだが、新たな二大勢力〔米ソ〕は何とフランスとイギリスを裏切り、両国をエジプトから追い払ったのである。その後、米ソが海と世界の支配を分かち合った。

冷戦はその六年後の一九六二年一〇月中ごろに最高潮に達した。その舞台はまたしても海だった。ソビエト連邦の核ミサイルを積んだ船が（一九五九年に共産主義国になった）キューバに向かったのである。それらの船がキューバに到着して核ミサイルを配備するのを阻止するために、アメリカ大統領ジョン・F・ケネディは、一〇月二四日にキューバを海上封鎖した。そのとき、緊張は最高潮に達した。いつ核戦争が起きても不思議ではない一触即発の状態だった。その三日後、ソビエト連邦は譲歩し、ソビエト連邦の船は核ミサイルをもち帰った。この譲歩と引き換えに、アメリカはトルコにおける核ミサイル配備を断念した。

その三年後、ロシアと縁を切った中国は独自に海軍を構築することになった。

海軍を強化したのは中国だけではない。一九六七年三月二九日、フランス初の原子力潜水艦「ル・ルドゥタブル」号がシェルブール港において進水した。この潜水艦は三〇〇〇キロメートルの射程をもつ一六発の弾道ミサイルを搭載していた。

その後、冷戦は核抑止力に基づくことになった。とくに、探知されることなく敵の領土にミサイルを発射できる潜水艦の戦いになったのである。核兵器の発射は、潜水艦からのほうが飛行機や地上の基地からよりもはるかに安全確実だった。

軍拡競争が過熱した。ミサイルを発射できる原子力潜水艦の数は急増した。一九七〇年、アメリカは四一隻、ソビエト連邦は四四隻の原子力潜水艦を保有していた。フランスも原子力潜水艦を建造した。「ル・ルドゥタブル」号の後、「ル・テリブル」号、「ル・フードロワイヤン」号、「ランドンターブル」号、「ル・トナン」号である。

一九八三年一月にアメリカ大統領ロナルド・レーガンが「スターウォーズ計画」〔戦略防衛構想〕を打ち出すと、冷戦は新たな様相を示した。この計画の狙いは、敵の原子力潜水艦から飛来する大陸間弾道ミサイルを破壊するための技術開発だった。原子力潜水艦は探知できないのだ。アメリカのこの動きを受け、ソビエト連邦も軍事技術の開発に尽力した。そのような先端技術が効果を発揮するようになると、ソビエト連邦の核抑止力は威力を失う。よって、ソビエト連邦にとって技術開発は死活問題だった。米ソ間で軍縮に関する議論が再開されたが、話し合いは難航した。それでもいくつかの条約によって核軍縮が宣言された。

一九八二年四月二日、大西洋南部においてイギリスとアルゼンチンが対立した〔フォークランド紛争〕。巨大勢力はこの局地的な紛争に関与しなかった。アルゼンチンの司令官が、四隻のフリゲート艦、一隻の潜水艦、一隻の戦車揚陸艦、一隻の砕氷船、一隻の貨物船を、自国領土の沖合にあるマルビナス諸島に送り込んだのだ（一七六四年にマルビナス諸島〔フォークランド諸島のスペイン語名〕と名づけられたのは、この諸島の住民がフランスのサン・マロの漁師たちだったからだ〔スペイン語でサン・マロ人の諸島という意味〕。だが、マルビナス諸島は一八三三年にイギリスが奪還してからはイギリス領だった)。当時のイギリス首相マーガレット・サッチャーはマルビナス諸島を取り戻すために、九隻の船舶を即座に派遣した。五隻の対空砲艦、三隻の対潜艦、一隻の補給艦である。当時、イギリスは自国の海軍が悲惨な状態であることを心得ていた。海戦に関しては、イギリスはアルゼンチンの魚雷攻撃を受けた。この紛争の死者は、イギリスが二五〇人、アルゼンチンが七五〇人だった。六月一四日、アルゼンチン軍は降伏した。アメリカとソビエト連邦は、この紛争から距離を置こうと腐心した。

一九八六年、ソビエト連邦の新たな指導者ミハエル・ゴルバチョフはこの軍拡競争を続行することができず、ソビエト連邦の社会システムの破綻を認め、ペレストロイカ(改革運動)を実行した。そして一九九二年、ソビエト連邦は終焉を迎えた。冷戦の舞台もそれまでの戦争と同じく海上だった。

その翌年、時代の変化を示す出来事として、中国が大陸弾道ミサイルを発射できる初の原子力潜水艦を進水させた。

第三次世界大戦の引き金になりうる海上での小競り合い

冷戦時に起きた海での小競り合いからは、新たな勢力たちの間で、そして新たな戦場において、何が起きるのかがわかる。いずれにせよ、すべての小競り合いは、中国、東・南シナ海とそれらの水域にある島々、たとえば、南沙諸島、西沙諸島、東沙諸島、スカボロー礁、マックルズフィールド堆などで生じるだろう。

一九七四年、サイゴン政府〔旧ベトナム共和国：南ベトナム〕がアメリカの石油会社に油田探査許可を与えたため、中国とベトナムは武力衝突し、ベトナムは西沙諸島の実効支配を失った〔西沙諸島の戦い〕。一九七七年、フィリピンは南沙諸島にある台湾が実効支配する島を奪取しようとしたが失敗した。

一九八八年、中国は南シナ海において南沙諸島の珊瑚礁を手中に収め、フィリピンとベトナムをねじ伏せて自国の経済水域を拡大させた〔スプラトリー諸島海戦〕。一九九五年初頭、中国はパラワン島〔フィリピン最西端〕沖合の珊瑚礁〔ミスチーフ礁〕に軍事基地を設置した。東南アジア諸国連合（ＡＳＥＡＮ）の介入により、中国、ベトナム、フィリピンの三国は、係争中の水域における軍事活動を逐次報告し合い、それらの諸島に建造物を新たに構築しないと相互に確認した。

ところが、三国ともこの協定を遵守しなかった。二〇〇四年五月、ベトナムは南沙諸島の島に飛行場をつくった。中国は二〇〇九年以降、珊瑚礁を埋め立てて港を建造し、西沙諸島に四つ、南沙諸島沖の人工島に四つ、フィリピンも権利を主張する南沙諸島の排他的経済水域にある人工島に三つの軍事基地を建設し始めた。それらの人工島の面積は、まもなく周辺の島々よりも広くなる。

二〇一一年六月、フィリピンは南シナ海を「西フィリピン海」という名称で呼ぶと宣言した。中国は、二〇一二年にフィリピンの船舶がスカボロー礁の水域を航行するのを禁じ、二〇一五年五月には、スビ礁を埋め立てて人工島に変えた。フィリピンの提訴により、二〇一六年七月一二日に常設仲裁裁判所は、「中国はこれらの水域で天然資源に関する歴史的な権利を主張しているが、中国のそうした主張に法的根拠は一切ない」との判断を示した（中国はこの仲裁裁定を認めていない）。

将来的に重要になる水域にくすぶる火種

それらの小競り合いからは、次にどこで紛争が起きるのかがわかる。紛争は一般的に陸地で発生するものであっても、ライバル国同士の紛争はこれまでと同様に海上で起きるはずだ。海上封鎖する、船舶の接岸を妨害する、敵の貿易航路を支配する、敵の海底ケーブルを破壊する、さらには、希少な海底資源を収奪することなどが考えられる。[37] それらの紛争が敵の潜水艦によるミサイル攻撃にいたることさえ起こりうる。

支配国あるいは支配国になろうとする国が太平洋周辺に位置することは間違いない。アメリカと中国を筆頭に、それらの国は太平洋の主要水域の支配を試みる。とくに、一次産品の輸入経路を確実にし、自分たちの商品の輸出ネットワークを支配しようとするはずだ。

こうした国は大型船の航路でも衝突するだろう。衝突が起きれば国の貿易は制約を受ける。紛争は一次産品が大量にある水域や、敷設されている海底ケーブルの重要なポイントなどでも起きるかもしれない。[37]

そして犯罪組織やテロ集団などの非合法な国際組織が、それらの国の権力の中枢を攻撃するために前述の水域で暴れ回る恐れもある。
次に、紛争が起きる水域を発生確率が高い順に列記する。

——**南シナ海**（面積は三五〇万平方キロメートル）。ベトナム東部から中国南部、そしてフィリピン西部からインドネシア北部の水域である。中国の対外貿易の九〇％、世界の船舶の三〇％、海上輸送される石油の半分以上がこの水域を往来する。南シナ海の船舶交通量は、スエズ運河の三倍、パナマ運河の五倍である。また、南シナ海での漁獲量は世界全体の八％に相当する。南シナ海の諸島（南沙諸島、西沙諸島、東沙諸島）の沖合の海底には、莫大な一次産品と石油が眠っている。とくに、中国とフィリピンはこれらの島の領有権をめぐって極度に緊張した状態にある[114]。

——**東シナ海**（面積は一二〇万平方キロメートル）。中国、日本、韓国、台湾の間に位置する水域である。東シナ海も戦略水域であり、世界の五大港が位置する。中国の四つの港（寧波、上海、広州、天津）と韓国の一つの港（釜山）である。世界貿易量のおよそ二〇％がこの水域を往来する。東シナ海にある五つの小島と三つの岩山からなる尖閣諸島／釣魚群島は、領有権問題で緊迫した状態にある[114]。そして北朝鮮が世界規模の核戦争を開始すると恫喝し続けている。

――**インド洋**。インドのみならず中国のほとんどの貿易船がこの水域を往来する。インド洋も戦略水域であり、紛争が勃発する恐れが充分にある。そのリスクを痛感する中国は、インド洋に自国船舶のための貿易拠点を多数設けた〔前述の「一帯一路」構想〕。

――**紅海**。この水域の重要性は変わらない。毎年、二万隻の船がアジアの工業製品を紅海経由でヨーロッパまで輸送している。この貿易量は世界全体の二〇％に相当する。アメリカとフランスは、スエズ運河からジブチまでの紅海水域に艦隊を常時配備している。

――**ペルシア湾**。イラクからイラン、そしてカタールをはじめとするアラブ諸国に囲まれ、スンニ派とシーア派の勢力が交錯し、衝突する水域である。ペルシア湾岸周辺には世界の石油埋蔵量の六〇％があり、世界の石油生産量の三〇％は、ペルシア湾岸から輸出される。

――**地中海**。この水域も今後も戦略的に重要だ。地中海の周囲には、一一のヨーロッパ諸国、五つのアフリカ諸国、五つのアジア諸国があり、四億二五〇〇万人以上の人々が暮らしている。地中海は、陸地に囲まれた最も大きい海であり、外の水域との接点は二ヵ所（スエズ運河とジブラルタル海峡）しかない。年間一三万隻の船舶がこの水域を航行している。世界貿易量の三〇％に相当するそれらの船舶のうち、二〇％がタンカー、三〇％が商船だ。フランスの天然ガス輸入量の四分の三は地中海経由である。地中海にはガス田がある。とくに、ギリシア、キプロス、イスラエル、トルコ、レバノンなどの沖合だ。地中海沿岸は世界一の観光地であり、危機が発生しなければ二〇三〇年には五億人以上の観光客が訪れるだろう。

現在、地中海を隔てて、裕福な側の人口〔ヨーロッパ〕はおよそ五億人、貧しい側の人口〔アフリカなど〕はおよそ一〇億人（まもなく二〇億人）だ。二〇一六年、三六万人以上の移民が、リビアとチュニジアからイタリア、そしてトルコからギリシアとブルガリアを目指して地中海を横断した。移民を乗せる船は大型化しており、一隻で九〇〇人の移民を輸送できる。まもなく数千人の移民を輸送する船も登場するだろう。イタリア、スペイン、ギリシア、フランスの海岸に向けて、「人質を乗せた特攻船」が現れることも懸念される。したがって今日、フランス、アメリカ、ロシア（少なくとも二〇四二年まではタルトゥス〔シリア〕の港に補給基地をもつ）などの艦隊が警備を強化している。

――**大西洋**。長年にわたって紛争の絶えなかった水域だが、今日では大きな争点ではなくなった。アメリカ海軍の視界には入ってさえいないのかもしれない。唯一まだ監視されているのは大西洋南部である。なぜなら、この水域はラテンアメリカとアフリカを結ぶ麻薬貿易ルートであり、また、ギニア湾に豊富な埋蔵量の油田と莫大な漁業資源があるからだ。

紛争が勃発する恐れのある海峡

これらの海をつなぐ海峡もきわめて戦略的な水域だ。海峡は紛争の源であり、戦いの要衝になる。

――**マラッカ海峡**[138]。毎年六万五〇〇〇隻の船舶がインドネシアのスマトラ島とマレー半島を隔てるこの海峡を通過する。これは世界の海運量のおよそ二〇％近く、石油海上輸送の半分、中国のエネルギー資源の八〇％に相当する[138]。マラッカ海峡が狭小なのは数千年来のことであり、この水域は海賊やテロリストの格好の標的である。彼らがマラッカ海峡に三隻の船を沈めるだけで、この海峡は通航不能になる。そうなれば世界経済は立ち往生する。

――**ホルムズ海峡**[121]。この海峡は、幅が六三キロメートルで、オマーン湾に面し、イランとアラブ首長国連邦の間に位置する。毎年、二四〇〇隻のタンカーがこの海峡を通過する。世界の石油貿易量の三〇％に相当する一日当たり一七〇〇万バレルの石油を積んだタンカーが通航する。この海峡にも先ほど述べたマラッカ海峡と同じリスクが宿る。

――**バブ・エル・マンデブ海峡**（アラビア語で「涙の門」という意味）。紅海からアデン湾、つまり、インド洋に抜けるすべての船舶は、イエメンとジブチを隔てるこの海峡を通過する。この海峡も前述の二つの海峡と同じリスクを抱える。

――**モザンビーク海峡**。モザンビークとマダガスカルの間にあり、コモロ諸島が浮かぶこの海峡を通過する船舶の数は非常に多い。海底には大量の石油が眠る。とくにフランス領マヨットの沖合である。前述の三つの海峡と同じリスクが存在する。

――海峡に関連して指摘しておきたいのは、二〇一八年より、紅海と死海を結ぶ一八〇キロメートルにおよぶ運河造成計画が着手されることだ。死海の水面は毎年一メートルのペースで低下しているが、この計画により、死海はよみがえるかもしれない。死海の岸辺には、人類が最初に村をつくったエリコがある。この計画がきっかけになってイスラエルとパレスチナの問題に建設的な解決策が見つかるかもしれない。

北極をめぐる領有権争い

北極圏の海底には大量の石油が眠っている。各国の開発から南極を保護する協定はあるが、北極を保護する協定は、一九八二年に採択された「国連海洋法条約」という一般則以外に存在しない。よって、北極の周辺国は、北極圏に「排他的経済水域」の権利ならびに前章で述べた自国の船舶の航行権を主張する。だが、それらの要求は矛盾する。というのは、周辺国の排他的経済水域は重なり合うからだ。したがって、紛争が勃発する危険性はかなり高い[128]。

デンマークは自分たちが統治するグリーンランドの隣にあるハンス島の領有権を主張するが、先住民たちはエネルギーおよび鉱物資源の開発企業との直接交渉を望んでいる。

アメリカは、ボーフォート海は自分たちの経済水域だと主張し、レーダー・ネットワークの拡充のためにカーナーク（グリーンランド）に空軍基地を設けた。アメリカの潜水艦はどこの国の許可も得ず、海氷下やカナダの島々の沖合を潜航している。

ロシアは、「ロモノソフ海嶺」は自国の大陸棚の延長だと主張している。一二〇万平方キロメートルもあるこの広大な海嶺の真下には北極点がある。ロシアはバレンツ海のシュトックマン・ガス田も開発する予定だ。世界の天然ガスの埋蔵量に占めるこのガス田の割合は二%近くである。海氷が現在のペースで解け続けると、五年後には北極圏の鉱床は開発可能になる。

中国も、九章で述べた北極圏の北東航路と北西航路を支配しようとしている。これらの航路が開通すれば、中国は自国製品を西側諸国へ輸送するコストを大幅に削減できる。

カナダはこれらすべての要求に異議を唱え、バフィン島（カナダ北東部の北極諸島にある島）の北部に軍事基地を建設し始めた。カナダによると、それらの航路はカナダの水域だという（当然ながら、カナダ以外の国はこの見解を認めていない）。

狙われる海底ケーブル

世界中の海に敷設されている海底ケーブルは自然に劣化するだけでなく、サメにかじられる、船舶の投錨や底引き網によって破損する、さらには海底火山の活動によって切断される

北極圏の領有図

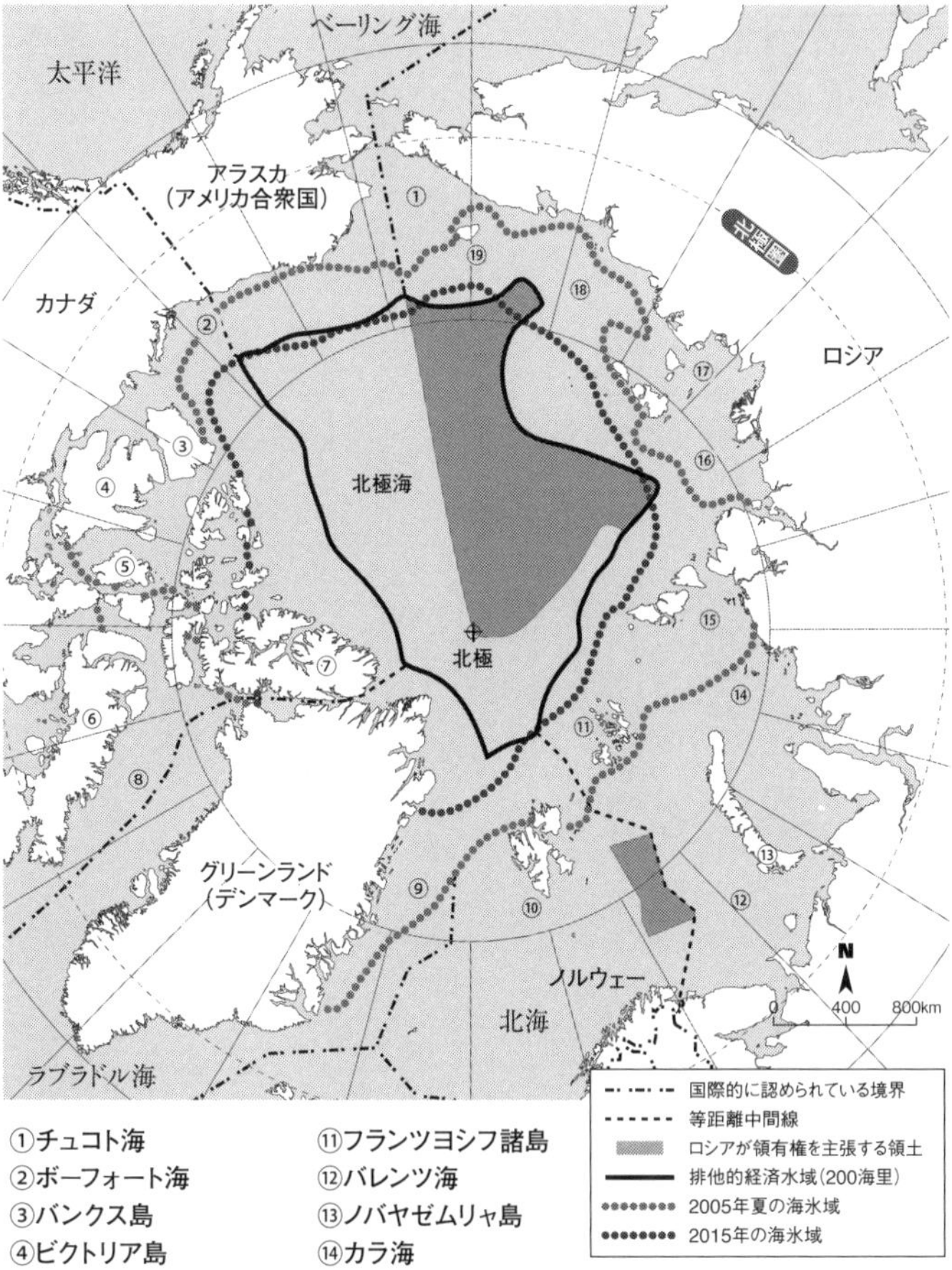
ベーリング海
太平洋
アラスカ
（アメリカ合衆国）
カナダ
ロシア
北極圏
北極海
北極
グリーンランド
（デンマーク）
ノルウェー
北海
ラブラドル海
N
0
400
800km
国際的に認められている境界
等距離中間線
ロシアが領有権を主張する領土
排他的経済水域（200海里）
2005年夏の海氷域
2015年の海氷域

①チュコト海
②ボーフォート海
③バンクス島
④ビクトリア島
⑤クイーンエリザベス諸島
⑥バフィン島
⑦エルズミーア島
⑧バフィン湾
⑨グリーンランド海
⑩スバールバル諸島
⑪フランツヨシフ諸島
⑫バレンツ海
⑬ノバヤゼムリャ島
⑭カラ海
⑮セベルナヤ・ゼムリャ諸島
⑯ラプテフ海
⑰ノボシビルスク諸島
⑱東シベリア海
⑲ウランゲリ島

ことがある（大恐慌の発生直後の一九二九年、大西洋初のケーブルネットワークは地震によって破壊されたが、当時は、まだ電報と電話だけだった）。そしてもちろん、海底ケーブルが意図的に破壊される場合もある。

海底ケーブルは傍受できる[238]。すでにアメリカ国家安全保障局（NSA）は、海底ケーブルのいくつかのアクセス・ポイントに接続して世界中の通信データの四分の一を傍受している。今日、小型潜水艦を利用すれば海底ケーブルを経由するすべてのコミュニケーションおよびデータを選別しながら傍受できる。現在の象徴的な出来事として、ロシアの潜水艦や哨戒艦艇は、二〇一四年から二〇一五年にかけて、海底ケーブル付近の巡回時間を五〇％増やした[221]。

各国当局は海底ケーブルを保護するために、自国の艦隊を出動させる、ケーブルを海底に埋設する、ケーブルの外装を厚くするなどの対策を打ち出している。

海戦という脅威

これまで紹介したように、世界は今でも海そして海底で起きることに大きく依存する。国家のサバイバルに必要なものは、今後も海を通じて運ばれてくる。紛争が起きてから最初の戦いの場になるのは、これまでと同じく海だ。それは敵の天然資源の供給路を断つためであり、敵の来襲を阻止するためである。

テロ組織は、経済的、地政学的な権力が実際にはどこに宿るのかを察知し、その脆弱性に気づくかもしれない。用心しないと、彼らは海を攻撃対象にする。

したがって、領土防衛の争点は、遠くの海と深海までを含む、海上および海底なのだ。海戦という脅威に対し、攻防のための軍備が必要になる。すなわち、海軍、空軍（艦載機を含む）、偵察衛星、船舶および港湾施設と沿岸部の安全を守る陸軍である。

軍備増強において海軍が占める割合は、とりわけ大きくなるだろう。

海軍はすでに著しく増強された。一九一四年に海軍を保有していたのは三九ヵ国だったが、現在ではその数は一五〇ヵ国になった。これらのうち七ヵ国はとくに巨大勢力である。すなわち、国連安保理常任理事国の五ヵ国（アメリカ、イギリス、フランス、ロシア、中国）ならびに日本とインドである。

将来的にはアメリカと中国の間で、まずは海を舞台に軍拡競争が始まる。

アメリカ海軍は、一九四五年から現在まで、そして遠い将来においても、世界最強であり続ける。世界二位から七位までの各国海軍の軍備を足し合わせても、世界一位のアメリカ海軍の規模に劣る。今日、アメリカは、五〇隻の攻撃型原子力潜水艦、一四隻の弾道ミサイル搭載原子力潜水艦、一一隻の航空母艦、二七五機以上の戦闘機を保有する。それらの総重量は三〇〇万トンを超える。アーレイ・バーク級ミサイル駆逐艦一隻だけで、さまざまな種類のミサイルを九六発も輸送できる。全長三三〇メートル超のニミッツ級航空母艦一隻だけで六〇〇〇人の兵士と八〇機の機材〔戦闘機やヘリコプター〕を搭載できる。最新鋭の航空母艦「ジェラルド・R・フォード」の建造には、およそ一三〇億ドルが投じられた。世界最大の海軍基地であるバージニア州のノーフォークにあるアメリカ海軍基地には、文民と軍人を合わせておよそ六万人が働いている。これはフランス海軍の構成人数よりも多い。そして今日、アメリカ海軍が外国にもつ基地の数は三〇を超えた。世界の全水域にアメリカ海軍の基地があるのだ。

二〇三四年までには、F―35戦闘機が離着陸できるジェラルド・R・フォード級航空母艦が新たに三隻建造され、アメリカ海軍の保有する軍艦の数は、少なくとも三〇〇隻になるはずだ。アメリカ参謀本部の試算によると、二〇三〇年までに三五五隻の戦艦を保有するには、今後七年間にわたって、八〇〇億ドルから一五〇〇億ドルの追加予算が必要になるという[153]。

アメリカ海軍にも自動操縦艇が登場する。海のドローン〔無人艇〕には、指向性エネルギー兵器（レーザー兵器、電磁波兵器、プラズマなどの粒子ビーム兵器）と、ミサイルを発射する空のドローン〔無人機〕が搭載される。攻撃型原子力潜水艦と弾道ミサイル搭載原子力潜水艦が、いつ探知できるようになるのかはわからない。

今日、中国は一八三隻の戦艦を保有し、攻撃型潜水艦の保有数では世界一である（アメリカの五〇隻に対して中国の六五隻）。中国海軍は飛躍的に拡充している。たとえば、中国は二〇一三年から二〇一七年までに、八〇隻の軍艦を建造した。二〇二〇年には、中国初の国産航空母艦が就役する予定であり、攻撃型原子力潜水艦と弾道ミサイル搭載原子力潜水艦の数は七〇隻以上になる見込みだ。二〇三〇年には、中国艦隊は四一五隻の戦艦を保有し、少なくともアメリカ海軍と同規模になっているだろう（四隻の航空母艦、六〇隻の従来型潜水艦、五隻あるいは六隻の攻撃型原子力潜水艦と弾道ミサイル搭載原子力潜水艦を含む一二隻の原子力潜水艦、二六隻の駆逐艦、四〇隻のフリゲート艦、二六隻のコルベット艦、七三台の水陸両用車、一一一隻のミサイル艇）。

日本が保有する駆逐艦とフリゲート艦の数は、イギリスとフランスを足し合わせた数よりも多いが、日本は原子力兵器をもたない。日本は自国海軍を増強し続け、航空母艦を配備するはずだ。韓国と北朝鮮も同様である。韓国は一五隻の潜水艦と七万人の兵士、北朝鮮は七〇隻の潜水艦と六万人の兵士を擁するだろう。

二〇三〇年には中国の人口を上回っているであろうインドは、一二隻の従来型の潜水艦と七隻の弾道ミサイル搭載原子力潜水艦、一六隻の駆逐艦、四隻の航空母艦を保有すると思われる。よって、インドは、航空母艦の規模では世界二位、アジアの艦隊のなかでは世界二位になる。[148] インドと競い合うパキスタンは、潜水艦を保有しようとする。

将来の世界勢力であるインドネシアは二七四隻の戦艦を保有する。そのうち三〇隻ほどは潜水艦だが、弾道ミサイル搭載原子力潜水艦は一隻もないだろう。

ベトナムはロシアから六隻の潜水艦を入手する。

五二隻の軍艦を保有するオーストラリアは、一二隻のフランスの攻撃型原子力潜水艦、九隻のフリゲート艦、一二隻の哨戒艦艇を新たに保有し、二〇二一年には補給艦を刷新する予定だ。二〇一八年からは自国水域と航路の安全確保のために最新の外洋哨戒艦艇を就役させる予定だ。

総括すると、二〇三〇年、中国、日本、台湾、韓国、ベトナム、シンガポール、インド、パキスタン、オーストラリア、インドネシア、マレーシアだけで保有する潜水艦の数の合計は世界の半分以上になり、またこれらの国が保有する航空母艦の数の合計は、世界のほぼ半分になる。

基本的に内陸国であるロシアは新たな地政学を打ち出す。海に軸足を移し、世界中の海で存在感を示し始める。二〇二〇年には、ロシア海軍は、一隻の航空母艦、一五隻の弾道ミサイル搭載原子力潜水艦、二五隻の攻撃型原子力潜水艦、六隻の巡洋艦、九〇隻のフリゲート艦を保有するだろう。

イギリス海軍は、二〇三〇年には二隻の新しい航空母艦、四隻の弾道ミサイル搭載原子力潜水艦、二一隻の攻撃型原子力潜水艦を保有し、イギリス史上最大の規模になるに違いない。

フランス海軍は大幅に縮小した。現在の戦力は、一隻の航空母艦、六隻の攻撃型原子力潜水艦、四隻の弾道ミサイル搭載原子力潜水艦、二一隻のフリゲート艦、三隻のミストラル級強襲揚陸艦、二一隻の哨戒艦艇、一一隻の機雷掃討艇、三隻のタグボート、二隻の水陸両用艦である[127]。

現在の計画では、二〇年後に複数隻のフリゲート艦と一隻の航空母艦が加わるにすぎない。フランスが海を戦略的優先課題にしなければ、防衛できるのはフランスの本土ならびに太平洋とインド洋にある海外県・海外領土（ＤＯＭ―ＴＯＭ）だけになる。とくに、自国の排他的経済水域を守る手段がまったく見当たらない。しかしながら、国家の将来的な財産は、排他的経済水域にこそ宿るのだ。

アフリカ諸国やラテンアメリカ諸国に海軍を増強する計画はない。これらの国々にとって、海軍増強はおそらく次の世紀になってからだろう。

海でのテロ行為[134]が将来の新たな戦争形態になるかもしれない。潜水艦やドローンを利用する、特攻船や人質をとった船が民間船や港に突っ込む、爆発物と移民を満載した船を地中海に送り込む、重要性の高い海底ケーブルを切断するなど、さまざまな形態のテロ行為が考えられる。

第十一章

未来：海は死ぬのか？

「海は船乗りに夢見ることを教える。だが、港は彼らの夢を壊す」

『陸地の人々』、ベルナール・ジロドー著〔フランスの俳優、映画監督〕

すでに述べたように、人類が海におよぼす影響は日増しに強まっている。漁業、海上輸送、ゴミ投棄、地球温暖化、海底資源の開発、あらゆる形態の自然破壊などである。

これらのすべてが、地球の化学的、物理的なバランスを大きくかき乱している。三〇億年前に海で誕生した生命は、五億年前に陸地にたどりつき、人類にまで進化した。われわれはこの類い稀な過程を可能にした海の環境を熟考すべきだ。海は脆弱なのである。

海から見た歴史を語ることが海の歴史である。海が死ねば歴史も終わる。海が死んでも生命が消え去ることはないが、人類は消滅するだろう。

現在そして将来も、大気、水、食糧、気候など、海は生命にとってかけがえのないものを提供する。海がなければ高度に発展した社会であっても生きながらえることはできない。化学的、物理的に脆弱な海のバランスをこれ以上かき乱すと、地球は少なくとも人類にとって生存不可能な場になる。

海が変調をきたせば、六回目の大量絶滅が起きるだろう。自然が引き起こしたそれまでの大量絶滅とは異なり、今回は特定の生物〔人類〕の行動が原因だ[64]。大惨事が発生しても、それまでの大量絶滅のときと同様に、すべての生命が消滅することはないだろう。生命は少なくとも海中で、単純かつ耐性の強い形態で存続し、時間の経過とともに予期せぬさまざまな手段によって生まれ変わるに違いない。だが、人類が生き残ることはない。

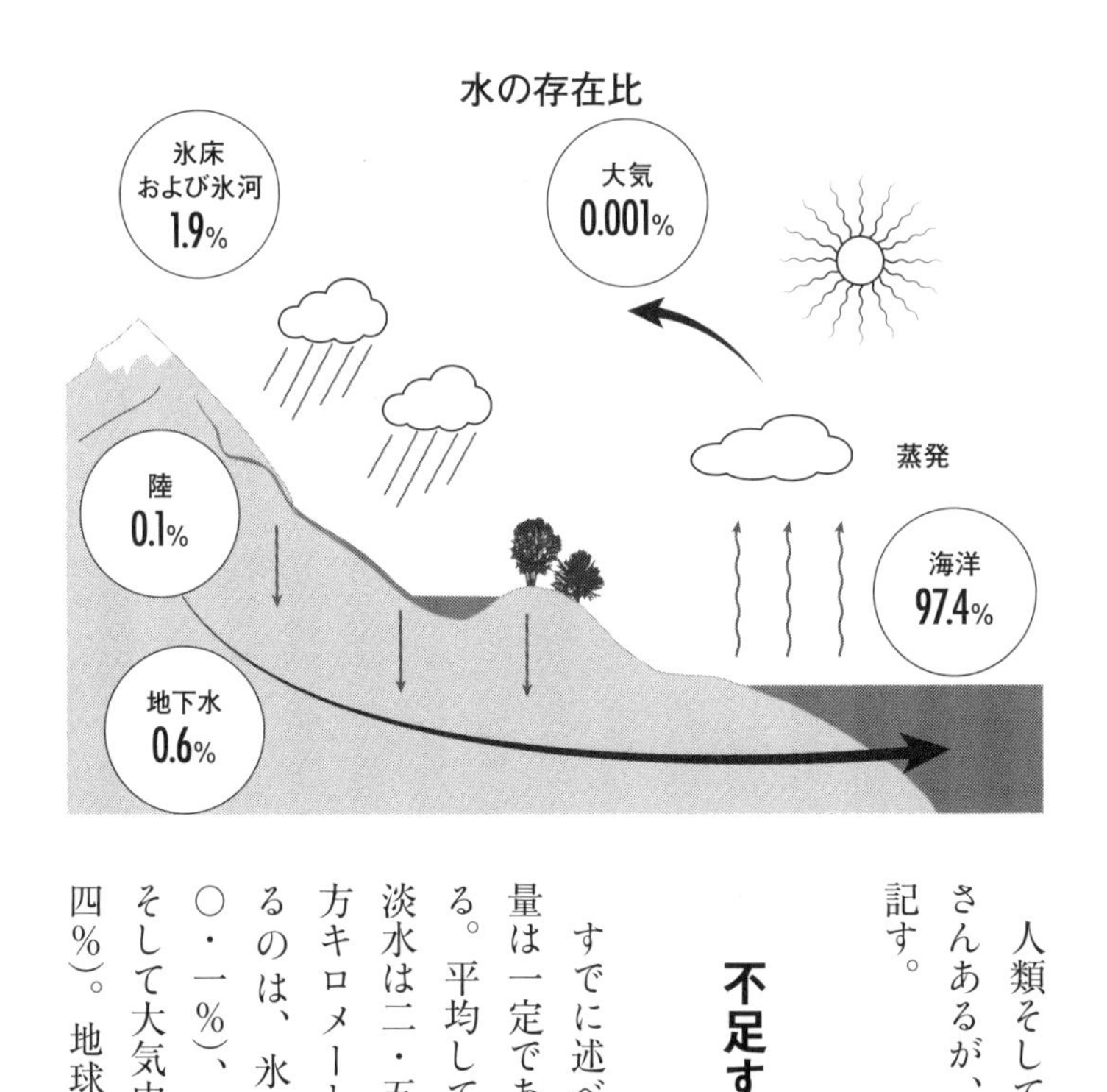

人類そして生命全体が抱えるリスクはたくさんあるが、とくに重要だと思われる八つを記す。

不足する飲料水

すでに述べたように、地球に存在する水の量は一定であり、異なるのはその存在比である。平均して、水の九七・四％は海水であり、淡水は二・五％である（およそ三五五〇万立方キロメートル）。淡水が地球表面で存在するのは、氷河（六八・七％）、地下水（三〇・一％）、永久凍土層（〇・八％）である。そして大気中で水蒸気として存在する（〇・四％）。地球上で淡水が液体として最も集中して存在する場所はバイカル湖である（二万三〇〇〇立方キロメートル）。ちなみに、バイカル湖は世界で最も古い湖である（形成されたのは二五〇〇万年前）。ようするに、液体で飲用に適した水は、地球に存在する水の〇・八％未満にすぎないのだ。

淡水の利用状況は、農業用水（七〇％）、工業用水（二〇％）、生活用水である。淡水に占める人間と動物のための飲料水の割合はごくわずかである。

あらゆる生産活動には大量の水が必要だ。一本のジーパンをつくるには一〇リットルの水が必要だ。一キログラムの綿花や米は五〇〇〇リットル、一キログラムのジャガイモや小麦は六〇〇リットル、一キログラムのトウモロコシは四五〇リットル、一キログラムのバナナは三五〇リットルの水が必要だ。また、一キログラムの肉をつくるには、さらに大量の水が必要になる。最後に、一リットルのペットボトルをつくるには、二五〇ミリリットルの石油と六リットルの水が必要だ。

地球上の淡水の分布はかなり偏っている。人間があまり住んでいない地域には淡水が豊富にある（アマゾン、アラスカ、シベリア、カナダ、北極、南極）。一方、イラク、中央アジア、バングラデシュ、中国北部を除き、人口が密集している地域では水が不足している（アフリカと中東）。陸地の四〇％には世界の淡水流量の二％しかない。世界人口の三分の二を占める中国とインドは、世界の淡水資源の一〇％しか利用できない。九ヵ国の淡水資源で世界全体の六〇%に達する。

経済成長、人口増加、河川などの水資源の汚染などの影響により、飲料水は世界中で不足し始める。世界の年間一人当たりの飲料用の水資源量は、一九五〇年の一万六八〇〇立方メートルから二〇一七年の七四〇〇立方メートルにまで減った。すでに二七億以上の人々が、年に少なくとも一ヵ月は水不足の状態で暮らしている。七億五〇〇〇万の人々は水ストレス（年間一人当たりの水資源量が一七〇〇立方メートル未満）にさらされている。彼らの三六%はアフリカの住民である。中東の住民の四分の三も水ストレスの状態にある。彼らのうちの半数（エジプトとリビア）は、年間一人当たりの水資源量が五〇〇立方メートルさえ下回っている。また、一〇億の人々は劣悪な衛生状態で暮らしている[15]。

地下水が枯渇している。というのは、人類の半数に飲料水を提供する帯水層の五分の一では、地下水が過剰にくみ上げられているからだ[213]。

経済成長と人口増加という同じ理由から、二〇五〇年までに飲料水の需要は五五%増加する。増加分の内訳は、七〇%が農業、一〇%が生活用水である。さらには、飲料水の汚染が進行する。したがって、二〇三〇年の年間一人当たりの水資源量は五一〇〇立方メートルを下回る。これは一九五〇年の三分の一であり、二〇一七年の七〇%である。したがって、二〇二五年以降、二五億の人々が水ストレスの状態に置かれ、一八億の人々が年間一人当たりの水資源量が五〇〇立方メートル未満という「水資源がきわめて希少な地域」で暮らすことになる。[15]二〇五〇年には、五〇億以上の人々が水ストレスの状態に置かれ、二三億の人々が深刻な水不足に悩まされる。同じころ、ガンジス川の上流域とスペインならびにイタリアの南部の帯水層では地下水が枯渇する。他の地域でも地下水の減少が加速する。〔世界最高の透明度を誇る〕バイカル湖でさえ水質汚染に脅かされる。[15]

飲料水はまもなく石油をはじめとする一次産品のなかで最も希少になる。ただし、例外は砂だ。

枯渇が予想される海砂

海に関連する希少な資源は水だけではない。水と大気に次ぎ、砂は人類が最も消費する資源である。実際に、数十億年の浸食作用によって生じる砂は、人類のおもな活動になくてはならないものなのだ。住宅、道路、橋梁などの建設には、大量の砂が必要である。一般的な住宅を一戸建てるには二〇〇トン、高速道路は一キロメートル当たり三万トン、原子力発電所を一基建設するには一二〇〇万トンの砂が必要だ。砂はセメントや鉄筋コンクリート〔砂が三分の二、セメントが三分の一）だけでなく、プラスチック、絵画、ヘアスプレー、歯磨き粉、化粧品、タイヤの原料でもあり、さらにはガラスの製造にも欠かせない。太古から砕石場や砂浜にあった砂は、いたるところで採掘され、取引されている。世界では、年間三〇〇億トンの砂が消費されている。その半分は中国においてである。消費された砂はリサイクルできない。

今日、砂の世界最大の輸入国は、自国領土を拡大させたいシンガポールである。人工島を量産するには大量の砂が必要なのだ。中国の二〇一一年から二〇一三年にかけての砂の消費量は、アメリカの二〇世紀全体の消費量よりも多い。フランスは自国の建設需要を賄うために、毎年四億五〇〇〇万トンの骨材（砂と砂利）を消費する。そして世界では、港、空港、建物、道路を建設するため、砂の需要は増加の一途をたどる。

ところが、陸地の砂利は枯渇寸前であり、建設には海水や河川によって浸食された砂を利用するしかない。ちなみに、砂漠の砂は脆すぎて建材には向かない。建材には、粒子が互いにくっついて離れない、ざらついて角張った砂でなければならないのだ。

そうした建材用の砂を採掘するために、インドの河床は破壊され、インドネシアの島々はなくなり、ベトナムの森林は破壊されてしまった。毎年、砂の盗掘に関係する殺人事件が発生している。砂の盗掘に用いられる特殊な船のなかには、砂浜で一日最大四〇万立方メートルの砂を採掘できるものもある。

現在のペースで砂の採掘が進むと、二一〇〇年には世界中の砂浜がなくなる。フロリダの砂浜の一〇ヵ所のうち九ヵ所は消失寸前である。

地球には、まだ120×10^{15}トンの砂が存在する。計算上、これは四〇〇〇万年分の消費量に相当するが、砂は一ヵ所にまとまって存在しないと利用できないのである。

海に宿る生命の枯渇

二〇五〇年には、少なくとも九〇億人を養わなければならない。全員を養うには陸地の農業だけでは足りない（肥料、土壌の劣化、環境の変化などにより、農業も脅かされる）。海での食糧生産は、現在よりもさらに重要になるはずだ。ところが、現在の漁業はすでに生物学的な許容漁獲量を超えている。しかしながら、より多くの人々に少なくとも今日と同量の魚を提供するには、漁獲量と養殖生産量を増加させ続けるしかない。

二〇二二年、アジア人の魚の年間消費量はおよそ二九キログラム、ヨーロッパ人は二八キログラム、北アメリカ人は二五キログラム、オセアニア人は二四キログラム、南アメリカ人は一二キログラムになっていると思われる。平均すると、世界の一人当たりの年間消費量は二〇キログラムであり、これは今日とさほど変わらないが、全体量では〔人口が増えるために〕増加する。

漁獲量を増やさなければならないが、多くの海洋生物種はすでに絶滅寸前である。大型魚類（マグロ、サメ、タラ、オヒョウ）の個体数はすでに九〇％減った。海洋脊椎動物の二四％から四〇％はまもなく絶滅する。今日、国際自然保護連合（ＩＵＣＮ）が作成した絶滅の恐れのある野生生物のリストには、魚と海洋無脊椎動物の五五〇種類以上が記載されている。恐竜が登場する以前から存在していたサメやエイは絶滅の危機にある。サメの個体数は一五年間で八〇％減少した。イタチザメ、ヒラシュモクザメ、オオメジロザメ、ドタブカの個体数は、一九七〇年代初頭から九五％減少した。警戒心が薄いために漁の対象になっているメガネモチノウオ、そしてイラワジイルカ〔カワゴンドウ〕は絶滅危惧種である。

これらの大型捕食生物の個体数が枯渇すると、漁師は食物連鎖の下位に位置する海洋生物を漁獲するようになる。したがって、エビやオキアミが大量に消費されることになるだろう。

海魚の価格が急騰しても漁獲量を増加させるのは不可能であるため、養殖の生産量を増加させることになる。社会が気づかないうちに、養殖には遺伝子組み換えなどの遺伝子工学が用いられる。国連食糧農業機関（ＦＡＯ）によると、二〇三〇年には海魚が食卓に占める割合は三分の一にすぎないだろうという。
藻類も代替食糧になる。

沿岸部に集中する人口

現在、世界人口の二〇%以上が沿岸線から三〇キロメートル以内の地域で暮らしている。一〇〇キロメートル以内では五〇%であり、一五〇キロメートル以内では三八億人が暮らしている。二〇三五年には、世界人口の七五%以上が沿岸部周辺で暮らすだろう。なぜなら、沿岸部周辺でなければ、職が見つからないからだ。

沿岸部に人口が集中すると、深刻な事態が生じる。たとえば、耕作可能な土地は減り、動物相や植物相は破壊され、水源、湖、河川の汚染が進行し、塩害が深刻化する。二酸化炭素を固定し、沿岸部を荒波から保護するマングローブは、一億人以上の生活と農業を保護している。このマングローブが消滅するかもしれない（マングローブの破壊はすでに森林の五倍の速度で進行している）。

後ほど紹介するように、そうした現象は地球温暖化によって加速する。地球温暖化によって、海面水位は上昇し、沿岸部は洪水に襲われる。海辺で暮らす人々は甚大な害を蒙るだろう。

人類の活動によって堆積するゴミ

殺虫剤、硝酸塩、リン酸塩、鉛、水銀、亜鉛、ヒ素などが、河川や海に流れ込んでいる。それらにより、緑藻が増殖する〔富栄養化という水質汚染〕。嵐などのために、毎年一万個のコンテナが海底に沈んでいる。

さらに、処理されずに垂れ流される人間の糞尿やプラスチックなどのゴミがある。世界では、毎年五〇〇〇億枚のポリ袋が製造されている（そのうち、中国製は一二〇〇億枚）。また、ペットボトルも同じように量産されている。国際環境NGOのグリーンピースによると、コカ・コーラ社だけで、年間一〇〇〇億本のペットボトルを製造しているという。ポリ袋などのプラスチックは平均して一五分間しか利用されず、しかもそれらの半数は一回利用しただけで捨てられる。

とくに中国では、捨てられたプラスチックは河川や地下水に流れ込み、それらのゴミは最終的に海にいたる。海に漂うプラスチックの三分の二は、世界の二〇大河川のうちの、中国を流れる七つの大河から流れ着いたものだ。

さらに、(化粧品産業などで利用される) マイクロビーズ、タバコの吸い殻、合成繊維に用いられているプラスチックの微粒子 (直径五ミリメートル以下の物質) などのゴミもある。それらの微粒子はプラスチックのリサイクルの過程からも生じる。

海塩にもプラスチックの微粒子が含まれている。七ヵ国 (イラン、日本、ニュージーランド、ポルトガル、南アフリカ、マレーシア、フランス) で実施された調査によると、一キログラムの塩には、一個から一〇個のプラスチック微粒子が含まれているという。

総括すると、毎年二〇〇〇万トンのゴミが海や湖に捨てられている。それらの半分近くがプラスチックのゴミである。海や湖に流れ込むゴミの八〇%は人類の陸地の活動からであり、二〇%は海の活動からである。

海洋に漂うゴミの量は、現在の魚五トンにつきゴミ一トンの割合から、二〇二五年には魚三トンにつきゴミ一トンにまで増える。現在のペースでゴミが増え続けるのなら、二〇五〇年には、海には魚よりプラスチックのほうが多くなる。

ゴミを除去するのは簡単だと考えてはならない。海面に浮かぶのはプラスチックのゴミの一五%だけだ。とくに、「太平洋ゴミベルト」と呼ばれる三四〇万平方キロメートルにおよぶ水域（フランス国土の六倍の面積）には、七〇〇〇万トン以上のゴミが集まる。残りのゴミ、つまりほとんどのゴミは海底に沈む。

さらに、硝酸塩とリン酸塩などの栄養塩が水中に流入し、バクテリアと藻が異常増殖する。すると、水中の酸素量が減る〔富栄養化〕。微生物やバクテリアなどの動植物は、ゴミと一緒に本来の生息地から遠く離れたところまで移動する。

こうしたことは海洋生命に深刻な影響をおよぼす。まず、貧酸素水塊、いわゆる「デッドゾーン」が形成される。この水塊には日光が水中に届かなくなるため、光合成が妨げられ、酸素の生産量が減る。二〇一七年には、太平洋南部、バルト海、ナミビア沖合、ベンガル湾、メキシコ湾など、四〇〇ヵ所以上で貧酸素水塊の形成が報告されている。

次に、動物プランクトンは夜になると海面付近に上昇して植物プランクトンを食べる。海面に漂うプラスチックを食べた動物プランクトンは、日中は海底に戻り、食べたプラスチックを海底に排泄する。

こうした過程が生物のすべての食物連鎖において起きる。すなわち、すべての海洋生物種がプラスチックのゴミを飲み込む。次に、人間がそれらのほとんどの海洋生物を漁獲して食べるのである。二〇一六年の調査によると、プラスチックを飲み込んだ海洋生物種は五七五種におよんだという。これは二〇〇五年の二倍である。ヨーロッパで消費される魚の二八％

そして牡蠣とムール貝の三分の一には、プラスチックが含まれている。ヨーロッパ人はムール貝や牡蠣を食べることにより、毎年平均一万一〇〇〇個のプラスチックの微粒子を飲み込んでいるのだ。

たしかに、人間が飲み込むマイクロプラスチックの九九％は、人体に影響をおよぼすことなく排泄されるだろう。しかし、毎年四〇〇〇個の微小破砕片は人体組織に蓄積される。生物の体内にプラスチックが蓄積すると、どのような影響が生じるのかはまだわからない。少なくとも魚に関してはがんの原因になり、きわめて多くの海洋生物種の生殖能力や免疫システムに悪影響がおよぶと思われる。人間に関しては、ナノプラスチックが人体におよぼす具体的な影響はまだ確認されていないが、ヒトの細胞にとって危険であることは間違いない。

二酸化炭素の排出による地球温暖化と海の酸性化

すでに述べたように、森林、土壌、湿原などと同様に、大気中の二酸化炭素の一部を吸収する海洋は、世界の気候を調整している。海洋は、二酸化炭素の三〇％と人類の活動が引き起こす気温上昇の九三％を吸収する。そして今日、海洋が含む二酸化炭素の量は大気の五〇

海洋の酸性化

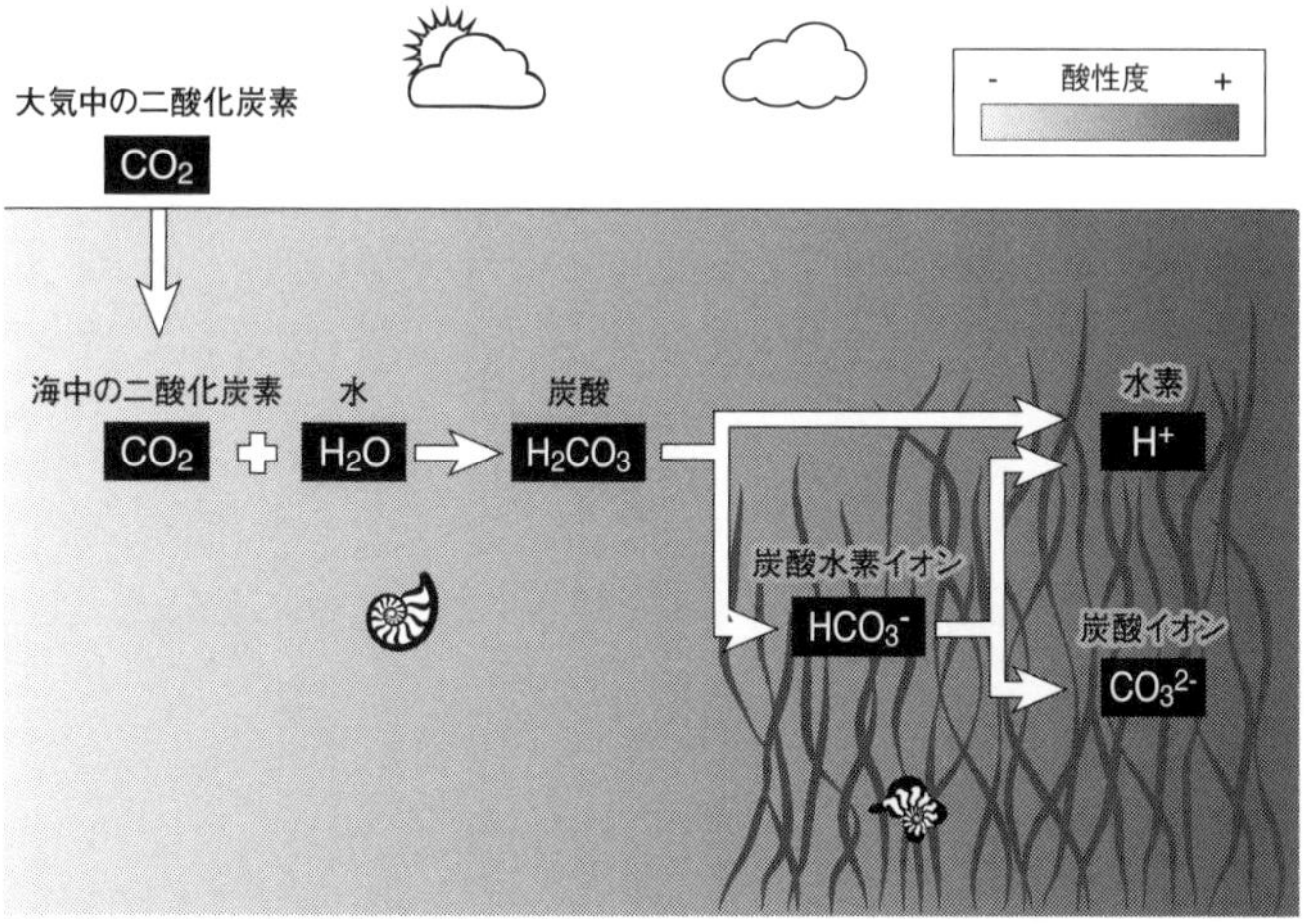

大気中の二酸化炭素
CO_2
海中の二酸化炭素 CO_2 ＋ 水 H_2O → 炭酸 H_2CO_3
水素 H^+
炭酸水素イオン HCO_3^-
炭酸イオン CO_3^{2-}
- 酸性度 +

倍である。大気中の二酸化炭素濃度は〇・〇四％にすぎない一方で、海洋は〇・二％である。[159]

　大気中には、毎年三二〇億トン以上の二酸化炭素が人類の活動によって排出されている。それらの一部は、海と樹木が吸収する。海（そして樹木）の二酸化炭素濃度は増加し、限界に達する。すると、海と樹木が排出される二酸化炭素を吸収する割合は減る。したがって、吸収されなくなった二酸化炭素は大気中に留まる。大気中の二酸化炭素濃度は、二〇〇〇年前から一八世紀までは二七〇ＰＰＭで安定的だったが、再び増加し始め、今日では四〇〇ＰＰＭを突破した。これは三〇〇万年以来で最も高い数値だ。[159]

　大気と海の二酸化炭素濃度が増加すると、

大気と海の温度は上昇する。実際に、気温は今の地質年代〔新世代〕の初頭から一〇度上昇した。海が二酸化炭素を吸収しなくなると、気温はさらに二五度上昇するだろう。過去五〇年、三つの海洋の平均水温（深さ七五メートル超）は、一〇年ごとに〇・一度上昇した。とくに北極の海水温は上昇し続けるだろう。この影響を受け、北極の気温は他の地域よりも二倍の速さで上昇し、二一〇〇年には気温の上昇幅は七度から一一度に達することが予想される。

海水温が上昇すると、二酸化炭素ガスの吸収力はさらに弱まり、海水中の酸素濃度は急減し（酸素欠乏）、海洋の酸性化が進行する。すでに、海の酸性度（pH〔水素イオン指数〕）は、産業革命直後の時期と比較すると〇・一ほど低下した。これは海の酸性度が三〇％ほど強まったことを意味する。

地球温暖化により上昇する海面水位

気温とともに海面水位も上昇する。その原因は氷の融解と海水体積の膨張である。一九六〇年代までは、冬季には海氷が北極海のほぼ全域を覆っていたが、その後、海氷は次第に縮小した。縮小するペースはさらに加速する。二〇一一年から二〇一四年までに融解した氷の量は、二〇〇五年から二〇一〇年までよりも三一%多い。一九八〇年代に平均して六〇〇万平方キロメートルだった海氷面積は、二〇一二年には三二〇万平方キロメートルにまで縮小した。二〇〇三年から二〇一〇年までの期間、グリーンランドでは毎年四ギガトンの氷が融解した。その後も氷が融解するペースは加速している。

総括すると、今の地質年代中に、海面水位は二〇〇メートル上昇した。一九九〇年以降では、海面水位は二センチメートル上昇した。熱帯西太平洋とインド洋南部の海面水位は、世界の平均値よりも三倍から四倍のスピードで上昇した。

まだきわめて不確実性の高い研究によると[159]、二一〇〇年に海面水位の上昇は平均して二〇センチメートルから一一〇センチメートルに達し、世界各地で水害が発生するという。海面水位は、熱帯地方では上昇し、過去に氷河のあった付近では下降すると思われる。海面水位の上昇幅が最も大きいのは、インド洋東部と太平洋中部である。二〇四〇年ごろには、夏季には北極の海氷は完全に融解するかもしれない。グリーンランドのすべての氷が融解すると、海面水位は一〇メートル上昇する。南極大陸を取り巻く、また覆うすべての氷が融解すると、海面水位は五〇メートル上昇する。最後に、南極、北極、グリーンランドのすべての氷が融解すると、海面水位の上昇は七〇メートルになる。

人口の移動

したがって、沿岸部での生活の質は悪化する。魚のサイズは小さくなり、漁獲量も減る。熱帯地方の沿岸地域では、地球温暖化の影響によってマラリアやデング熱などの伝染病が流行し、衛生状態が悪化する。

さらには、海水温が上昇すると、沿岸部では洪水や浸食が発生し、熱帯低気圧の発生回数と破壊力が増し、港湾設備の被害はより拡大する。そうなれば、三角州や河口に塩水が浸透し、湿地地帯とマングローブは破壊され、養殖業は移転を強いられる[15]。

海面水位の上昇により、二〇三〇年には八億人、二〇六〇年には一二億人の生活が脅かされる。最も深刻な被害を受けるのは、フィリピン、インドネシア、カリブ海諸国、インド、バングラデシュ、ベトナム、ビルマ、タイ、日本、アメリカ、エジプト、ブラジル、オランダだ[15]。

二〇五〇年には、ジャカルタの沿岸部で暮らす二〇〇〇万人以上の住民（現在は五一万三〇〇〇人）は、海面水位の上昇によって生活に支障をきたすだろう。二〇五〇年には、バングラデシュの領土の二〇％は水没しているかもしれない。バングラデシュは、海面水位の上昇から最も深刻な被害を受ける国の一つである。近い将来、首都のダッカだけで、一一〇〇万人以上の住民が壊滅的な水害を蒙ると予想される。[15]

二一〇〇年、フランスでは海面水位の上昇は、四〇センチメートルから七五センチメートルに達すると思われる。そうなればボルドー地方などの海抜の低い平野は水没する。オランダ、ベルギー、バルト諸国も同様である。

二〇五〇年までに、ツバル、モルディブ、キリバスの島々の面積は、〔海面水位の上昇により〕著しく減少するだろう。

地球の主要な島のうち、一万から二万の島は、アトランティス〔プラトンの著書に登場する島。ゼウスの怒りに触れて海中に沈められたという〕のように水没する恐れがある。

よって、沿岸部の人口は増加しているが、それらの国の住民はまもなく沿岸部から離れて暮らさなければならない。二〇〇八年から二〇一四年にかけて移動した一億八四六〇万人のうち、一億二〇〇万人は洪水、五三九〇万人は暴風雨が原因で移動を強いられた。国連の予測によると、二〇五〇年には二億五〇〇〇万人の気候変動難民が発生するという。

地球温暖化により、沿岸部だけでなく内陸部でも生活できなくなる地域が生じる。とくにサヘル地域〔サハラ砂漠南縁部〕だ。

現在、この地域には一億三五〇〇万人が暮らしている。一般的な気候モデルによると、北極点の気候変動を理由に、北半球での水の循環が弱まるため降水量が減るという。そうなればサヘル地域はさらに乾燥し、この地域はサハラ砂漠に飲み込まれる。一〇〇万平方キロメートル以上の耕作地が失われるため、アワやモロコシの生産量は激減する。出生数が減らないと、二一〇〇年のこの地域の人口は五億四〇〇〇万人から六億七〇〇〇万人になる。彼らのうちの少なくとも三億六〇〇〇万人は飢餓状態に陥るので、この地域、さらにはアフリカ大陸から脱出しようとする。そうなると大混乱が生じる。

サヘル地域だけで少なくとも三億六〇〇〇万人の気候変動難民が発生する。彼らはヨーロッパへと向かうはずだ……。

すでに始まった新たな大量絶滅

これまでに紹介した推移は、海洋生命に甚大な影響をもたらす。

まず、ゴミは非常に多くの海洋生物種の生息環境を破壊する。

また、氷の融解により、海底と海面の温度差が拡大するため、酸素が海底に運搬される速度が遅くなり、また、栄養に富む海底の水が海面に上昇する速度も遅くなる。正常なサイクルが乱れるため、植物プランクトンが減る。すでに、こうした現象が確認されている。二〇一五年のアメリカ航空宇宙局（ＮＡＳＡ）の調査によると、植物プランクトンの個体数は、おもに極圏、とくに北極において、二〇一〇年代初頭から減少しているという。二〇一六年に実施された別の調査でも、インド洋西部の植物プランクトンの量は、二〇〇〇年と比較して三〇％減ったことが判明した。

植物プランクトンが減少すると、極圏付近、熱帯、内海などにある海洋生物種の生殖水域に悪影響がおよび、海洋植物も減少する。たとえば、ポシドニア・オセアニカである。この海草は、葉の面積一平方メートル当たり、日量およそ一四リットルの酸素を生産する。ウニやタイラギ〔二枚貝の一種〕など一二〇〇種以上の生物がこの酸素に依存している。

地球温暖化による海の酸性化の進行により、（貝殻や甲殻の強度を決める）炭酸カルシウムの生成が妨害されるため、珊瑚などあまり移動しない生物種の生命は脅かされる。一九七五年の国際協定によって保護されているオーストラリアのグレート・バリア・リーフ〔世界最大の珊瑚礁帯〕の半分は、先ほど述べた海洋の酸性化によるメカニズムに脅かされている。

現在のところ、グレート・バリア・リーフの面積は三五万平方キロメートルであり、そこには三〇〇〇の暗礁群と九〇〇の島がある。ここは、四〇〇種類の珊瑚、一五〇〇種類の魚類（クマノミ、一四〇種類のサメとエイ、六種類のウミガメなど）、四〇〇〇種類の軟体動物、ジュゴン（マナティーの仲間）やアオウミガメなどをはじめとする数多くの動物種の生息および生殖の場である。二〇一六年四月、グレート・バリア・リーフの珊瑚の九三％に白化現象の徴候が確認された。これは水温の上昇と関係がある。現在の速度でこの現象が進行すると、グレート・バリア・リーフは二〇五〇年までに消滅する。そして前述の生物も消え失せる。

さらには、まだ謎の部分が多いが、海洋動物の海中でのコミュニケーション手段である音波（一一・五キロヘルツ）に影響がおよぶかもしれない。北大西洋条約機構（ＮＡＴＯ）の後援を受けたヤヌス計画では、海洋動物が海中で用いる音波を体系化している。

現在のところ、絶滅した魚種は存在しないが、一五種の海洋生物はすでに絶滅した。世界自然保護基金（ＷＷＦ）によると、一九七〇年から二〇一二年にかけて海洋生物種の個体数は半減したという。六〇〇種類の魚類と甲殻類の三〇％が絶滅寸前である。一方、陸地の生物種はより脆弱であり、絶滅危惧種が急増している。一世紀間に絶滅した脊椎動物は二〇〇種類である。調査対象になった生物種の三二％では、個体数の減少が確認された。たとえば、チーター、ライオン、さらには人類に近いサルも二〇五〇年になる前に絶滅する恐れがある。

総括すると、人類の活動のさまざまな側面が複合して生じる地球温暖化により、過去の大量絶滅のときと同じ条件が整う。この新たな大量絶滅では、二億五二〇〇万年前〔中生代〕に登場した生物種を含む九〇％の生物種が絶滅する恐れがある。そのとき、人類は絶滅する。なぜなら、人類の管理ミスにより、海はその機能を十全に果たさなくなるからだ。

人類の絶滅後、海はどうなる

人類が絶滅しても、生命は少なくとも海中で存続する。これまでの海中と陸上での大量絶滅後のように、生命は新たな形態で再登場する。したがって、人類は海の進化を見ることができない。海はさらに変化する。実際に、三〇〇〇万年前からソマリアとサウジアラビアの間の海は、一〇〇万年ごとにおよそ二〇キロメートル拡大している。新たな海が誕生するかもしれない。大陸全体は現在の北極点に集結するのではないか。イェール大学の地質学者ロス・ミッチェルは、五〇〇〇万年後に北アメリカと南アメリカが結合し、一億年後に北アジアと組み合わさり、北極海は消滅すると推測する。

われわれの子孫がこれを見届けることはできないだろう。

第十二章

海を救え

「海のせいにできるのは最初の難破だけだ」
プブリリウス・シルスの格言

海は最も重要な争点なのか。一度しか戦う機会がないとすれば、それは海戦だろうか。それらの答えはイエスだ。なぜなら、人類に対する脅威と、そして未来のあらゆる望みに注目するなら、すべては海に帰着するからだ。

脅威の状況に関して八つの指数を記す。人類が生き延びるには、これらを注視しなければならない。これらの指数は、海の健康状態の良しあしによって決まる。

1. 大気中の二酸化炭素濃度：海の二酸化炭素の吸収力を決定する。
2. 大気中のオゾン濃度：海水の酸素濃度に左右され、海洋の酸性化に関与する。
3. 海洋の酸性度：海洋の熱に依存し、海洋の生命に影響をおよぼす。とくに珊瑚礁の成育や魚類の骨格の強度に多大な影響をおよぼす。
4. 農薬や生活排水が海洋に流れ込むことによる海水のリン酸塩濃度：海洋の酸素欠乏と藻の異常増殖に関与する。

5. 大気中と地中の窒素濃度：工業と農業の活動に左右され、プランクトンの異常増殖を促し、海洋植物に必要な酸素の一部を枯渇させる。

6. 飲料水の利用可能度：海洋のバランスと海洋から生じる水の循環と密接な関係がある。

7. 耕作地の利用可能度：おもに都市化、淡水の利用可能度、気候、降水量と関係がある。

8. 生物多様性の維持：生物多様性に関し、海はとくに重要であり、脆弱だ。今日、海の生物多様性は漁業や海洋のゴミによって脅かされている。

したがって、これらの指数は、海で展開される出来事と多かれ少なかれ関係があるのだ。人類にとり、これらのうちの三つ（大気中の二酸化炭素濃度、大気中の窒素濃度、生物多様性の維持）は、すでに生存不可能な数値にまで近づいている。

逆に、われわれは海に大きな期待も抱く。

1. 海には、人類が呼吸し、飲み、食べ、モノを交換するために必要なすべてが揃っている。

2. 海には、鉱物やエネルギーなどのあらゆる資源が手つかずの状態で眠っている。

3. 海の経済価値はすでに推定二四兆ドルであり、海が毎年生み出すモノとサービスの総額は推定二兆五〇〇〇億ドルだ。国と比較するなら、海は経済力で世界七位に相当する。[162]

4. 数世紀にわたってではないにしても、少なくとも今後数十年、海はモノとデータの輸送のおもな場である。

5. 海は今後もイノベーションや創造性が生み出される場であり、とくに医薬品や食糧に関する画期的な製品が海から登場するはずだ。

6. 最後に、海は、自由に生き、自然の豊かさに感嘆し、そしてそれを探求し、自分たちは一体何者かを理解するための最良の場である。

よって、われわれは海を守るために、あらゆる立場から行動すべきなのだ。

第一に、消費者、職業人、市民、次に、さまざまな共同体という立場から行動を起こす。そして地球規模で行動するのだ。海はわれわれに、現在の生産方式、消費形態、生活様式、社会構造を根本的に見直すように訴える。

「ポジティブに行動する」とは、われわれが次世代に資する暮らしを送るということだ（だが、それはこの瞬間を大切にして生きるという、われわれの最高の暮らしを約束することでもある）。

各自がなすべきこと

各自は日常生活において、自身の優先事項を尊重しながらも常に自己の行動が海におよぼす長期的な影響を考慮に入れて行動しなければならない。海から遠く離れて暮らす人々も含め、自分たちの子孫がわれわれから受け継ぐことに思いを巡らせるのである。私は本書において、無数の人類の数えきれないほどの行動が海を破壊する恐れがあることを明示したつもりだ。だが、われわれ人類は、自分たちが海を破壊する前に破滅する。したがって、われわれは、海に対して利他的でなければならないのだ。海が人類に資するようになるには、われわれは海を大切に扱わなければならない。何よりもまず、海は将来世代の利益であり、彼らの財産なのだ。

もちろん、裕福な者や権力者なら、責任はさらに重い。なぜなら、彼らはより自由に行動できるからだ。しかし、われわれ全員は自分たちの可能な範囲で、自身の日常生活を一つずつ見直すべきである。

A．買い物の際には、紙で包装してあるものやガラスの容器に入ったものを選ぶ。ポリ袋、プラスチック製の容器、皿、フォークとナイフなどは避ける。同じく、プラスチックをリサイクルしてつくった衣服は購入しない。なぜなら、最初に洗濯すると、大量のプラスチック微小粒子が下水に流れ込むからだ。自然を破壊する恐れのある原料が利用されている製品は買わない。

B.ゴミの性質にかかわらず、ゴミの量を減らすために賢い消費を心がける。可能なものは何でも共有する。まずは交通手段から始める。

C.二酸化炭素を生み出す消費行動を減らす。住宅の断熱効果を高める、水道代と電気代に気を配る。できるだけ公共交通機関を利用する。リサイクル可能な製品の利用を心がける。

D.魚の消費量を減らし、季節の魚だけを食べる。可能なら個体数の減った魚は食べない（ヨーロッパヘダイ、ホウボウ、カワメンタイ、ウルフフィッシュ、サバ、ホワイティング、ナイルパーチ、エイ、サメ、ウミヒゴイ、ニシアカウオ、ヨーロッパオオナマズ、地中海シタビラメ、クロマグロ、キハダ、マス、メカジキ、オレンジラフィー、オオバナウグイ、クロタチモドキ、ウナギ、北東および西大西洋のタラ、天然のエビなど。とくに、海の食物連鎖の頂点に位置するマグロは避ける）。食べてよいのは、太平洋のタラ、ヨーロッパエビジャコ、ケアシガニ、ニシン、シロイトダラ、イワシ、アンチョビ、ヘイスティングスのシタビラメ、ヨーロッパ産のカレイなどだ。一般的に、食物連鎖の上層にある海洋生物ほど毒素が体内に濃縮されている。こうした現状を詳しく知るには次のサイトを参照してほしい。
http://www.mrgoodfish.com/fr/ と
https://www.consoglobe.com/

E. 肉の消費も減らす。肉の生産は、たくさんの水を消費すると同時に二酸化炭素とメタンを大量に排出する。

F. 地域で採れた季節の野菜と果物を食べる。栽培時に肥料をできるだけ利用していないものが望ましい。

G. 家畜に魚をあまり与えない。猫用のトイレの砂をトイレに流さない。水槽で海魚を飼わない。釣った魚を海に捨てない。

H. 休暇中に海の保護について考える。岸辺や船上にいるとき、ゴミを海に捨てない。海を汚染しない日焼け止めクリームを選ぶ。海に潜って珊瑚をとらない。

１．社会全体がこれらの課題に真剣に取り組むように、各種協会や政治団体などにおいて、できるだけ広範囲にさまざまな手段を用いて多くの人々に働きかける。

メディアがなすべきこと

メディアは自身の生き残りのために、当然ながら第一に自分たちの聴衆のことを考える。こうした文脈においても、メディアは長期的な課題に視聴者の関心を誘導しなければならない。よって、メディアは、私が「ポジティブ・メディア」と呼ぶ媒体を目指すべきだ。当たり障りのないニュースを配信するのではなく、長期的な課題に人々の注意を喚起し、将来世代の利益を考慮する情報を提供するのが「ポジティブ・メディア」だ。

すでに紹介したように、海について語り、海から学べることに関心を促す映画や書物はたくさんある。だが、それだけでは充分でない。そこで、好評だったいくつかのテレビ番組が参考になる。イギリスではＢＢＣで放映されたデイビッド・アッテンボローの『ブルー・プラネット』〔海洋ドキュメンタリー〕には、非常に大きな反響があった。次に同じＢＢＣで放映された『オーシャン』は、本書で取り上げた課題を八回にわたって扱った。フランスではジョルジュ・ペルノー制作の『タラサ』は、海に関するあらゆる話題を扱う。この番組は一九七五年に始まったときは月一回だったが、一九八〇年からは週一回になった。『ナショナルジオグラフィック』や『オーストラリア・シー・ライフ』などの専門チャンネルの番組も、海に関する話題を頻繁に扱っている。最後に、クストー〔フランスの海洋学者〕が指揮したドキュメンタリー番組は世界中のテレビで放映され、多くの視聴者がこの番組を観た。そうは言っても、これらはいずれもまだ主流ではなく、さらなる行動が求められる。

警鐘を鳴らす手段は他にもある。毎年、国連が提唱する「世界海洋デー」を盛り上げるのはどうだろうか。この企画の目的は、国連の持続的発展のための一四番目の目標である、海に関する目標の達成を推進することにある（持続的発展を目指す、海洋、海、海洋資源の保全および持続的な開発）。ところが、この一四番目の目標を実行に移す役割を担う国連海洋会議は、二〇一七年六月の会合では具体策を打ち出せなかったこともあって、世間の注目をほとんど集めなかった。

非政府組織（NGO）や民間の委員会も大きな役割を担う。たとえば、コスタリカの元大統領ホセ・マリア・フィゲラスと元イギリス外務大臣デイビッド・ミリバンドが代表を務め、ピュー慈善財団が資金援助する「ワールド・オーシャン・ネットワーク」というNGOは、具体的な提案を掲げながら貴重な貢献を果たしている。ポール・ワトソン船長も「シーシェパード環境保護団体」というＮＧＯで活発に活動している。「グリーンピース」「クストー財団」「世界自然保護基金（ＷＷＦ）」「パーレイ・フォー・ジ・オーシャンズ」なども同様の活動をしている。

企業がなすべきこと

企業は、収益と同時に自分たちが社会や環境におよぼす影響を考慮しなければならない。そうした意味において、企業は次に掲げることを遵守すべきだ。とくに、海洋の保全は必須条件である。[233] 海と直接かかわりのある事業を行っている企業だけでなく、自分たちの活動は海とは縁遠いと思っている企業も、海に対してポジティブである必要がある。新たな法令の施行や行政指導があるのを待っているようではいけない。

A．造船業は、海の環境に配慮する船を建造する。コンテナの製造も同様である。

B．海運業者は、燃費のよい船舶だけを利用し、海を汚染するような船舶の塗装は避ける。

海洋保全に関する乗組員をはじめとする従業員の意識を高める。乗組員の労働条件を大幅に改善する。彼らの労働環境がよくなれば、海の労働コストは急増するが、海は過剰に利用されなくなる。そのためには、G20参加国は便宜置籍船の自国の港への寄港を禁止すべきだ。

C．港では、省エネ対策のためにデジタル化を推進し、燃費のよい船舶を優遇する。

D．食品加工企業は、水産物を利用する際には充分に注意する。たとえば、ヨーロッパでは四八社の食品加工企業が流通経路のトレーサビリティを確保するために「マグロ２０２０」という協定を結んだ。これらの企業は自分たちの流通経路から密漁品を追放し、持続的な漁業によって漁獲された魚だけを利用すると宣言した。

E．すべての企業は、一貫したエコ概念をもって、自分たちが生み出すゴミがリサイクルされることを前提にして生産活動に従事する。したがって、すべての製品の材料や梱包材からプラスチックの利用を減らす。一部の企業はすでにこうした方針を実行している。たとえば、二〇一五年に前述の「パーレイ・フォー・ジ・オーシャンズ」とパートナーシップを結んだアディダス社は、自社のシューズ、衣服、包装からプラスチックの利用を減らすと宣言した。しかしながら、企業の表向きの行動に騙されてはいけない。というのは、自社の製品はすべてリサイクルされると謳っていても、実際にはリサイクルして得られる原料を五％しか利用していない場合もあるからだ。ガラスやコンクリートのリサイクルも同様である。

F．

プラスチックのゴミを回収する収益力のあるプロジェクトを打ち出す。たとえば、「プラスチックのクジラ」社というオランダの営利追求企業は、アムステルダムの運河に捨てられたペットボトルを回収して船を建造している。また、ボイヤン・スラットというオランダの起業家は、「オーシャン・クリーンアップ」というシステムを提唱する。このシステムは、水面に浮かぶ巨大な腕のようなフェンスがゴミを回収する。回収されたゴミはリサイクルされる。オーストラリアの二人のサーファーが発明した「シービン」とは、天然素材でできた水面に浮かぶゴミ箱だ。このゴミ箱の底にはホースが取り付けられており、海流発電を利用して作動する吸引ポンプにより、このゴミ箱は海面に浮かぶゴミを吸い続ける。他にも船舶の航行を利用してゴミを回収するプロジェクトもある。

G．海水淡水化事業も企業にとって莫大な市場である。世界にはすでに一万二〇〇〇の海水淡水化設備がある。たとえば、イスラエルでは、飲料水の五五％は海水淡水化設備からのものであり、下水処理水の八六％は灌漑のために用いられている。二〇三〇年の海水淡水化のコスト（二〇一六年のコストは、すでに一九九〇年の三分の一にすぎない）は、さらに三分の一になるだろう。海水淡水化の二大技術（蒸留法と逆浸透法）も将来性がある。これらの技術は太陽光エネルギーを利用するようになる。海水淡水化技術を改良する多くのイノベーションが登場し、この事業は利潤の高いビジネスになる。たとえば、「LGウォーターソリューションズ」社は、従来のフィルターよりも三〇％安いナノ構造の濾過膜を利用する逆浸透技術を開発した。テキサス大学とマールブルグ大学は、「オケアノス・テクノロジーズ」社と協同で海水淡水化プロセスを最適化する電子チップを開発した。

H．飲料水という巨大市場だけでなく、排水処理と点滴灌漑〔土壌表面に直接ゆっくり灌漑水を与える〕の市場を発展させなければならない。これらの市場が拡大すれば、アラビア海沿岸、ペルシア湾岸、マグレブ地域などの数千万の農民は、今日、水不足が最も深刻な七億ヘクタールの農地でも耕作できるようになる。

I. 効率的でポジティブな養殖業を発展させる。たとえば、アブダビ首長国では、養殖システムで利用した海水をリサイクルしている。有機栄養に富むこの水は、アッケシソウなどの塩性植物への散水や、農地の灌漑に利用されている。アッケシソウはバイオ燃料としても利用できる。

J. 新たな海洋技術を開発する。海は、バイオテクノロジー、海洋エネルギー、海底農業など、新たな製品や事業の宝庫である。たとえば、地中海のポシドニア（すでに述べたように、この海底植物の一五メートル以上にもおよぶ根のもつれに二酸化炭素を固定できる）を産業的に栽培すれば、二酸化炭素の貯留問題を少なくとも部分的に解決できる。

K. 農業における化学物質の利用を制限する。人体に悪影響をおよぼすことが証明された化学物質は利用を禁止する。

L. セメント、コンクリート、ガラスなどをつくる際に、海底から採掘される砂を利用しなくてもよい製造法を開発する。これらの市場において、砂を利用しない製造法を開発しようとする企業がいまだに存在しないのは常軌を逸している。これは利潤の非常に高いビジネスになるだけでなく、人類の未来にとって必要である。

M．革命的な技術進歩はまだたくさん考えられる。たとえば、地球のマントルにあるケイ酸塩の結晶構造に入り込んだ水量は、少なくとも海洋の水量の二倍である。

各国政府がなすべきこと

各国の国民は、次世代の利益を尊重するというポジティブな暮らしを送らなければならない。とくに海との関係は重要だ。しかしながら、海だけを管轄する省庁を設けている国はほとんどない。その理由は、海が横断的な課題だからだろう。防衛、内務、外務、環境、教育、運輸、農業などの省庁に付与されている従来の権限をまとめ上げなければならない。それらの課題を総合政策として一本化する必要がある。つまり、各国の地理的な状況や歴史に見合う戦略を立てなければならないのだ。おもな課題は次の通りだ。

A.　港の価値を高める。本書で紹介したように、海洋勢力になる国はより栄える。したがって、国は自国の港湾施設の整備、ならびに高速道路、運河、鉄道などによる後背地との連絡ネットワークの拡充を優先課題にすべきだ。とくにフランスには、それらの課題が山積している。

B.　河川が海を汚染しないように三角州にフィルターを設置する（とくにプラスチックのゴミを海に流さない）。

C.　海に関係する企業を育成し、支援する。

D.　漁獲枠を設ける。産業型の遠洋漁業に対する補助金を漸次削減し、転職しなければならない漁師には支援策を講じる。漁師たちには、海に関係する数多くの労働条件のよい職業を斡旋できるはずだ。カナダでは、セントローレンス川河口のタラ漁の漁師たちに対し、タラ漁をやめてもらうための効果的で妥当な補償制度が施行された。漁獲枠の設定をはじめとする漁業資源管理の強化により、オヒョウ、コダラ、レモンソール、南アフリカ沖のタラ、アフリカ南部のアンチョビ、アンゴラ沖のイワシなどの個体数はすでに回復している。

E. 商船のゴミ投棄に関するマルポール条約などの法令が遵守されているかを監視する。人工衛星、監視カメラ、パターン認識装置の利用など、港や沿岸部に新たなテクノロジーを導入して監視を強化する。

F. 自然保護区を設定する。イタリアなら、アドリア海に面するトレ・グァチェト(イタリア南部)の自然公園だ。フィリピンやモザンビーク(キリンバス国立公園の海と陸地は自然保護区になっている)などにもこうした自然公園がある。

G. 隣国や同じ課題を共有する国と共同イニシアティブを打ち出す。二〇一五年、モーリタニアと「セーシェル漁獲透明性イニシアティブ」は共同で、責任ある漁業を推進し、密漁と過剰漁業を撲滅する運動を開始した。また二〇〇九年、インドネシア、マレーシア、パプアニューギニア、フィリピン、ソロモン諸島、東ティモールは、自国付近の水域にある海洋生物多様性の宝庫を保護する計画を打ち出した。これが「珊瑚トライアングル・イニシアティブ」だ。それらの沿岸国は、密漁も取り締まると約束した。

最後に、二〇一八年には、ガボンの沖合に九つの海洋公園と一一ヵ所の海洋保護区をつくって世界最大のアフリカ海洋保護区を設立する予定だ。

H. プラスチックのゴミの排出量を減らす。法規制と租税措置が必要だ。すでに一部の具体的なイニシアティブによって成果が上がっている。アイルランドでは、二〇〇二年にポリ袋の価格を五〇％近く引き上げたことにより、二〇一七年にはポリ袋の利用量は九一％減少した。各国政府は他にもさまざまな政策を打ち出せるはずだ。たとえば、マイクロプラスチックや船舶の塗装など、プラスチック以外の材料を利用できるところにはプラスチックを使用できないようにする。過剰な包装や梱包を減らす。重合体などと表記されている場合、その成分を明示する。プラスチックを利用する製品はリサイクルしやすいデザインにするなどだ。

I. 産業界のリサイクルを監督する。たとえば、プラスチックを合成繊維としてリサイクルする場合は注意が必要だ（このようにしてつくられる衣服は、洗濯時に大量のマイクロファイバーが流れ落ちるため、食物連鎖にさらなるプラスチックが入り込む）。

国際社会がなすべきこと

一九八二年のモンテゴベイでの国連海洋法会議以降、海に関する本格的な首脳会談は行われていない。G7、G20、国連総会などで、海について真剣に話し合われた形跡はないのだ。ところで、個人、企業、政府などがどのような決断を下しても、ポジティブな社会環境を効果的に整えることができるのは地球規模の法整備だけであり、そうした法整備こそがすべての関係者をやる気にさせる。

手をこまぬいているのなら、将来ははっきりしている。日本、中国、アメリカなど、外洋で最も盛んに漁業を行っている国、ゴミを海に投機する国、資源を無駄遣いする国は、厳しい法案に対して巧妙に反対する。

しかしながら、海に関する本格的なサミット、少なくともG20の特別会合において、ミレニアム開発目標のような海洋の持続的発展のための計画を定めなければならない。その行程表は下記のようなものになるはずだ。

A．気候変動に関するパリ協定を成功に導く。現在、二〇一七年四月にアメリカが離脱すると表明したため、協定の効力は低下する懸念がある。

B．二酸化炭素の排出量制限に関し、パリ協定よりも拘束力の強い補完措置を講じる。とくに、排出量一トン当たりの価格を、二〇二〇年の四〇ドルから二〇三〇年には一〇〇ドルに引き上げる。排出量価格が決定すれば、国や企業の態度はがらりと変わるはずだ。また、国や企業はバイオテクノロジーへの投資を増やし、エネルギーシフトが加速する。

C．一般的に、租税措置を適用すると、企業は海に対してポジティブな行動を取るようになる。また、海に有害な活動に対する補助金を削減する。

D．とくに、学校教育において、海洋に関する正しい知識を授ける。海に関する科学的な研究調査を行い、海洋の正しい管理法を全員に周知させる。

E．世界中の船舶に対し、品質の悪い燃料を利用させないようにし、船体をきちんと塗装することを義務づける（水の抵抗を三〇％減らすことができる）。そして可能ならパラグライダーに船舶を牽引させることによって燃費を二〇％改善させる。同じく可能なら海や河川で水中翼船を利用する。

F．二〇三〇年までに少なくとも三分の一の海岸において、生物多様性の保護および管理を実施する。これに見合った土地の用途制限などの法整備を進める。

G．前述の絶滅が危惧される魚の漁獲を禁止する。

H．密漁された魚が市場に出回らないように、漁獲した魚のトレーサビリティを高める。

I．密漁や過剰漁業を撲滅する手段を強化する。EUに輸入できるのは船の置籍国もしくは輸出国が合法と認める漁獲物だけというEUモデルを世界に導入する。

J．水深八〇〇メートル以下での漁業を世界中で禁止し、遠洋漁業に対する政府の補助金を今から五年以内に完全に廃止する[188]。

K．ギニア湾における西側諸国の漁船の操業を禁じる。

L．一九九二年に創設された海洋保護区（ＭＰＡ）を拡大する。海洋保護区の数は、一九九五年の一三〇〇から二〇一四年の六五〇〇へと増加した（フランスは三九二）。海洋全体の一・六％に相当する海洋保護区では、あらゆる種類の漁業、鉱物資源開発、観光業が完全に禁止されている。〔一九九二年に〕リオデジャネイロで開催された国連環境開発会議以降、生物多様性条約は「愛知目標」に発展し、世界の水域の二〇％の自然を保護すると定められた。これは現在の保護区のおよそ二〇倍に相当する。二〇一六年九月、国際自然保護連合（ＩＵＣＮ）は、ハワイでの世界自然保護会議の際に、海洋保護区を三〇％にまで引き上げると決定した。海の面積の一〇％が確実に保護されるのなら、世界の漁業資源は回復し、多くの海洋生物種は絶滅せず、海の酸性化に歯止めがかかり、沿岸部は海面水位の上昇や嵐から保護され、海洋生物種は地球温暖化や水質汚染に脅かされることがないだろう。

M．今日の漁業に関する「疑わしきは罰せず」という慣習は廃止する。明確に合法な漁業だけを認める。

N. 国と世界の海洋の資産価値を高める。

O. 海に投棄されるプラスチックのゴミの量を減らす。これまでに実施された多くの対策は効果を発揮していない。たとえば、欧州委員会は二〇〇〇年と二〇〇八年に二つの指令を出し、二〇一五年に「循環経済（CE）」という戦略を採用した〔「資源調達方法の見直し」、「リサイクルの促進」、「製品の長寿命化」、「シェア・プラットホームの構築」、「製品からサービス提供への切り替え」など〕。二〇一五年のG7では、各国はゴミを最適に管理すると合意した。二〇一六年五月にナイロビで行われた国連環境総会では、各国が協調して行動を起こすという決議がなされた。これらの動きを死文化させてはならない。

P. 海の利用を減らす。3Dテクノロジーを利用して海面の利用を制限する一方で、海底ケーブルによるデータ通信を拡充することによって海底の利用を増やす。さらに、極圏を航行すれば、紹介したように、太平洋、地中海、大西洋での航行距離を短縮できる。最後に、中国東部とロンドンを結ぶ鉄道などの新たな陸上「シルクロード」を部分的に利用すれば、海運をさらに減らせる。

Q. すべての海底ケーブルを世界の共有財にする。[145]

実際の権限をもつ世界海洋機関（WOO）の創設

最後に、これらすべての決定を実行に移すには、新たな世界組織である世界海洋機関（World Oceans Organization）を創設しなければならないだろう。世界海洋機関には、漁業に対する監督権と、密漁を阻止し、プラスチックのゴミを減らすための手段を付与する。さらには、この機関は、最貧国が自国水域を保護できるように支援し、海洋保護区（ＭＰＡ）などの水域、サンクチュアリ〔クジラなどの保護水域〕、人類全員の所有物である海底ケーブルを保護する。世界海洋機関の仕組みは次の通りだ。

A. 「国際海洋保護基金」を設立する。財源は、「ブルーボンド〔海洋保護プロジェクトなどの資金調達に発行される債券〕」や、漁師、クルージング旅行者、海運会社、海底ケーブル経由のデータを利用する者たちが負担する海洋連帯税を充当する。各国政府はこの基金の運営に責任を負う。

B．「国際海洋保護軍」を組織する。この軍隊は、沿岸部、排他的経済水域（ＥＥＺ）、海洋保護区、サンクチュアリなどの保護、そして外洋での密漁、海洋不法投棄、バラスト水の不法排出、海賊行為、人身売買、テロ行為などに対処する。

C．最後に、きわめて効果的かつ抜本的な対策がある。これまでに述べた事項を遵守しない国は、自国のものであってもＥＥＺの利用を禁じるのだ。

私は、これまでに述べた構想が、ユートピアであると同時に必然だと確信している。生命の未来が依存する非常に数多くのものはそうしたものなのだ。

現代を生きるわれわれ一人一人が次世代の大使であるという自覚があってこそ、それらのことが可能になる。私たちは将来世代に代わって発言し、行動する、精力的な大使になる必要があるのだ。

結論

本書を読み終えて、読者が海をこれまでとは違った見方をするようになり、海に関する知識が深まったのなら幸いである。われわれは消費者の立場からだけでなく、海に対して敬意を表し、海に魅了されながら海とともに暮らすべきなのだ。軽率な海の略奪者であることをやめ、未来の利益のために、海に感嘆し、海を尊重するのだ。

人類の未来は、われわれが海の示唆する価値を保護できるかどうかにかかっている。われわれには、勇気、やる気、成し遂げようとする意志、人間の一生は短いという自覚、好奇心、寛容な精神、連帯感、利他主義が必要である。それらがなければ、人類は、海でも陸でも暮らせない。

国家の将来は、海洋と沿岸部について本格的な戦略を実行できるかにかかっている。つまり、海から略奪し続けるのではなく、海の価値を高め、将来世代に最大の利益を残すためにこの驚くべき宝庫を保護することである。

最後に、人類の未来はきわめて貴重な海洋資源を慎重かつ謙虚に共同管理するという、われわれの能力にかかっている。われわれは束の間の庭師のような存在でしかないのだ。そして地球は、宇宙という荒波を漂う船のようなものなのだ。

謝辞

本書を執筆するにあたり、長年にわたって積み重ねてきた数多くの会話が役立った。私の話し相手になってくれた方々については「イントロダクション」で紹介した。ベラ・ベン・アマラからは貴重な意見をもらった。クエンタン・ボワロン、フローリアン・ドゥティル、クレモン・ラミー、マリウス・マルティン、ロリーヌ・モローは、年号のチェックや参考文献の作成を手伝ってくれた。ファイヤール社〔原出版社〕のディアーヌ・フェイエルとトーマ・ヴォンデルシェーは他の校正者とともに、一字一句、私の文章を確認してくれた。販売部のダヴィッド・ストレペン、出版部のマリー・ラフィッテに感謝申しあげる。ソフィー・ド・クロセッツは、私が本書を執筆し始めたときから筆をおくまで、いつものように懇切丁寧にアドバイスしてくれた。もちろん、最終的な内容はすべて私に責任があることを申し添えておく。

読者との交流を楽しみにしている。

j@attali.com

翻訳者あとがき

本書はフランスで出版されたJacques Attali, Histoires de la mer（Fayrad,2017）の全訳である。タイトルの「海の歴史」が示すように、本書は海から見た壮大な文明論である。

アタリ氏の略歴を紹介する。一九四三年アルジェリア生まれでフランスのエリート校である国立行政学院（ＥＮＡ）を卒業した。一九八一年にフランス大統領特別顧問、一九九一年に欧州復興開発銀行初代総裁を歴任した。一九九八年には非政府組織「プラネット・ファイナンス」を創設し、現在も途上国支援に尽力している。二〇〇七年にはサルコジ大統領の諮問委員会「アタリ政策委員会」の委員長になり、また二〇一五年にはオランド大統領に対して政策提言を行った。最近では、先述の「アタリ政策委員会」の委員にエマニュエル・マクロン氏を抜擢して政界にデビューさせ、二〇一七年五月には政治基盤のないマクロン氏をフランス大統領にまで押し上げた。現在でもアタリ氏は、政治、経済、文化に対して大きな影響力をもつ。

アタリ氏の慧眼を実践するのが中国の「一帯一路」だろう。すなわち、シルクロード経済ベルト（一帯）と二一世紀海上シルクロード（一路）からなる中国版マーシャル・プランと呼ばれる中国の野望である。中国の東・南シナ海での拠点づくり、ミャンマー、スリランカ、パキスタン、オマーンにおける港湾建設、ギリシア最大のピレウス港の運営権の取得など、中国の「一路」のためのインフラ整備は着実に進んでいる。中国の国家戦略は、アタリ氏の世界観と見事に一致する。「一路」の完成とともに、中国が世界のシステム管理者になるのだろうか。

日本はこうした中国の戦略を脅威と見なして対抗措置を打ち出すのか、世界の発展を促す戦略的なインフラ作りと捉えてこの計画を積極的に支援するのか、それとも傍観するのか。また、本書には地方再生に関するヒントも満載されている。海洋国である日本が活力を取り戻すには、海や河川、そしてあまり利用されなくなった運河を有効活用することが突破口になるのではないか。私は本書が読者の想像力を大いに刺激すると確信している。

最後に、本書を翻訳する機会を与えてくれたプレジデント社書籍編集部の渡邉崇氏に感謝申し上げる。本書の重要性をすぐに見抜き、出版を即断した渡邉氏に敬意を表している。

二〇一八年九月一日

林　昌宏

海の歴史

2018年9月28日　第1刷発行

著　者　ジャック・アタリ
訳　者　林 昌宏
発行者　長坂嘉昭
発行所　株式会社プレジデント社
〒102-8641 東京都千代田区平河町2-16-1
平河町森タワー 13F
https://president.jp　https://presidentstore.jp
電話　編集(03) 3237-3732
販売(03) 3237-3731
編　集　渡邉 崇
販　売　桂木栄一　高橋 徹　川井田美景　森田 巌　末吉秀樹
装　丁　秦 浩司(hatagram)
制　作　関 結香
印刷・製本　中央精版印刷株式会社

©2018 Masahiro Hayashi
ISBN978-4-8334-2297-0
Printed in Japan

落丁・乱丁本はおとりかえいたします。

[著者]
ジャック・アタリ(Jacques Attali)

1943年アルジェリア生まれ。フランス国立行政学院(ENA)卒業、81年フランソワ・ミッテラン大統領顧問、91年欧州復興開発銀行の初代総裁などの、要職を歴任。政治・経済・文化に精通することから、ソ連の崩壊、金融危機の勃発やテロの脅威などを予測し、2016年の米大統領選挙におけるトランプの勝利など的中させた。林昌宏氏の翻訳で、『2030年 ジャック・アタリの未来予測』(小社刊)、『新世界秩序』『21世紀の歴史』、『金融危機後の世界』、『国家債務危機―ソブリン・クライシスに、いかに対処すべきか?』、『危機とサバイバル―21世紀を生き抜くための〈7つの原則〉』(いずれも作品社)、『アタリの文明論講義:未来は予測できるか』(筑摩書房)など、著書は多数ある。

[翻訳者]
林昌宏(はやし・まさひろ)

1965年名古屋市生まれ。翻訳家。立命館大学経済学部卒業。訳書にジャック・アタリ『2030年 ジャック・アタリの未来予測』(小社刊)、『21世紀の歴史』、ダニエル・コーエン『経済と人類の1万年史から、21世紀世界を考える』、ボリス・シリュルニク『憎むのでもなく、許すのでもなく』他多数。

原 注

著書

1. Alomar (Bruno) *et alii*, *Grandes questions européennes,* Armand Colin, 2013.
2. Asselain (Jean-Charles), *Histoire économique de la France du XVIII*[e] *siècle à nos jours*, vol. 1, *De l'Ancien Régime à la Première Guerre mondiale*, Seuil, 1984.
3. –, *Histoire économique de la France*, vol. 2, *De 1919 à nos jours*, Points, 2011.
4. Attali (Jacques), *L'Ordre cannibale*, Fayard, 1979.
5. –, *Histoires du temps*, Fayard, 1982.
6. –, *1492*, Fayard, 1991.
7. –, *Chemins de sagesse*, Fayard, 1996.
8. –, *Les Juifs, le monde et l'argent. Histoire économique du people juif*, Fayard, 2002.
9. –, *Une brève histoire de l'avenir*, Fayard, 2006.
10. –, *L'Homme nomade*, Fayard, 2003 ; LGF, 2009.
11. –, *Dictionnaire amoureux du judaïsme*, Plon-Fayard, 2009.
12. –, *Histoire de la modernité*, Robert Laffont, 2010.
13. – (dir.), *Paris et la mer. La Seine est capitale*, Fayard, 2010.
14. –, avec Salfati (Pierre-Henry), *Le Destin de l'Occident. Athènes, Jérusalem*, Fayard, 2016.
15. –, *Vivement après-demain !*, Fayard, 2016 ; Pluriel, 2017.
16. Banville (Marc de), *Le Canal de Panama. Un siècle d'histoires*, Glénat, 2014.
17. Baudelaire (Charles), *Les Fleurs du mal*, Larousse, 2011.
18. Beltran (Alain), Carré (Patrice), *La Vie électrique. Histoire et imaginaire (XVIII*[e]*-XXI*[e] *siècle)*, Belin, 2016.
19. Besson (André), *La Fabuleuse Histoire du sel*, Éditions Cabédita, 1998.
20. Boccace (Jean), *Le Décaméron*, LGF, 1994.
21. Boulanger (Philippe), *Géographie militaire et géostratégie. Enjeux et crises du monde contemporain*, Armand Colin, 2015.
22. Boxer (C.R.), *The Portuguese Seaborne Empire, 1415-1825*, Hutchinson, 1969.
23. Braudel (Fernand), *La Méditerranée*, Armand Colin, 1949.
24. –, *Civilisation matérielle, économie et capitalisme*, 3 t., Armand Colin, 1979.
25. Buchet (Christian), De Souza (Philip), Arnaud (Pascal), *La Mer dans l'Histoire. L'Antiquité*, The Boydell Press, 2017.
26. –, Balard (Michel), *La Mer dans l'Histoire. Le Moyen Âge*, The Boydell Press, 2017.
27. –, Le Bouëdec (Gérard), *La Mer dans l'Histoire. La Période moderne*, The Boydell Press, 2017.
28. –, Rodger (N.A.M.), *La Mer dans l'Histoire. La Période contemporaine*, The Boydell Press, 2017.
29. Buffotot (Patrice), *La Seconde Guerre mondiale*, Armand Colin, 2014.

30. Casson (Lionel), *Les Marins de l'Antiquité. Explorateurs et combattants sur la Méditerranée d'autrefois*, Hachette, 1961.
31. Conrad (Joseph), *Nouvelles complètes*, Gallimard, 2003.
32. Corvisier (Jean-Nicolas), *Guerre et Société dans les mondes grecs (490-322 av. J.-C.)*, Armand Colin, 1999.
33. Cotterell (Arthur), *Encyclopedia of World Mythology*, Parragon, 2000.
34. Couderc (Arthur), *Histoire de l'astronomie*, PUF, 1960.
35. Courmont (Barthélemy), *Géopolitique du Japon*, Artège, 2010.
36. Cousteau (Jacques-Yves), *Le Monde des océans*, Robert Laffont, 1980.
37. Coutansais (Cyrille), *Géopolitique des océans. L'Eldorado maritime*, Ellipses, 2012.
38. Croix (Robert de La), *Histoire de la piraterie*, Ancre de marine, 2014.
39. Defoe (Daniel), *Robinson Crusoé*, LGF, 2003.
40. Duhoux (Jonathan), *La Peste noire et ses ravages. L'Europe décimée au XIVe siècle*, 50 Minutes, 2015.
41. Dumont (Delphine), *La Bataille de Marathon. Le conflit mythique qui a mis fin à la première guerre médique*, 50 Minutes, 2013.
42. Durand (Rodolphe), Vergne (Jean-Philippe), *L'Organisation pirate. Essai sur l'évolution du capitalisme*, Le Bord de l'eau, 2010.
43. Dutarte (Philippe), *Les Instruments de l'astronomie ancienne. De l'Antiquité à la Renaissance*, Vuibert, 2006.
44. Dwyer (Philip), *Citizen Emperor : Napoleon in Power (1799-1815)*, Bloomsbury, 2013.
45. Encrenaz (Thérèse), *À la recherche de l'eau dans l'Univers*, Belin, 2004.
46. Fairbank (John), Goldman (Merle), *Histoire de la Chine. Des origines à nos jours*, Tallandier, 2016.
47. Favier (Jean), *Les Grandes Découvertes. D'Alexandre à Magellan*, Fayard, 1991 ; Pluriel, 2010.
48. Fenimore Cooper (James), *Le Pilote*, G. Barba, 1877.
49. Fouchard (Gérard) *et alii, Du Morse à l'Internet. 150 ans detélécommunications par câbles sous-marins*, AACSM, 2006.
50. Galgani (François), Poitou (Isabelle), Colasse (Laurent), *Une mer propre, mission impossible ? 70 clés pour comprendre les déchets en mer*, Quae, 2013.
51. Gernet (Jacques), *Le Monde chinois*, vol. 1, *De l'âge de Bronze au Moyen Âge (2100 av. J.-C. – Xe siècle av. J.-C.)*, Pocket, 2006.
52. Giblin (Béatrice), *Les Conflits dans le monde. Approche géopolitique*, Armand Colin, 2011.
53. Giraudeau (Bernard), *Les Hommes à terre*, Métailié, 2004.
54. Grosser (Pierre), *Les Temps de la Guerre froide. Réflexions sur l'histoire de la Guerre froide et sur les causes de sa fin*, Complexe, 1995.
55. Haddad (Leïla), Duprat (Guillaume), *Mondes. Mythes et images de l'univers*, Seuil, 2016.
56. Hérodote et Thucydide, *Œuvres complètes*, traduction de Barguet (André) et Roussel (Denis), Gallimard, 1973.
57. Heller-Roazen (Daniel), *L'Ennemi de tous. Le pirate contre les nations*, Seuil, 2010.

58. Hemingway (Ernest), *Le Vieil Homme et la mer*, Gallimard, 2017.
59. Hislop (Alexandre), *Les Deux Babylones*, Fischbacher, 2000.
60. Homère, *Odyssée*, traduction de Bérard (Victor), LGF, 1974.
61. Hugo (Victor), *Les Travailleurs de la mer*, LGF, 2002.
62. Kersauson (Olivier de), *Promenades en bord de mer et étonnements heureux*, Le Cherche Midi, 2016.
63. Klein (Bernhard), Mackenthun (Gesa), *Sea Changes : Historicizing the Ocean*, Routledge, 2004.
64. Kolbert (Elizabeth), *The Sixth Extinction : An Unnatural History*, Bloomsbury, 2014.
65. *La Bible*, Société biblique de Genève, 2007.
66. Lançon (Bertrand), Moreau (Tiphaine), *Constantin. Un Auguste chrétien*, Armand Colin, 2012.
67. Las Casas (Emmanuel de), *Le Mémorial de Sainte-Hélène*.
68. *Les Mille et Une Nuits. Sinbad le marin*, traduction de Galland (Antoine), J'ai lu, 2003.
69. *L'Évangile selon Marc*, Cerf, 2004.
70. *Le Coran*, Albouraq, 2000.
71. Le Moing (Guy), *L'Histoire de la marine pour les nuls*, First Éditions, 2016.
72. –, *La Bataille navale de L'Écluse (24 juin 1340)*, Economica, 2013.
73. Levinson (Marc), *The Box. L'empire du container*, Max Milo, 2011.
74. Lindow (John), *Norse Mythology : A Guide to Gods, Heroes, Rituals and Beliefs*, Oxford University Press, 2002.
75. Loizillon (Gabriel-Jean), *Philippe Bunau-Varilla, l'homme du Panama*, lulu.com, 2012.
76. Louchet (André), *Atlas des mers et océans. Conquêtes, tensions, explorations*, Éditions Autrement, 2015 et *Les Océans. Bilan et perspectives*, Armand Colin, 2015.
77. Mack (John), *The Sea : A Cultural History*, Reaktion Books, 2013.
78. Mahan (Alfred Thayer), *The Influence of Sea Power upon History, 1660-1783*, Little, Brown and Co., 1890.
79. Manneville (Philippe) *et alii, Les Havrais et la mer. Le port, les transatlantiques, les bains de mer*, PTC, 2004.
80. Mark (Philip), *Resisting Napoleon : The British Response to the Threat of Invasion (1797-1815)*, Ashgate Publishing, 2006.
81. Martroye (François), *Genséric. La conquête vandale en Afrique et la destruction de l'Empire d'Occident*, Kessinger Publishing, 2010.
82. Meinesz (Alexandre), *Comment la vie a commencé*, Belin, 2017.
83. Melville (Herman), *Moby Dick*, Gallimard, 1996.
84. Michel (Francisque), *Les Voyages merveilleux de saint Brendan à la recherche du paradis terrestre. Légende en vers du Xᵉ siècle, publié d'après le manuscrit du Musée britannique*, A. Claudin, 1878.
85. Mollo (Pierre), Noury (Anne), *Le Manuel du plancton*, C.L. Mayer, 2013.
86. Monaque (Rémi), *Une histoire de la marine de guerre française*, Perrin, 2016.
87. Noirsain (Serge), *La Confédération sudiste (1861-1865). Mythes et réalités*, Economica, 2006.

88. Orsenna (Erik), *Petit précis de mondialisation*, vol. 2, *L'Avenir de l'eau*, Fayard, 2008.
89. Paine (Lincoln), *The Sea and Civilization : A Maritime History of the World*, Vintage, 2015.
90. Parry (J.H.), *The Spanish Seaborne Empire*, Hutchinson, 1973.
91. Petit (Maxime), *Les Sièges célèbres de l'Antiquité, du Moyen Âge et des Temps modernes* (éd. 1881), Hachette-BNF, 2012.
92. Picq (Pascal), *Au commencement était l'Homme. De Toumaï à Cro-Magnon*, Odile Jacob, 2003.
93. Piquet (Caroline), *Histoire du canal de Suez*, Perrin, 2009.
94. Poe (Edgar Allan), *Aventures d'Arthur Gordon Pym*, traduction
de Baudelaire (Charles), Lévy Frères, 1868.
95. Pons (Anne), *Lapérouse*, Gallimard, 2010.
96. Pryor (John), Jeffreys (Elizabeth), *The Age of the Dromön :The Byzantine Navy ca 500-1204*, Brill, 2006.
97. Quenet (Philippe), *Les Échanges du nord de la Mésopotamie avec ses voisins proche-orientaux au IIIe millénaire (3100-2300 av. J.-C.)*, Turnhout, 2008.
98. Raban (Jonathan), *The Oxford Book of the Sea*, Oxford University Press, 1992.
99. Raisson (Virginie), *2038, les futurs du monde*, Robert Laffont, 2016.
100. Régnier (Philippe), *Singapour et son environnement régional. Étude d'une cité-État au sein du monde malais*, PUF, 2014.
101. Ross (Jennifer), Steadman (Sharon), *Ancient Complex Societies*, Routledge, 2017.
102. Rouvière (Jean-Marc), *Brèves méditations sur la création du monde*, L'Harmattan, 2006.
103. Royer (Pierre), *Géopolitique des mers et des océans. Qui tient la mer tient le monde*, PUF, 2014.
104. Shakespeare (William), *La Tempête*, Flammarion, 1991.
105. Slive (Seymour), *Dutch Painting, 1600-1800*, Yale University Press, 1995.
106. Sobecki (Sebastian), *The Sea and Englishness in the Middle Ages : Maritime Narratives, Identity & Culture*, Brewer, 2011.
107. Souyri (Pierre-François), *Histoire du Japon médiéval. Le monde à l'envers*, Perrin, 2013.
108. Stavridis (James), *Sea Power : The History and Geopolitics of the World's Oceans*, Penguin Press, 2017.
109. Stevenson (Robert-Louis), *L'Île au trésor*, LGF, 1973.
110. Stow (Dorrik), *Encyclopedia of the Oceans*, Oxford University Press, 2004.
111. Strachey (William), *True Reportory of the Wreck and Redemption of Sir Thomas Gates, Knight, upon and from the Islands of the Bermudas. A Voyage to Virginia in 1609*, Charlottesville, 1965.
112. Sue (Eugène), *Kernok le pirate*, Oskar Editions, 2007.
113. –, *La Salamandre*, C. Gosselin, 1845.
114. Suk (Kyoon Kim), *Maritime Disputes in Northeast Asia : Regional Challenges and Cooperation*, Brill, 2017.
115. Testot (Laurent), Norel (Philippe), *Une histoire du monde global*, Sciences humaines Éditions, 2013.
116. Thomas (Hugh), *La Traite des Noirs. Histoire du commerce d'esclaves transatlantique (1440-1870)*, Robert Laffont, 2006.

117. Traven (B.), *Le Vaisseau des morts*, traduction de Valencia (Michèle), La Découverte, [1926] 2004.
118. Tremml-Werner (Birgit), *Spain, China, and Japan in Manila (1571-1644) : Local Comparisons and Global Connections*, Amsterdam University Press, 2015.
119. Vergé-Franceschi (Michel), *Dictionnaire d'histoire maritime*, Robert Laffont, 2002.
120. Willis (Sam), *The Struggle for Sea Power : A Naval History of American Independence*, Atlantic Books, 2015.

研究論文

121. Fahad Al-Nasser, « La défense d'Ormuz », *Outre-Terre*, vol. 25-26, 2, 2010, p. 389-392.
122. Maurice Aymard, Jean-Claude Hocquet, « Le sel et la fortune de Venise », *Annales. Économies, Sociétés, Civilisations*, 38e année, 2, 1983, p. 414-417.
123. J. Bidez, P. Jouguet, « L'impérialisme macédonien et l'hellénisation de l'Orient », *Revue belge de philologie et d'histoire*, tome 7, fasc. 1, 1928, p. 217-219.
124. Jean-Noël Biraben, « Le point sur l'histoire de la population du Japon », *Population*, 48e année, 2, 1993, p. 443-472.
125. L. Bopp, L. Legendre, P. Monfray, « La pompe à carbone va-t-elle se gripper ? », *La Recherche*, 2002, p. 48-50.
126. Dominique Boullier, « Internet est maritime. Les enjeux des câbles sous-marins », *Revue internationale et stratégique*, vol. 95, 3, 2014, p. 149-158.
127. Patrick Boureille, « L'outil naval français et la sortie de la guerre froide (1985-1994) », *Revue historique des armées*, 2006, p. 46-61.
128. L.W. Brigham, « Thinking about the Arctic's Future : Scenarios for 2040 », *The Futurist*, 41(5), 2007, p. 27-34
129. Georges Coedes, « Les États hindouisés d'Indochine et d'Indonésie », *Revue d'histoire des colonies*, tome 35, 123-124, 1948, p. 308.
130. M.-Y. Daire, « Le sel à l'âge du fer. Réflexions sur la production et les enjeux économiques », *Revue archéologique de l'Ouest*,16, 1999, p. 195-207.
131. Robert Deschaux, « Merveilleux et fantastique dans le Haut Livre du Graal : *Perlesvaus* », Cahiers de civilisation médiévale, 26e année, 104, 1983, p. 335-340.
132. Jean Dufourcq, « La France et la mer. Approche stratégique du rôle de la Marine nationale », *Hérodote*, vol. 163, 4, 2016, p. 167-174.
133. Hugues Eudeline, « Terrorisme maritime et piraterie d'aujourd'hui. Les risques d'une collusion contre-nature », *EchoGéo*, 10, 2009.
134. –, « Le terrorisme maritime, une nouvelle forme de guerre », *Outre-Terre*, 25-26, 2010, p. 83-99.
135. Paul Gille, « Les navires à rames de l'Antiquité, trières grecques et liburnes romaines », *Journal des savants*, 1965, vol. 1, 1, p. 36-72.
136. Jacqueline Goy, « La mer dans l'*Odyssée* », *Gaia : revue interdisciplinaire sur la Grèce archaïque*, 7, 2003, p. 225-231.

137. Léon Gozlan, « De la littérature maritime », *Revue des Deux Mondes*, Période initiale, tome 5, 1832, p. 46-80.
138. Vincent Herbert, Jean-René. Vanney, « Le détroit de Malacca : une entité géographique identifiée par ses caractères naturels », *Outre-Terre*, 25-26, 2010, p. 235-247.
139. P.D. Hughes, J.C. Woodward, « Timing of glaciation in the Mediterranean mountains during the last cold stage », *Journal of Quaternary Science*, vol. 23, 2008, p. 575-588.
140. Isabelle Landry-Deron, « La Chine des Ming et de Matteo Ricci (1552-1610) », *Revue de l'histoire des religions*, 1, 2016, p. 144-146.
141. Frédéric Lasserre, « Vers l'ouverture d'un passage du Nord-Ouest stratégique ? Entre les Ètats-Unis et le Canada », *Outre-Terre*, vol. 25-26, 2, 2010, p. 437-452.
142. Jean Luccioni, « Platon et la mer », *Revue des études anciennes*, tome 61, 1-2, 1959, p. 15-47.
143. Jean Margueron, « Jean-Louis Huot, *Les Sumériens, entre le Tigre et l'Euphrate*, collection des Néréides », Syria, tome 71, 3-4, 1994, p. 463-466.
144. Jean-Sébastien Mora, « La mer malade de l'aquaculture », *Manière de voir*, vol. 144, 12, 2015, p. 34.
145. Camille Morel, « Les câbles sous-marins : un bien commun mondial ? », *Études*, 3, 2017, p. 19-28.
146. Amit Moshe, « Le Pirée dans l'histoire d'Athènes à l'époque classique », *Bulletin de l'Association Guillaume Budé : Lettres d'humanité*, 20, 1961, p. 464-474.
147. A.H.J. Prins, « Maritime art in an Islamic context : oculos and therion in Lamu ships », *The Mariner's Mirror*, 56, 1970, p. 327-339.
148. Jean-Luc Racine, « La nouvelle géopolitique indienne de la mer : de l'océan Indien à l'Indo-Pacifique », *Hérodote*, vol. 163, 4, 2016, p. 101-129.
149. Jacques Schwartz, « L'Empire romain, l'Égypte et le commerce oriental », *Annales. Économies, Sociétés, Civilisations*, 15e année, 1, 1960, p. 18-44.
150. L. Shuicheng, L. Olivier, « L'archéologie de l'industrie du sel en Chine », *Antiquités nationales*, 40, 2009, p. 261-278.
151. Marc Tarrats, « Les grandes aires marines protégées des Marquises et des Australes : enjeu géopolitique », *Hérodote*, vol. 163, 4, 2016, p. 193-208.
152. Gail Whiteman, Chris Hope, Peter Wadhams, « Climate science : vast costs of Arctic change », *Nature*, 499, 2013, p. 403-404.

報告書

153. Centre d'étude stratégique de la marine, US Navy, « Quelle puissance navale au XXIe siècle ? », 2015.
154. Centre d'analyse stratégique, « Rapport Énergie 2050 », 2012.
155. CNUCED, « Étude sur les transports maritimes », 2011.
156. –, « Étude sur les transports maritimes », 2014.
157. –, « Étude sur les transports maritimes », 2015.

158. Conseil économique, social et environnemental, « Les ports et le territoire : à quand le déclic ? », 2013.
159. IUCN, « Explaining ocean warming : Causes, scale, effects and consequences », 2016.
160. Michel Le Scouarnec, « Écologie, développement et mobilité durables (pêche et agriculture) », 2016.
161. Ministère de l'Écologie, du Développement durable et de l'Énergie, « La plaisance en quelques chiffres : du 1er septembre 2015 au 31 août 2016 », 2016.
162. OCDE, « L'économie de la mer en 2030 », 2017.
163. –, « Statistiques de l'OCDE sur les échanges internationaux de services », 2016.
164. Organisation des Nations unies pour l'alimentation et l'agriculture (FAO), « La situation mondiale de la pêche et de l'aquaculture », 2016.
165. Organisation mondiale des douanes, « Commerce illicite », 2013.
166. US Energy Information Administration, « World Energy Out-look 2016 », 2016.
167. WWF, Global Change Institute, Boston Consulting Group, « Raviver l'économie des océans », 2015.
168. Yann Alix, « Les corridors de transport », 2012.
169. BCE, « The international role of the euro », juillet 2017.

講演

170. ONU, *Nos océans, notre futur*, 5-9 juin 2017, New York.

インターネットサイトと記事

171. http://www.aires-marines.fr
172. « La vie des Babyloniens» :
http://antique.mrugala.net/Meso-potamie/Vie%20quotidienne%20a%20Babylone.htm
173. « Esclavage moderne ? Les conditions de vie effroyables des équipages des navires de croisière » : http://www.atlantico.fr/decryptage/conditions-vie-effroyables-equipages-navires-croisiere-453357.html
174. http://www.banquemondiale.org/
175. « 10 great battleship and war-at-sea films » http://www.bfi.org.uk/news-opinion/news-bfi/lists/10-great-battle-sea-films
176. « Concurrencés par la Chine, les chantiers navals sud-coréens affrontent la crise » :
http://www.capital.fr/a-la-une/actualites/concurrences-par-la-chine-les-chantiers-navals-sud-coreens-affrontent-la-crise-1128356
177. « Les enjeux politiques autour des frontières maritimes » :
http://ceriscope.sciences-po.fr/content/part2/les-enjeux-politiques-autour-des-frontieres-maritimes?page=2
178. « Eau potable, le dessalement de l'eau de mer » :
http://www.cnrs.fr/cw/dossiers/doseau/decouv/potable/dessalEau.html

179. « L'explosion cambrienne » : http://www.cnrs.fr/cw/dossiers/dosevol/decouv/articles/chap2/vannier.html
180. « Découverte de l'existence d'une vie complexe et pluricellulaire datant de plus de deux milliards d'années » : http://www2.cnrs.fr/presse/communique/1928.htm
181. « La tectonique des plaques » : http://www.cnrs.fr/cnrsimages/sciencesdelaterreaulycee/contenu/dyn_int1-1.htm
182. « L'eau sur les autres planètes » :
http://www.cnrs.fr/cw/dossiers/doseau/decouv/univers/eauPlan.html
183. « Le Pacifique : un océan stratégique » : http://www.colsbleus.fr/articles/1321
184. https://cousteaudivers.wordpress.com
185. « Opération Atalante » : http://www.defense.gouv.fr/marine/enjeux/l-europe-navale/operation-atalante
186. « Our Oceans, Seas and Coasts » : http://ec.europa.eu/environment/marine/good-environmental-status/descriptor-10/pdf/MSFD%20Measures%20to%20Combat%20Marine%20Litter.pdf
187. « Shark fin soup alters an ecosystem » : http://edition.cnn.com/2008/WORLD/asiapcf/12/10/pip.shark.finning/index.html
188. « Le Parlement interdit la pêche en eaux profondes audelà de 800 mètres dans l'Atlantique Nord-Est » :
http://www.europarl.europa.eu/news/fr/news-room/20161208IPR55152/peche-en-eaux-profondes-limitee-a-800m-de-profondeur-dansl'atlantique-nord-est
189. « Affaires maritimes et pêche » : https://europa.eu/europeanunion/topics/maritime-affairs-fisheries_fr
190. « COP 21 : les réfugiés climatiques, éternels "oubliés du droit" ? » : http://www.europe1.fr/societe/les-refugies-climatiques-eternels-oublies-du-droit-2628513
191. « Nouvelles routes de la soie : le projet titanesque de la Chine qui inquiète l'Europe » :
http://www.europe1.fr/international/nouvelles-routes-de-la-soie-le-projet-titanesque-de-la-chinequi-inquiete-leurope-3332300
192. http://www.fao.org/home/fr/
193. http://fisheriestransparency.org/fr/
194. http://www.futura-sciences.com/
195. « Océans : le phytoplancton gravement en péril » :
http://www.futura-sciences.com/planete/actualites/oceanographie-oceans-phytoplancton-gravement-peril-24616/
196. « Taxon Lazare » : http://www.futura-sciences.com/planete/definitions/paleontologie-taxon-lazare-8654/
197. « Télécommunication. Un lien planétaire : les cables sous-marins » : https://www.franceculture.fr/emissions/lesenjeux-internationaux/telecommunications-un-lien-planetaire-lescables-sous-marins

198. « Commerce international. L'évolution des grandes routes maritimes mondiales » : https://www.franceculture.fr/emissions/les-enjeux-internationaux/commerce-international-levolution-desgrandes-routes-maritimes
199. « L'explosion de la diversité » :
http://www2.ggl.ulaval.ca/personnel/bourque/s4/explosion.biodiversite.html
200. « Les Aborigènes d'Australie, premiers à quitter le berceau africain » :
http://www.hominides.com/html/actualites/aborigenes-australie-premiers-a-quitter-berceau-africain-0498.php
201. http://www.inrap.fr/
202. « Cycle océanique de l'azote face aux changements climatiques » :
http://www.insu.cnrs.fr/node/4418
203. https://www.insee.fr/fr/accueil
204. « Le plancton arctique » : http://www.jeanlouisetienne.com/poleairship/images/encyclo/imprimer/20.htm
205. « Début de reprise pour les 100 premiers ports mondiaux » :
http://www.lantenne.com/Debut-de-reprise-pour-les-100-premiers-ports-mondiaux_a36257.html
206. http://www.larousse.fr/dictionnaires/francais
207. « Google et Facebook vont construire un câble sous-marin géant à travers le Pacifique » : http://www.lefigaro.fr/secteur/high-tech/2016/10/14/32001-20161014ARTFIG00197-google-etfacebook-vont-construire-un-cable-sous-marin-geant-a-travers-lepacifique.php
208. « Les zones mortes se multiplient dans les océans » :
http://www.lemonde.fr/planete/article/2016/12/05/les-zones-mortes-semultiplient-dans-les-oceans_5043712_3244.html
209. « Préserver les stocks de poisson pour renforcer la resilience climatique sur les côtes africaines » : http://lemonde.fr/afrique/article/2016/11/08/preserver-les-stocks-de-poisson-pour-renforcerla-resilience-climatique-sur-les-cotes-africaines_5027521_3212.html
210. « La ciguatera, maladie des mers chaudes » :
http://lemonde.fr/planete/article/2012/08/18/la-ciguatera-maladie-des-mers-chaudes_1747370_3244.html
211. « Nouveau record en voile : Francis Joyon et son équipage bouclent le tour du monde en 40 jours » :
http://lemonde.fr/voile/article/2017/01/26/voile-francis-joyon-et-son-equipage-signent-unrecord-absolu-du-tour-du-monde-en-40-jours_5069278_1616887.html
212. « Le dessalement, recette miracle au stress hydrique en Israël » : lemonde.fr/planete/article/2015/07/29/en-israel-70-del-eau-consommee-vient-de-la-mer_4702964_3244.html
213. « Ces “guerres de l'eau” qui nous menacent » :
https://www.lesechos.fr/30/08/2016/LesEchos/22265-031-ECH_ces-guerres-

de-l-eau-qui-nous-menacent.htm
214. « Bientôt 250 millions de "réfugiés climatiques" dans le monde ? » :
http://www.lexpress.fr/actualite/societe/environnement/bientot-250-millions-de-refugies-climatiques-dans-lemonde_1717951.html
215. https://mission-blue.org
216. http://musee-marine.fr/
217. http://www.nationalgeographic.fr/
218. « Japan's Kamikaze winds, the stuff of legend, may have been real » : http://nationalgeographic.com/news/2014/11/141104-kami-kaze-kublai-khan-winds-typhoon-japan-invasion/
219. « This may be the oldest known sign of life on earth » :
http://news.nationalgeographic.com/2017/03/oldest-life-earthiron-fossils-canada-vents-science/
220. « All about sea ice » : https://nsidc.org/cryosphere/seaice/characteristics/formation.html
221. « Russian ships near data cables are too close for U.S. comfort » :
https://www.nytimes.com/2015/10/26/world/europe/russian-presence-near-undersea-cables-concerns-us.html
222. « The global conveyor belt » : http://oceanservice.noaa.gov/education/tutorial_currents/05conveyor2.html
223. http://www.onml.fr
224. « L'observation des océans polaires durant et après l'année polaire internationale » :
https://public.wmo.int/fr/ressources/bulletin/l'observation-des-océans-polaires-durant-et-aprés-l'ann.e-polaire-internationale
225. « The great Greenland meltdown » :
http://www.sciencemag.org/news/2017/02/great-greenland-meltdown?utm_campaign=news_daily_2017-02-23&et_rid=17045543&et_cid=1182175
226. « Embarquez sur les cargos du futur » :
http://sites.arte.tv/futuremag/fr/embarquez-sur-les-cargos-du-futur-futuremag
227. « Poem of the week : The Rime of the Ancient Mariner by Samuel Taylor Coleridge » :
https://www.theguardian.com/books/booksblog/2009/oct/26/rime-ancient-mariner
228. « California's farmers need water. Is desalination the answer ? »:
http://time.com/7357/california-drought-debate-over-desalination/
229. http://un.org/fr/
230. http://unesco.org/
231. http://unhcr.org/fr/
232. « Sous-marins (repères chronologiques) » :
http://www.universalis.fr/encyclopedie/sous-marins-reperes-chronologiques/
233. « Reviving the oceans economy : The case for action –2015 » : https://www.worldwildlife.org/publications/reviving-the-oceans-economy-the-case-for-action-2015

234. https://www.worldwildlife.org/
235. « Seawater » : https://wikipedia.org/wiki/Seawater
236. «Water cycle » : https://wikipedia.org/wiki/Water_cycle
237. « Sea in culture » : https://wikipedia.org/wiki/Sea_in_culture
238. « Undersea Internet Cables Are Surprisingly Vulnerable » :
https://www.wired.com/2015/10/undersea-cable-maps/

映画作品

239. Georges Méliès, *Vingt Mille Lieues sous les mers*, 1907.
240. Jean Grémillon, *Remorques*, 1941.
241. Walter Forde, *Atlantic Ferry*, 1941.
242. Charles Frend, *La Mer cruelle*, 1952.
243. Jacques-Yves Cousteau et Louis Malle, *Le Monde du silence*,1956.
244. Alfred Hitchcock, *Life Boat*, 1956.
245. Michael Powell, *La Bataille du Rio de la Plata*, 1956.
246. Steven Spielberg, *Les Dents de la mer*, 1987.
247. Luc Besson, *Le Grand Bleu*, 1988.
248. John McTiernan, *À la poursuite d'Octobre Rouge*, 1990.
249. James Cameron, *Titanic*, 1997.
250. Peter Weir, *Master and Commander*, 2003.
251. Jacques Perrin et Jacques Cluzaud, *Océans*, 2010.
252. Paul Greengrass, *Capitaine Phillips*, 2013.
253. Jérôme Salle, *L'Odyssée*, 2016.

※本文内にふっている番号は、原著に合わせた。